跨镜追踪

行人再识别

王家宝　李　阳　苗　壮　焦珊珊　著

Cross-Camera Tracking

Person Re-Identification

东南大学出版社
SOUTHEAST UNIVERSITY PRESS
·南京·

内容简介

行人再识别是关于行人的身份再识别问题，是经典人脸识别的延续和扩展，也是人工智能领域下计算机视觉的重要任务之一。本书概述了行人再识别十几年简要发展史，介绍了著者在行人再识别领域的相关研究成果，包括行人再识别整体应用框架（第2章），提升行人再识别精度的方法（第3章、第4章、第5章、第7章和第8章），加速和精简行人再识别特征提取和表示的方法（第6章，第9章、第10章和第11章），探索更具挑战性的跨模态行人再识别方法（第12章），以及行人再识别的未来和发展预测（第13章）。本书可作为人工智能、信息处理等领域人员的参考资料，也可以供从事计算机视觉和行人再识别相关研发的工程技术人员参考。

图书在版编目(CIP)数据

跨镜追踪：行人再识别/王家宝等著. —南京：东南大学出版社，2021.4

ISBN 978-7-5641-9491-8

Ⅰ. ①跨… Ⅱ. ①王… Ⅲ. ①行人—图像识别—研究
Ⅳ. ①TP391.413

中国版本图书馆CIP数据核字(2021)第063797号

跨镜追踪：行人再识别

Kuajing Zhuizong Xingren Zaishibie

著　　者　王家宝　李　阳　苗　壮　焦珊珊
出版发行　东南大学出版社
社　　址　南京市四牌楼2号　邮编：210096
出 版 人　江建中
责任编辑　夏莉莉
网　　址　http://www.seupress.com
经　　销　全国各地新华书店
印　　刷　江苏凤凰数码印务有限公司
版　　次　2021年4月第1版
印　　次　2021年4月第1次印刷
开　　本　787 mm×1 092 mm　1/16
印　　张　11.25
字　　数　280千
书　　号　ISBN 978-7-5641-9491-8
定　　价　48.00元

本社图书若有印装质量问题，请直接与营销部联系。电话(传真)：025-83791830

前　言

2017年，国务院发布了《新一代人工智能发展规划》，从顶层设计提出我国新一代人工智能发展的目标、任务和措施。2018年，南京市人民政府积极响应国家号召，主办了全球（南京）人工智能应用大赛。其中，智能生活中“多目标跨摄像头跟踪”是一个典型的行人再识别应用赛题。2019年，深圳市人民政府专门设立了全国人工智能大赛，期望加速培养我国人工智能领域的高精尖人才，推动人工智能技术的落地。其中，行人再识别成为大赛仅有的两项赛事之一，充分说明了行人再识别技术在行业应用中的前景。2020年，中国模式识别与计算机视觉大会(PRCV)发布了与行人再识别类似的“大规模行人检索”竞赛。这些赛事代表着实实在在的行业需求，可见行人再识别这一技术的实际价值和意义。

行人再识别任务不同于已知类别的模式分类问题，其目的是匹配识别由多个摄像机拍摄的、类别未知的同一行人。行人再识别关注于“识别”，但更强调“再”。当行人首次被某个摄像机拍摄到，其图像会被保存至一个图像库，当其再次被另一个摄像机拍摄到时，即可将当前图像与图像库中的图像进行匹配识别，以判别该行人历次经过的摄像机。行人再识别提供了行人跨越摄像机镜头的关联追踪，这也是本书命名的主要由来。

本书的著者一直从事图像检索技术的研究，数年前发现行人再识别这个新的方向与图像检索十分相似，可以直接用图像检索的方法和评价指标来进行行人再识别研究。但是，随着研究的深入，著者发现行人再识别的难度更大，这是一个更细粒度的、专门针对行人的图像检索任务。

行人再识别作为仅有十几年发展史的新方向，其发展速度极快，面临的挑战也是巨大的。特别是，像跨越白天黑夜的红外-可见光跨模态行人再识别等实际难题仍有待深入研究。本书阐述了行人再识别的基本知识及著者的相关研究成果，围绕提升行人再识别的精度和速度提供了最新的研究成果。当前，人工智能领域新的研究者和工程师越来越多，希望本书的知识可以为相关研究和应用人员提供帮助。

当然，本书所介绍的著者研究工作，仅仅是该方向众多成果的一部分，受限于著者的能力和条件，书中谬误之处，还请不吝告知！

著　者

2020年6月　南京

致 谢

本书的出版得到了陆军工程大学众多领导、同事和同学的大力帮助。在此，特别感谢张睿主任提供的良好学术氛围和科研环境，保障并孕育了本书的诞生。感谢李航、徐玉龙、张耿宁、张显才等已毕业同学当初一起开启行人再识别这一方向的研究工作。感谢沈庆、杜麟、曾志成、陈坤峰等有着共同兴趣的同学，每周四围坐圆桌前的深入交流和激烈讨论，留下的不仅是知识和成果，更是一生的怀念和回忆！难忘潘志松教授带领大家一起参赛的艰辛岁月，在争分夺秒的竞赛中既锻炼了队伍，也收获了成绩。这些重要的过程和经历为本书中诸多创新工作提供了支持。

感谢沈庆、曾志成、陈坤峰等同学参与本书第 1 章(曾志成)、第 8 章(沈庆)和第 13 章(陈坤峰)的初稿撰写工作。感谢曾志成、陈坤峰、赵勋、张洋硕、庞钢明、熊一航等同学将相关成果整理成各章节的草稿。感谢同事孙蒙、付印金教员对本书部分章节提供的详细建议和意见。感谢南京理工大学张姗姗教授和我校已退休陈鸣教授关于行人再识别工作的宝贵建议和指导。

感谢单位各级领导、同事提供的良好科研环境和设备条件！感谢朱亚松、康凯等机关同事对本书出版给予的关心和资助！感谢东南大学出版社夏莉莉编辑为本书出版所付出的辛劳！

感谢家人的理解和帮助，让著者得以抽出周末和节假日时间完成书中的研究工作！

著 者

2020 年 6 月　南京

目 录

第1章 绪　　论

从石器时代、火器时代、电气时代到信息时代，以及正在开启的智能时代，人类自诞生之日就在不断地探索和改造能够影响人生存或生活的条件。伴随大数据、大算力的提升，人工智能技术获得了新的发展，基于深度学习的视觉识别技术、自然语言处理技术使机器具备了人的感知、认知和理解能力，智能机器必将成为人类发展的新助力。

基于视觉的人脸识别作为辨识不同人类个体的技术手段之一，已经从实验室走向了现实应用，火车站、飞机场均已开启了基于人脸的身份核查。但是，现有的人脸识别成功率还依赖于高分辨率的正脸或侧脸图像，而这一条件大大限制了基于人脸的身份识别。为了克服这一不足，人们开始探索在无人脸条件下的身份再识别问题，特别地，人们期望能够识别由多个摄像机拍摄的、位于不同时空的同一行人，即行人再识别，以实现更高层次的行人轨迹分析与事件分析。其中，跨摄像机的行人再识别技术就是本书探讨的主要内容。

1.1　概念

行人再识别任务不同于已知类别的模式分类问题，其目的是匹配识别由多个摄像机拍摄的、类别未知的同一行人。行人再识别关注于“识别”，但更强调“再”。当行人首次被某个摄像机拍摄到，其图像会被保存至一个图像库，当其再次被另一个摄像机拍摄到时，即可将当前图像与图像库中的图像进行匹配识别，以判别该行人历次经过的摄像机，如图 1-1。行人再识别为行人跨越多个摄像机镜头的关联追踪提供了技术基础。

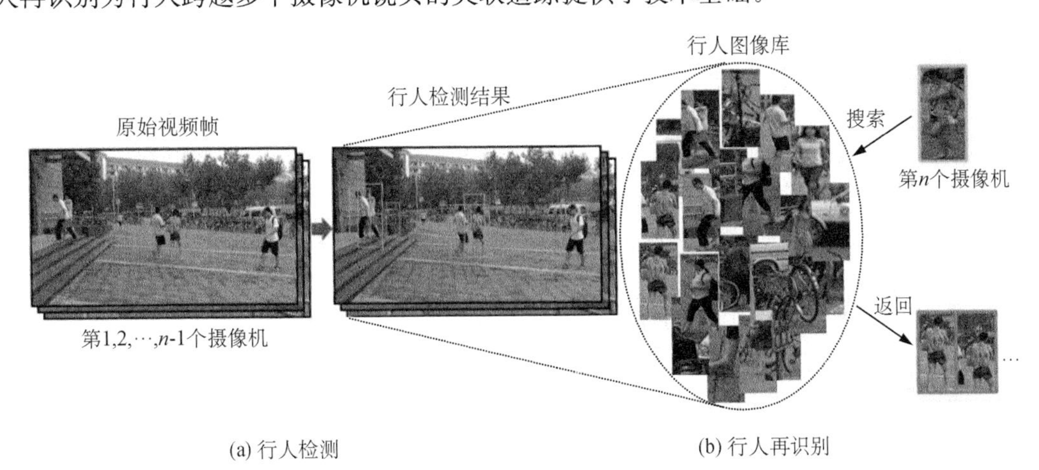

图 1-1　跨摄像机的行人再识别概念[1]

行人再识别任务是一个非闭集合的模式识别问题。为了匹配识别由不同摄像机拍摄的行人图像，通常需要先提取行人图像特征，再依据特征相似程度进行查找匹配。行人再识别的核心任务是利用特征有效地表示行人，实现同一行人特征相似度高、不同行人特征相似度低。但是，由于跨摄像机拍摄的同一行人图像，存在着视角变化、姿态变化、光照变化、背景干扰、遮挡等各种问题，使得行人再识别是一项极具挑战性的任务[1]。

1.2 发展简史

行人再识别任务最初来源于多摄像机追踪，1997 年 Huang 和 Russell[2] 提出使用贝叶斯方法来解决多摄像机追踪的问题，此时行人再识别与多摄像机追踪是紧密关联的。直到 2005 年，Zajdel 等人[3]第一次明确地提出“行人再识别”概念，将每个行人定义为一个独一无二的标签，并采用动态贝叶斯网络编码标签和特征之间的概率关系。

2006 年，Gheissari 等人[4]将行人再识别从多摄像机追踪中分离出来，使其成为一个独立的计算机视觉研究方向。迄今为止，行人再识别大致经历了两个主要发展阶段，如图 1-2。2014 年之前，行人再识别技术主要由人来设计特征表示，并利用度量学习技术提高匹配效果，该阶段中特征提取和度量学习被视为两个独立的过程；2014 年之后，研究者开始转向利用深度学习方法实现特征表示，并将度量学习与特征提取整合到端到端的网络学习中，大幅度提高了行人再识别的精度。

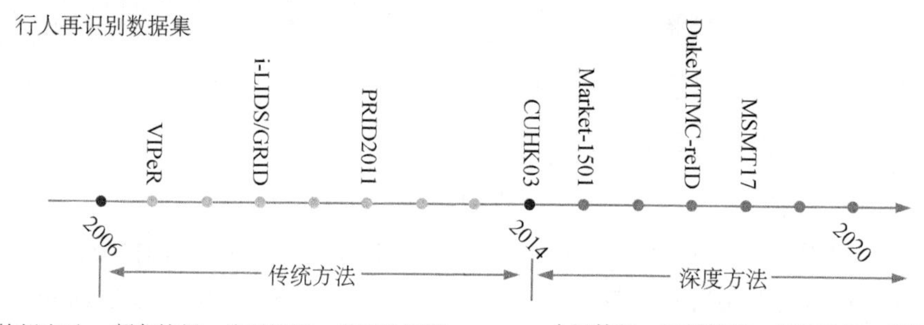

图 1-2 行人再识别发展阶段及主要方法

2012 年深度学习技术在 ImageNet 图像识别竞赛中获得极大的成功[5]，研究者们开始探索将深度学习技术应用于更多的计算机视觉任务。2014 年，Yi 等人[6]提出采用一个孪生神经网络来判别两个输入图像是否属于同一个人，开启了深度学习在行人再识别领域中的应用。此后，更多基于深度学习的特征提取方法和度量学习方法被提出，与此同时，更大规模数据集的公开进一步推动了行人再识别技术的发展。

1.3 方法分类

根据图 1-2 的发展历程，下面按照传统方法和深度方法分别进行介绍。

1.3.1 传统方法

传统行人再识别方法主要关注于特征提取与度量学习，下面围绕这两个方面进行介绍。

(1) 特征提取

在传统的行人再识别方法中，常用的行人图像特征有颜色特征、纹理特征和梯度特征等[7]。

颜色特征：通常是一种统计描述。基于像素点进行统计特性的计算，主要使用的是颜色直方图。当然为了获得行人身体不同部位的颜色特征，通常会将行人图像分割为若干个区域，在每个区域统计颜色直方图，颜色特征可以在不同的颜色空间进行计算，如 RGB，LAB，HSV 等颜色空间。Farenzena 等人[8]将行人的前景特征从背景中分离出来，并将人体划分为头、躯干、腿部和左右对称中轴，然后提取除了头部以外的各区域的多种特征，包括加权颜色直方图(Weighted color Histogram，WH)、最大稳定颜色区域(Maximally Stable Color Regions，MSCR)和周期性高结构斑块(Recurrent High-Structured Patches，RHSP)等颜色和纹理特征。Gheissari 等人[4]提出一种时空分割的前景区域检测算法，并针对局部区域计算色彩-饱和度直方图(Hue-Saturation，HS)和边缘直方图。Gray 和 Tao[9]使用 8 个颜色通道(RGB、HS 和 YCbCr)和 21 个纹理过滤器，并采用 AdaBoost 从颜色和纹理特征集合中选择有效特征。Mignon 等人[10]将行人划分为水平条带，在每个条带中提取 RGB、YUV 和 HSV 颜色空间特征，并同时提取了 LBP[11]纹理特征。从上述工作可以发现，这些方法通常会将颜色特征与纹理特征结合使用，因为单纯依靠颜色特征很难有效提高行人再识别的精度。类似地，Liao 等人[12]基于颜色直方图提出了一种非常有效的局部最大共现(Local Maximal Occurrence，LOMO)特征(见图 1-3(a))。Yang 等人[13]引入基于颜色描述符的显著颜色名(Salient Color Names based Color Descriptor，SCNCD)来描述行人全局颜色信息。Zheng 等人[14]将行人划分为局部块并提取 11 维的颜色名(Color Name，CN)[15]描述子，再通过一个词袋(Bag of Words，BoW)模型将它们整合为一个全局向量。

纹理特征：纹理用于描述图像或图像区域所对应目标的表面性质，从物体外观纹理的角度反映物体的一个特征。与颜色特征不同，纹理特征通常不是基于像素点，而是对多个相邻像素点的差异进行的一种描述。纹理特征一般会对相邻像素点差异进行统计得到特征，具有好的旋转不变性和抗噪声能力。传统广泛使用的纹理特征包括 LBP[11]、SILTP[16]等。

梯度特征：反映的是向量像素的差异变化情况，可以反映出角点、边等特性，其中由 Dalal 和 Triggs[17]提出的方向梯度直方图(Histogram of Oriented Gradient，HOG)特征是一种非常有效的梯度特征描述子，该特征通过计算和统计图像局部区域的梯度方向直方图得到。Felzenszwalb 等人[18]对 HOG 特征进行改进，得到了 FHOG 特征，并与 SVM 分类器结合用于基于部件的行人检测。Ma 等人[19]提出了基于生物启发特征的协方差描述符。Lisanti 等人[20]提出了重叠条块的加权直方图(Weighted Histograms of Overlapping Stripes，WHOS)(见图 1-3(b))，该特征基于 HOG 和颜色直方图的局部特征构建而成。

综合来看，传统人工设计的特征，主要以颜色特征为主，纹理和梯度特征相对较少。

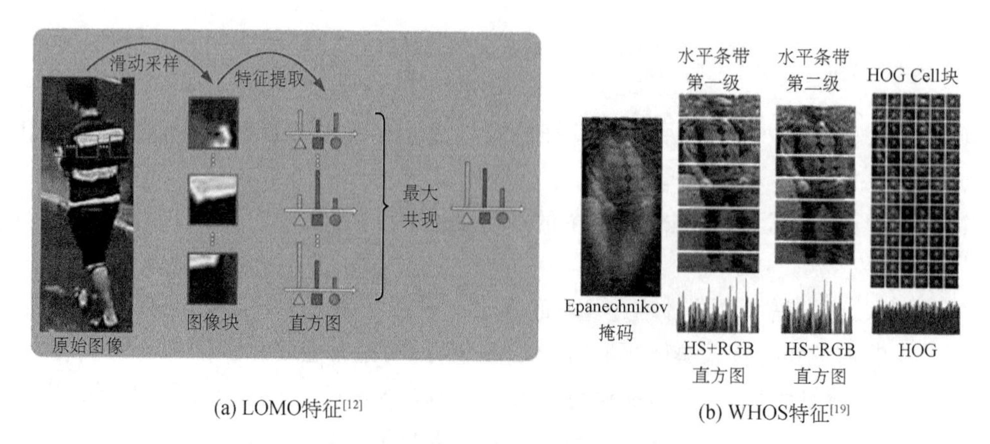

(a) LOMO特征[12]　　(b) WHOS特征[19]

图 1-3　传统手工设计特征示例

(2) 度量学习

特征设计完成后，行人再识别需要实现跨摄像机的匹配，此时距离度量成为有效匹配的关键。因此，特征表示之外的另一大研究重点就是度量学习。Yang[21]较全面地总结了各种度量学习方法，并按不同标准分类为有监督学习与无监督学习、全局学习与局部学习等。行人再识别研究中，有监督的全局度量学习是使用最广泛的度量学习方法。

度量学习的核心思想是拉近同类特征间距离，推远异类特征间的距离。最常用的距离为马氏距离：

$$d(\boldsymbol{x}_i, \boldsymbol{x}_j)=\sqrt{(\boldsymbol{x}_i-\boldsymbol{x}_j)^{\mathrm{T}}\boldsymbol{M}(\boldsymbol{x}_i-\boldsymbol{x}_j)} \tag{1-1}$$

其中，向量 $\boldsymbol{x}_i$ 和 $\boldsymbol{x}_j$ 为两个样本特征或两类样本特征的均值，$\boldsymbol{M}$ 为一个半正定矩阵。

下面介绍几种典型的行人再识别度量学习方法，包括大间隔最近邻方法(Large Margin Nearest Neighbor, LMNN)[22]、保持简单直接的度量方法(Keep It Simple and Straightforward MEtric, KISSME)[23]、交叉视角的二次判别分析法(Cross-view Quadratic Discriminant Analysis, XQDA)[8]和核零佛利—萨蒙变换方法(kernel Null Foley-Sammon Transform, kNFST)[24]。

LMNN：早期度量学习方法以最近邻分类为目标。Weinberger 等人[22]提出了 LMNN 度量学习方法。该方法定义了目标近邻和入侵者两个重要的概念。样本 $\boldsymbol{x}_i$ 的目标近邻是指与 $\boldsymbol{x}_i$ 同类别且是 $\boldsymbol{x}_i$ 的 k 近邻样本；入侵者是指 $\boldsymbol{x}_i$ 的 k 近邻样本中与其类别不同的样本。该方法为样本 $\boldsymbol{x}_i$ 设置一个距离，距离内的同类样本就是目标近邻，否则就是入侵者，该方法同时最小化样本 $\boldsymbol{x}_i$ 与其目标近邻之间的距离、最大化样本 $\boldsymbol{x}_i$ 与其入侵者之间的距离。

KISSME：KISSME 方法是以马氏距离作为距离度量的。在 KISSME 方法中，特征 $\boldsymbol{x}_i$ 和特征 $\boldsymbol{x}_j$ 是否相似被视为似然比检验。成对特征之间的差异为 $\boldsymbol{x}_{i,j}=\boldsymbol{x}_i-\boldsymbol{x}_j$，该差异空间被视为均值为零的一个高斯分布。马氏距离由对数似然比检验产生，同时在实际应用中，采用主成分分析以消除数据点的维度相关性。

XQDA：Liao 等人[12]提出的 XQDA 算法，是 KISSME 算法在多场景下的推广。该算法试图学习一个投影矩阵 $\boldsymbol{w}$，将原特征投影到一个子空间，优化目标为：

$$J(\boldsymbol{w})=\frac{\boldsymbol{w}^{\mathrm{T}}\boldsymbol{\Sigma}_E\boldsymbol{w}}{\boldsymbol{w}^{\mathrm{T}}\boldsymbol{\Sigma}_I\boldsymbol{w}} \tag{1-2}$$

其中 $\boldsymbol{\Sigma}_E$ 和 $\boldsymbol{\Sigma}_I$ 分别为类间和类内散列矩阵。然后,使用 KISSME 在生成的子空间中学习距离函数。

kNFST:Zhang 等人[24]提出的 kNFST 是对 XQDA 算法的改进。为了学习投影矩阵 $\boldsymbol{w}$,采用 NFST(Null Foley-Sammon Transform)来学习一个判别空间,该空间要求满足类内样本的离散度为零,类间样本的离散度为正值,即:

$$\boldsymbol{w}^{\mathrm{T}}\boldsymbol{s}_I\boldsymbol{w}=0,\ \boldsymbol{w}^{\mathrm{T}}\boldsymbol{s}_E\boldsymbol{w}>0 \tag{1-3}$$

其中,$\boldsymbol{s}_E$ 和 $\boldsymbol{s}_I$ 分别为类间和类内散列矩阵。该条件保证在 Fisher 判别准则下训练数据具有最好的可分性。

1.3.2 深度方法

深度学习的发展极大地推动了行人再识别的发展,与传统行人再识别方法中分步骤的特征提取、度量学习不同,深度学习方法基于卷积神经网络(Convolutional Neural Network, CNN)将特征提取与度量学习统一到一个端到端的网络学习框架下,实现了特征提取和度量学习的同步优化。深度学习方法的研究依然是围绕这两个方面进行展开。下面从提取特征的网络架构和进行度量学习的损失函数两个方面进行介绍。

(1) 特征提取

Ye 等人[25]将深度学习的特征表示分为全局特征、局部特征、辅助特征、视频特征。其中,全局特征直接提取行人整体特征,局部特征则将行人划分为多个局部区域来提取特征,辅助特征则是引入属性描述信息来提升特征描述能力,视频特征是加入了序列信息的描述。图 1-4 给出了四种不同的特征学习策略。

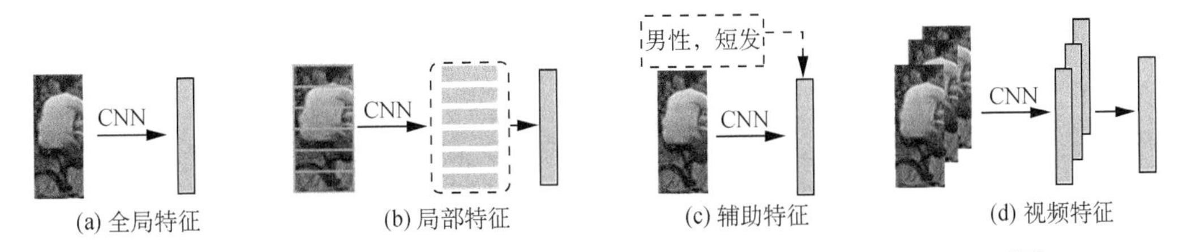

图 1-4 四种不同的特征学习策略:全局特征、局部特征、辅助特征、视频特征[25]

全局特征:图 1-4(a)展示了全局特征表示提取一幅行人图像的全局特征向量。早期研究者直接将分类网络用于行人再识别,将分类网络的全连接层提取特征视为全局特征。Wu 等人[26]设计了使用小卷积核来捕捉行人图像细粒度线索的网络 PersonNet; Wang 等人[27]提出了单图像和跨图像表示的联合学习框架;Zheng 等人[28]直接将任务视为一个多类分类问题,并采用分类模型来进行识别;Qian 等人[29]在网络不同位置构建了多尺度深度特征表示模型,自适应地挖掘适用于行人匹配的尺度大小;Kalayeh 等人[30]则应用行人语义分析技术来捕捉像素级的判别线索,增强了对姿态变化的鲁棒性。

在全局特征表示研究中,注意力机制被广泛用于强化特征的表示。Li 等人[31]提出了联合学习软像素注意力和硬区域注意力的 HA-CNN(Harmonious Attention CNN)模型,增强了特征学习对行人部件无法有效匹配的鲁棒性;Chen 等人[32]引入了一种具有空间和通道注意力的自我评价的强化学习;Song 等人[33]提出了掩码指导的对比注意力模型 MGCAM(Mask-Guided Contrastive Attention Model)消除背景的影响,增强特征表示能力。上述为单幅图像的注意力描述,多幅图像的注意力可以提供更好的信息。Si 等人[34]结合序列内和序列间的注意力,提出了一种上下文感知的注意力特征学习方法,实现成对特征的对齐和优化。Zheng 等人[35]提出了注意力一致的孪生网络以实现学习序列一致特征。Chen 等人[36]利用跨图像注意力学习群体相似性特征,涉及在深度条件随机场框架下对多个图像的局部和全局相似性进行建模。

局部特征:图 1-4(b)展示了将行人图像划分为多个水平条带部分,并分别学习各个条带的局部特征,最后整合这些局部特征进行行人表示。局部特征学习可以增强模型对于失配变化的鲁棒性[37,38],如:Varior 等人[37]引入了孪生长短期记忆网络结构,自适应地聚合水平划分的局部区域特征,通过对空间依赖性的挖掘和上下文信息的传播,增强聚合区域特征的识别能力;Sun 等人[38]采用水平均匀条带划分策略,利用多个分类器学习局部特征,改进局部池化策略以增强部件内部的一致性。

单纯由局部特征表示行人的工作不多,更多的方法则是将全局特征与局部特征相结合。Cheng 等人[39]设计了一个多通道部分聚合的深度卷积网络,在三元组网络框架下将局部特征和全局特征整合在一起;Li 等人[40]提出了多尺度上下文敏感网络,通过叠加多尺度卷积来捕获身体部件之间的局部上下文知识。由于行人部件在未对齐条件下会存在特征匹配错误,故研究者围绕部件对齐的特征提取进行了很多研究,如:Zhao 等人[41]将行人图像分解为多个小区域,在局部区域进行局部特征匹配;Suh 等人[42]提出了一个双流网络用来提取行人全局特征和局部特征,并设计了一个双线性池化层聚合两条流以获得鲁棒特征;Zhang 等人[43]提出了一个基于局部特征的密集语义对齐的双流网络,一个流用于全局特征学习,另一个流用于密集语义对齐的局部特征学习。

局部特征的注意力机制依旧围绕局部细微特征展开,如:Chen 等人[44]提出了一个混合高阶多项式注意力网络,生成包含卷积激活特征图的高阶统计量,捕捉细微的判别特征。类似地,Bryan 等人[45]引入了二阶非局部注意力建模长期关系。Hou 等人[46]提出了一个交互聚合模型对空间特征之间的相互依赖性进行建模,聚合形成行人局部特征。

辅助特征:图 1-4(c)展示了利用额外的辅助特征或生成/增强的训练样本来强化特征表示。如:Su 等人[47]提出了一种基于预测语义属性信息的深度属性学习框架,以半监督学习的方式增强特征表示的泛化性和鲁棒性。Lin 等人[48]将标签和属性进行共同指导学习,通过描述行人的长时属性信息增强行人特征表示。Tay 等人[49]结合语义属性和注意力方法增强局部特征学习。Zhao 等人[50]采用了语义属性来进行视频特征表示学习。在无监督学习中,Chen 等人[51]通过挖掘全局和局部图像与语义之间的关联,约束视觉特征和语义特征之间的一致性,增强行人表征学习。为了克服视角不变,Chang 等人[52]和 Liu 等人[53]分别提出了多级因子网络和视图混淆特征学习。

在辅助特征使用中,图像数据增广及使用 GAN 网络生成图像是非常常用且有效的方法。Zheng 等人[54]尝试将 GAN 技术应用于行人再识别,利用生成的行人图像改进有监督特征表示学习。为了提高生成的行人图像的质量，Liu 等人[55]提出了一个新颖的姿态转换框架，生成更高质量的行人图像。类似地，Qian 等人[56]设计了一种姿态标准化的图像生成方法，生成的图像极大地增强了特征表示学习能力。此外，Huang 等人[57]通过生成对抗遮挡样本来增强训练数据的变化。Zhong 等人[58]提出了一种相似但是更简单的随机擦除策略，即直接在输入图像中加入随机噪声。Dai 等人[59]提出在特征图中随机丢弃一个局部块，以加强注意力特征学习。这些方法通过扩充训练集，提高了对未知测试样本的适应性。

视频特征：图 1-4(d)展示了利用视频中多个帧的行人序列表示行人的丰富外观和时序信息。但是，视频特征表示学习中仍然存在很多挑战。Zheng 等人[60]证明了时序信息在无约束跟踪序列中是不可靠的。早期的工作[60,61,62]直接学习每帧的特征，然后应用平均/最大池化来获得视频特征。

为了准确、自动地捕获时序信息，McLaughlin 等人[63]设计了一种基于视频的行人再识别的递归神经网络结构，结合孪生网络架构，联合优化用于时序信息传播的最终循环层和用于视频特征学习的时序池化层。Yan 等人[64]提出了一个渐进融合框架，使用长短期记忆网络来聚合帧级的行人区域表示，从而产生一个视频级的特征表示。Zheng 等人[65]在时序同步视频中为跨视图行人再识别引入了三元组损失网络，包括特定视角的光流学习和潜在骨架特征学习。

视频序列不可避免地包含异常跟踪帧，通常采用注意力消除这种异常。Zhou 等人[66]提出了一种时序注意力模型，用于自动选择给定视频中最具识别性的帧，并将上下文信息与空间递归模型结合。Xu 等人[67]将注意力整合到联合时空注意力池化网络中用于选择信息帧，提取视频帧特征。Subramaniam 等人[68]提出一种协同分割的集中注意力模型，检测多个特征相似的视频帧的显著特征。类似的，Li 等人[69]采用多样性正则化来挖掘每个视频序列中的多个有判别意义的身体部分。

为了处理不同长度的视频序列，Chen 等人[70]将长视频序列分成多个短视频片段，将排名靠前的视频片段聚集起来，学习共同关注的片段特征。Fu 等人[71]利用空间和时间维度的区分线索来产生一个健壮的片段特征表示。此外，为了解决遮挡问题，Hou 等人[72]利用多个视频帧自动完成遮挡区域复原，增强了遮挡表示的鲁棒性。

(2) 度量学习

深度学习中的度量学习通常需要配合特征提取网络的训练进行度量损失的设计，在基本的分类损失基础上，常见的度量损失有对比损失、三元组损失和四元组损失等。

分类损失：分类损失直接将行人再识别视为分类问题，直接利用行人 ID 标签作为训练标签来训练分类网络(多类分类)。给定一个行人样本 $(\boldsymbol{x}_i, y_i)$，其中 $\boldsymbol{x}_i$，y_i 分别为输入图像和标签，如果 softmax 函数将 $\boldsymbol{x}_i$ 预测为 y_i 的概率为 $p(y_i \mid \boldsymbol{x}_i)$，则通过交叉熵损失计算的 softmax 分类损失为：

$$L = -\frac{1}{N}\sum_{i=1}^{N}\log[p(y_i \mid \boldsymbol{x}_i)] \tag{1-4}$$

其中 N 表示每个批次中训练样本的数量。为了获得更好的特征分布，研究者对 softmax 分类损失进行了很多改进，如球形损失[73]、加间隔 softmax(Additive Margin Softmax,

Amsoftmax)[74]，标签平滑的 softmax 损失[75]等。其中标签平滑的 softmax 损失可以避免模型过拟合，提高泛化能力。

测试阶段，采用分类网络的池化层或嵌入层的输出作为特征。

对比损失：对比损失[6, 26]用于训练孪生网络，孪生网络的输入为成对图片，可以是同一行人，也可以是不同行人，对应的对比损失：

$$L=-\frac{1}{N}\sum_{i=1}^{N}\{yd(\boldsymbol{x}_i^a,\ \boldsymbol{x}_i^b)+(1-y)[\rho-d(\boldsymbol{x}_i^a,\ \boldsymbol{x}_i^b)]_+\} \tag{1-5}$$

其中 $d(\boldsymbol{x}_i^a,\ \boldsymbol{x}_i^b)=||f(\boldsymbol{x}_i^a)-f(\boldsymbol{x}_i^b)||^2$，表示输入成对图片 $\boldsymbol{x}_i^a$ 和 $\boldsymbol{x}_i^b$ 的嵌入特征 $f(\boldsymbol{x}_i^a)$ 和 $f(\boldsymbol{x}_i^b)$ 之间的欧氏距离；y 为成对样本是否匹配的标签，$y=1$ 表示两样本相似或者匹配，$y=0$ 则代表不匹配；ρ 为设定的阈值，$[\cdot]_+$ 表示最大值函数。

若输入为成对正样本（$y=1$），则 d 会逐渐变小，即相同身份的行人图片会逐渐在特征空间形成聚类。反之，若输入成对负样本（$y=0$），则 d 会逐渐变大超过设定的阈值参数。通过最小化 L，可以使正样本之间的距离变小、负样本之间的距离增大。

三元组损失：三元组损失将行人再识别任务的训练过程视为一个检索排名问题。要求正样本对之间的距离应该比负样本对之间的距离小一个预定义的边界值。通常，给定一个三元组，包含一个锚样本 x_i^a，一个相同身份的正样本 x_i^p 和一个不同身份的负样本 x_i^n，则三元组损失可以表示为：

$$L=-\frac{1}{N}\sum_{i=1}^{N}[\rho+d(\boldsymbol{x}_i^a,\boldsymbol{x}_i^p)-d(\boldsymbol{x}_i^a,\boldsymbol{x}_i^n)]_+ \tag{1-6}$$

其中 $d(\cdot,\cdot)$ 表示样本之间的欧氏距离。若直接优化上式，大量的简单三元组会支配训练过程，而导致得到的模型识别能力弱。为了缓解这个问题，研究者设计了各种困难三元组挖掘方法，如：Shi 等人[76]提出了一种带权值约束的中度正挖掘方法用于距离度量学习，该方法直接优化了特征差；Hermans 等人[77]展示了每个训练批次内的在线最难正样本对挖掘(Hardest Positive Sample Pair Mining)和最难负样本对挖掘(Hardest Negative Sample Pair Mining)有利于学习判别能力强的行人再识别模型。

四元组损失：为了进一步优化三元组损失，Chen 等人[78]提出了四元组损失。四元组损失输入四张图像，分别为一个锚样本 $\boldsymbol{x}_i^a$，一个相同身份的正样本 $\boldsymbol{x}_i^p$ 和两个不同身份的负样本 $\boldsymbol{x}_i^{n1}$，$\boldsymbol{x}_i^{n2}$，四元组损失表示如下：

$$\begin{aligned}L=&\frac{1}{N}\sum_{i=1}^{N}[d(\boldsymbol{x}_i^a,\boldsymbol{x}_i^p)-d(\boldsymbol{x}_i^a,\boldsymbol{x}_i^{n1})+\rho_1]_+ +\\&\frac{1}{N}\sum_{i=1}^{N}[d(\boldsymbol{x}_i^a,\boldsymbol{x}_i^p)-d(\boldsymbol{x}_i^{n1},\boldsymbol{x}_i^{n2})+\rho_2]_+\end{aligned} \tag{1-7}$$

其中 ρ_1 和 ρ_2 是手动设置的参数，通常 $\rho_2<\rho_1$。相比于三元组损失只考虑正负样本之间的相对距离，四元组损失增加的第二项不共享相同标签，通常能让模型学习到更好的表征。

上述对比损失、三元组损失、四元组损失等度量损失通常配合分类损失进行学习，且其中三元组损失是使用最多的度量损失。

1.4 评测指标

1.4.1 CMC 指标

CMC(Cumulative Matching Characteristics)是行人再识别领域内广泛使用的指标,称为累计匹配曲线。该曲线是 Rank-k 关于准确率(Accuracy)的曲线,Rank-k 表示计算 top-k 的击中概率,即在前 k 个检索结果中出现正确匹配的概率。早期评测多使用 CMC 曲线进行比较,而深度方法大多仅报告 Rank-k, k 通常取 1、5、10、20 数值。当搜索库中只有一个匹配目标存在时,CMC 是非常准确的,因为它在检索结果中只有一个匹配的目标。但是,当搜索库中存在多个匹配目标时,CMC 指标并不能完全反映出一个模型的识别能力,因此研究者提出了 mAP 指标。

1.4.2 mAP 指标

mAP(mean Average Precision)是行人再识别领域中另一个广泛使用的指标,称为平均精度均值,主要用于解决搜索库中有多个匹配目标的评测问题。如果两种方法的前几个正确匹配的结果位置都相同,则 CMC 无法比较两者优劣。为了解决该问题,mAP 考虑了包括困难样本在内所有匹配目标在最终检索得到的队列中的位置,故利用 mAP 可以精确地比较两种方法的优劣。假设某个目标行人在库中有 n 张图片,在检索得到的排名列表中这 n 张图片的位置分别是第 r_1、r_2、r_3、…、r_n 位,则平均精度(Average Precision,AP)为:

$$AP = \frac{1}{r_1} + \frac{2}{r_2} + \frac{3}{r_3} + \cdots + \frac{n}{r_n} \tag{1-8}$$

其中,AP 越大说明所有目标图片在检索列表中排名越靠前,该行人的检索结果正确率越高。当所有匹配图片排在不匹配图片前面时,$AP = 1$。对所有查询目标的 AP 值求平均就得到了 mAP。

1.4.3 mINP 指标

mINP 指标是 Ye 等人[25]针对 mAP 指标和 CMC 指标的不足提出的一个新指标。对于一个好的 Re-ID 系统,检索得到的结果应该越准确越好,即所有匹配目标都应该排在检索得到的列表的前面。在实际应用中,Re-ID 方法通常返回一个检索排名列表,然后再由人工找出正确的目标。考虑到在应用时所有正确目标可能都有其价值,所以最困难目标在列表中的排名就决定了人的查找负担。但是现在广泛使用的 CMC 指标和 mAP 指标并不能很好地反映这个属性。为了解决这个问题,Ye 等人[25]提出了一种新的指标负惩罚(Negative Penalty, NP),用来找出最困难的正确匹配的项,NP 的计算公式如下:

$$NP_i = \frac{R_i^{\text{hard}} - |G_i|}{R_i^{\text{hard}}} \tag{1-9}$$

其中 R_i^{hard} 表示最困难的匹配目标的排名位置,$|G_i|$ 表示与搜索目标 i 的正确匹配的总数。由上式可以发现,NP_i 越小表示性能越好。为了与 CMC 和 mAP 性能保持一致,将 NP 取

负变为逆负惩罚(Inverse Negative Penalty, INP)。此时,对所有查询目标的 INP 取平均即得到了 mINP 指标:

$$mINP = \frac{1}{n}\sum_{i}(1 - NP_i) = \frac{1}{n}\sum_{i}\frac{|G_i|}{R_i^{\text{hard}}} \tag{1-10}$$

mINP 可以避免 mAP 和 CMC 指标中简单匹配的主导作用,反映了检索最困难匹配的能力,为行人再识别的性能评估提供了新的补充指标。

1.5 公开数据集

1.5.1 数据集简介

根据文献[26],行人再识别中常用的数据集包括 11 个图像数据集(VIPeR[79]、iLIDS[80]、GRID[81]、PRID2011[82]、CUHK01—03[83]、Market-1501[5]、DukeMTMC-reID[54]、Airport[84]和 MSMT17[85]),7 个视频数据集(PRID-2011[81]、iLIDS-VID[86]、MARS[60]、Duke-Video[62]、Duke-Tracklet[87]、LPW[88]和 LS-VID[89])。相关统计信息如表 1-1 和表 1-2。

表 1-1 常用图像数据集的各统计信息[26]

数据集	Time	# ID	# image	# cam	Label	Res	Eval
VIPeR[79]	2007	632	1 264	2	hand	fixed	CMC
iLIDS[80]	2009	119	476	2	hand	vary	CMC
GRID[81]	2009	250	1 275	8	hand	vary	CMC
PRID2011[82]	2011	200	1 134	2	hand	fixed	CMC
CUHK01[83]	2012	971	3 884	2	hand	fixed	CMC
CUHK02[83]	2013	1 816	7 264	10	hand	fixed	CMC
CUHK03[83]	2014	1 467	13 164	2	both	vary	CMC
Market-1501[5]	2015	1 501	32 668	6	both	fixed	C&M
DukeMTMC-reID[54]	2017	1 404	36 411	8	both	fixed	C&M
Airport[84]	2017	9 651	39 902	6	auto	fixed	C&M
MSMT17[85]	2018	4 101	126 441	15	auto	vary	C&M

表中,Time 表示数据集构建的年度;# ID 表示行人类别格式;# image 表示行人图像个数;# cam 表示摄像机个数;Label 表示标签构建的方法(其中 hand 为手工标注构建,auto 为检测器自动构建,both 表示既有手工又有检测器);Res 表示图像分辨率是否固定(fixed 表示固定大小,vary 表示可变大小);Eval 表示评测指标,其中 C&M 表示同时采用 CMC 和 mAP。

表 1-2 常用视频数据集的各统计信息[26]

数据集	Time	# ID	# track(# bbox)	# cam	Label	Res	Eval
PRID-2011[82]	2011	200	400(40k)	2	hand	fixed	CMC
iLIDS-VID[86]	2014	300	600(44k)	2	hand	vary	CMC

（续表）

数据集	Time	#ID	#track(#bbox)	#cam	Label	Res	Eval
MARS[60]	2016	1 261	20 715(1M)	6	auto	fixed	C&M
Duke-Video[62]	2018	1 812	4 832(—)	8	auto	fixed	C&M
Duke-Tracklet[87]	2018	1 788	12 647(—)	8	auto	—	C&M
LPW[88]	2018	2 731	7 694(590K)	4	auto	fixed	C&M
LS-VID[89]	2019	3 772	14 943(3M)	15	auto	fixed	C&M

表中，对应项与图像数据集类似，其中#track(#bbox)表示视频段个数(标签行人框个数)。

1.5.2 数据集性能

当前，随着大规模数据集的不断出现，以及高性能计算GPU的助力，深度方法较传统方法获得了大幅度的性能提升。图1-5展示了2018年和2019年相关研究方法在四个行人再识别数据集上的性能(Rank-1指标和mAP指标)。

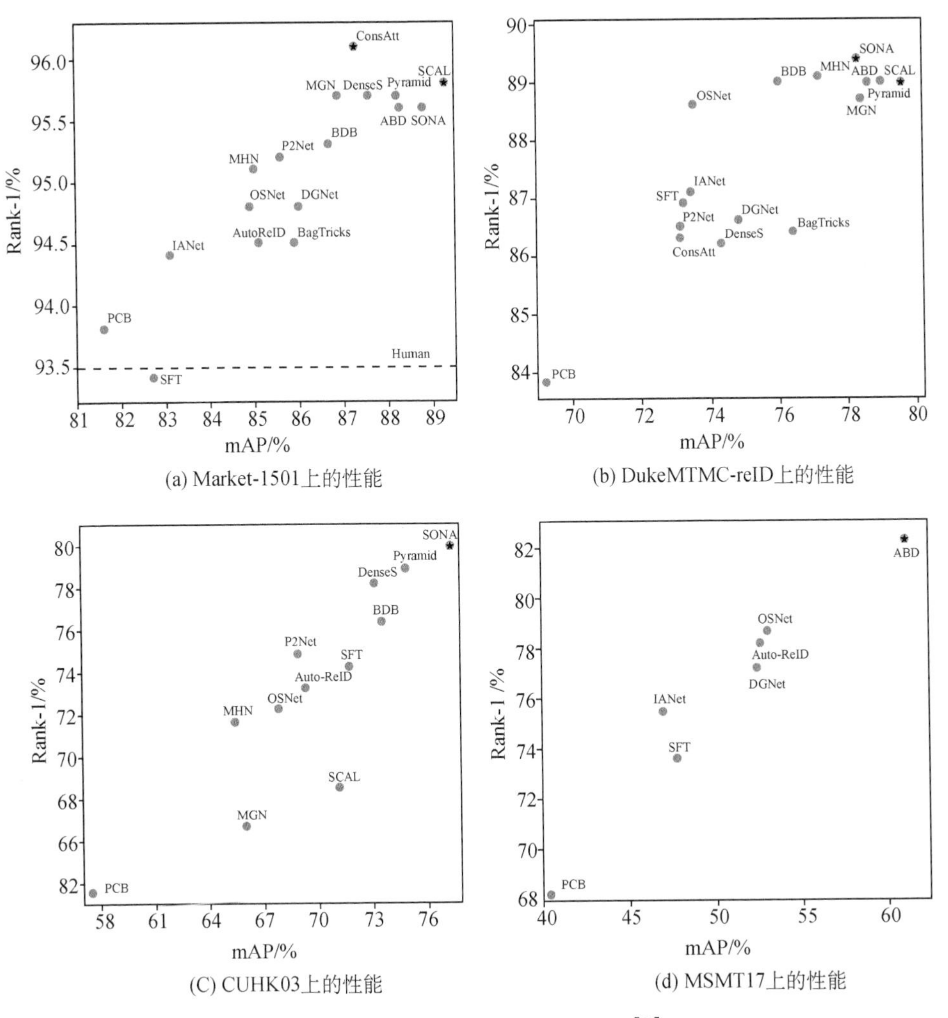

图1-5 各数据集上的SOTA性能[25]

在 Market-1501 基准数据集上，当前大部分的方法都实现了较人(93.5%)更高的 Rank-1 准确率。其中，ConsAtt[90]在该数据集上达到了最好 96.1%的 Rank-1 准确率；SCAL[32]实现了最高 89.3%的 mAP。在 DukeMTMC 数据集上，SONA[45]实现了 89.4%的 Rank-1 准确率，SCAL 实现了 79.4%的 mAP。在 CUHK03 数据集上，SONA 实现了最好的 Rank-1 和 mAP 性能。在 MSMT17 数据集上，ABD[70]实现了最好的性能。

由不同数据集上的最佳性能可以发现，受数据集规模及难度的差异，各种方法在不同数据集上的性能表现有所差异，如 MSMT17 数据集难度更大，SOTA 性能也相对较低。

1.6 小结

本章从行人再识别的概念出发，回顾了行人再识别十几年的发展简史，并根据研究阶段划分为传统方法和深度方法两个大类。同时，针对每类方法中的特征提取、度量学习等内容进行了详细的综述，最后对行人再识别的评价指标、数据集进行了阐述，为后续章节提供了基础。

参考文献

[1] ZHENG L，YANG Y，HAUPTMANN A G. Person Re-identification：Past，Present and Future[EB/OL]. 2016.

[2] HUANG T，RUSSELL S J. Object Identification in a Bayesian Context[C]//Proceedings of the Fifteenth International Joint Conference on Artificial Intelligence，Nagoya，Japan，August 23–29，1997，2 Volumes. Morgan Kaufmann，1997：1276-1283.

[3] ZAJDEL W，ZIVKOVIC Z，KRÖSE B J A. Keeping Track of Humans：Have I Seen This Person Before? [C]//Proceedings of the 2005 IEEE International Conference on Robotics and Automation，April 18-22，2005，Barcelona，Spain. IEEE，2005：2081-2086.

[4] GHEISSARI N，SEBASTIAN T B，HARTLEY R I. Person Reidentification Using Spatiotemporal Appearance[C]//2006 IEEE Computer Society Conference on Computer Vision and Pattern Recognition(CVPR 2006)，17-22 June 2006，New York，NY，USA. IEEE Computer Society，2006：1528-1535.

[5] KRIZHEVSKY A，SUTSKEVER I，HINTON G E. ImageNet Classification with Deep Convolutional Neural Networks[C]//BARTLETT P L，PEREIRA F C N，BURGES C J C，et al. Advances in Neural Information Processing Systems 25：26th Annual Conference on Neural Information Processing Systems 2012. Proceedings of a meeting held December 3–6，2012，Lake Tahoe，Nevada，United States. 2012：1106-1114.

[6] YI D，LEI Z，LIAO S，et al. Deep Metric Learning for Person Re-identification[C]//22nd International Conference on Pattern Recognition，Stockholm，Sweden，August 24–28，2014. IEEE Computer Society，2014：34-39.

[7] WANG J，LI H，LI Y，et al. Evaluating features for person re-identification[C]//2016 IEEE International Conference on Signal and Image Processing(ICSIP). 2016：214-219.

[8] FARENZENA M，BAZZANI L，PERINA A，et al. Person re-identification by symmetry-driven accumulation of local features[C]//The Twenty-Third IEEE Conference on Computer Vision and

Pattern Recognition, San Francisco, CA, USA, 13-18 June 2010. IEEE Computer Society, 2010: 2360-2367.

[9] GRAY D, TAO H. Viewpoint Invariant Pedestrian Recognition with an Ensemble of Localized Features [C]//FORSYTH D A, TORR P H S, ZISSERMAN A. Lecture Notes in Computer Science: Computer Vision — ECCV 2008, 10th European Conference on Computer Vision, Marseille, France, October 12-18, 2008, Proceedings, Part Ⅰ: vol. 5302. Springer, 2008: 262-275.

[10] MIGNON A, JURIE F. PCCA: A new approach for distance learning from sparse pairwise constraints [C]//2012 IEEE Conference on Computer Vision and Pattern Recognition, Providence, RI, USA, June 16-21, 2012. IEEE Computer Society, 2012: 2666-2672.

[11] OJALA T, PIETIKÄINEN M, HARWOOD D. A comparative study of texture measures with classification based on featured distributions[J]. Pattern Recognition., 1996, 29(1): 51-59.

[12] LIAO S C, HU Y, ZHU X Y, et al. Person re-identification by Local Maximal Occurrence representation and metric learning [C]//IEEE Conference on Computer Vision and Pattern Recognition, Boston, MA, USA, June 7-12, 2015. IEEE Computer Society, 2015: 2197-2206.

[13] YANG Y, YANG J M, YAN J J, et al. Salient Color Names for Person Re-identification[C]//FLEET D J, PAJDLA T, SCHIELE B, et al. Lecture Notes in Computer Science: Computer Vision — ECCV 2014 — 13th European Conference, Zurich, Switzerland, September 6-12, 2014, Proceedings, Part Ⅰ: vol. 8689. Springer, 2014: 536-551.

[14] ZHENG L, SHEN L Y, TIAN L, et al. Scalable Person Re-identification: A Benchmark[C]//2015 IEEE International Conference on Computer Vision, Santiago, Chile, December 7-13, 2015. IEEE Computer Society, 2015: 1116-1124.

[15] Van de WEIJER J, SCHMID C, VERBEEK J, et al. Learning Color Names for Real-World Applications[J]. IEEE Transactions on Image Processing, 2009, 18(7): 1512-1523.

[16] LIAO S C, ZHAO G Y, KELLOKUMPU V, et al. Modeling pixel process with scale invariant local patterns for background subtraction in complex scenes[C]//The Twenty-Third IEEE Conference on Computer Vision and Pattern Recognition, San Francisco, CA, USA, 13-18 June 2010. IEEE Computer Society, 2010: 1301-1306.

[17] DALAL N, TRIGGS B. Histograms of Oriented Gradients for Human Detection[C]//2005 IEEE Computer Society Conference on Computer Vision and Pattern Recognition(CVPR 2005), 20-26 June 2005, San Diego, CA, USA. IEEE Computer Society, 2005: 886-893.

[18] FELZENSZWALB P F, GIRSHICK R B, MCALLESTER D A, et al. Object Detection with Discriminatively Trained Part-Based Models[J]. IEEE Transactions on Pattern Analysis and Machine Intelligence, 2010, 32(9): 1627-1645.

[19] MA B P, SU Y, JURIE F. Covariance descriptor based on bio-inspired features for person re-identification and face verification[J]. Image and Vision Computing, 2014, 32(6-7): 379-390.

[20] LISANTI G, MASI I, BAGDANOV A D, et al. Person Re-Identification by Iterative Re-Weighted Sparse Ranking[J]. IEEE Transactions on Pattern Analysis and Machine Intelligence, 2015, 37(8): 1629-1642.

[21] YANG L Distance metric learning: A comprehensive survey[J]. Michigan State University, 2006: 1-51.

[22] WEINBERGER K Q, BLITZER J, SAUL L K. Distance Metric Learning for Large Margin Nearest

Neighbor Classification[C]//Advances in Neural Information Processing Systems, December 5-8, 2005, Vancouver, British Columbia, Canada. 2005: 1473-1480.

[23] KÖSTINGER M, HIRZER M, WOHLHART P, et al. Large scale metric learning from equivalence constraints[C]//2012 IEEE Conference on Computer Vision and Pattern Recognition, Providence, RI, USA, June 16-21, 2012. IEEE Computer Society, 2012: 2288-2295.

[24] ZHANG L, XIANG T, GONG S G. Learning a Discriminative Null Space for Person Re-identification [C]//2016 IEEE Conference on Computer Vision and Pattern Recognition, Las Vegas, NV, USA, June 27-30, 2016. IEEE Computer Society, 2016: 1239-1248.

[25] YE M, SHEN J, LIN G, et al. Deep Learning for Person Re-identification: A Survey and Outlook[J/OL]. IEEE Transactions on Pattern Analysis and Machine Intelligence, 4775,PP(99):1.

[26] WU L, SHEN C H, van den HENGEL A. PersonNet: Person Re-identification with Deep Convolutional Neural Networks[J/OL]. 2016.

[27] WANG F Q, ZUO W M, LIN L, et al. Joint Learning of Single-Image and Cross-Image Representations for Person Re-identification[C]//2016 IEEE Conference on Computer Vision and Pattern Recognition, Las Vegas, NV, USA, June 27-30, 2016. IEEE Computer Society, 2016: 1288-1296.

[28] ZHENG L, ZHANG H, SUN S Y, et al. Person Re-identification in the Wild[C]//2017 IEEE Conference on Computer Vision and Pattern Recognition, Honolulu, HI, USA, July 21-26, 2017. IEEE Computer Society, 2017: 3346-3355.

[29] QIAN X L, FU Y W, JIANG Y G, et al. Multi-scale Deep Learning Architectures for Person Re-identification[C]//IEEE International Conference on Computer Vision, Venice, Italy, October 22-29, 2017. IEEE Computer Society, 2017: 5409-5418.

[30] KALAYEH M M, BASARAN E, GÖKMEN M, et al. Human Semantic Parsing for Person Re-Identification[C]//2018 IEEE Conference on Computer Vision and Pattern Recognition, Salt Lake City, UT, USA, June 18-23, 2018. IEEE Computer Society, 2018: 1062-1071.

[31] LI W, ZHU X T, GONG S. Harmonious Attention Network for Person Re-Identification[C]//2018 IEEE Conference on Computer Vision and Pattern Recognition, Salt Lake City, UT, USA, June 18-23, 2018. IEEE Computer Society, 2018: 2285-2294.

[32] CHEN G Y, LIN C Z, REN L L, et al. Self-Critical Attention Learning for Person Re-Identification [C]//2019 IEEE/CVF International Conference on Computer Vision, Seoul, Korea(South), October 27 — November 2, 2019. IEEE, 2019: 9636-9645.

[33] SONG C F, HUANG Y, OUYANG W I, et al. Mask-Guided Contrastive Attention Model for Person Re-Identification[C]//2018 IEEE Conference on Computer Vision and Pattern Recognition, Salt Lake City, UT, USA, June 18-23, 2018. IEEE Computer Society, 2018: 1179-1188.

[34] SI J L, ZHANG H G, LI C G, et al. Dual Attention Matching Network for Context-Aware Feature Sequence Based Person Re-Identification[C]//2018 IEEE Conference on Computer Vision and Pattern Recognition, Salt Lake City, UT, USA, June 18-23, 2018. IEEE Computer Society, 2018: 5363-5372.

[35] ZHENG M, KARANAM S, WU Z Y, et al. Re-Identification With Consistent Attentive Siamese Networks[C]//IEEE Conference on Computer Vision and Pattern Recognition, Long Beach, CA, USA, June 15-20, 2019. Computer Vision Foundation / IEEE, 2019: 5728-5737.

[36] CHEN D P, XU D, LI H S, et al. Group Consistent Similarity Learning via Deep CRF for Person Re-

Identification[C]//2018 IEEE Conference on Computer Vision and Pattern Recognition, Salt Lake City, UT, USA, June 18-23, 2018. IEEE Computer Society, 2018: 8649-8658.

[37] VARIOR R R, SHUAI B, LU J W, et al. A Siamese Long Short-Term Memory Architecture for Human Re-identification[C]//LEIBE B, MATAS J, SEBE N, et al. Lecture Notes in Computer Science: Computer Vision — ECCV 2016 — 14th European Conference, Amsterdam, The Netherlands, October 11-14, 2016, Proceedings, Part Ⅷ: vol. 9911. Springer, 2016: 135-153.

[38] SUN Y F, ZHENG L, YANG Y, et al. Beyond Part Models: Person Retrieval with Refined Part Pooling(and A Strong Convolutional Baseline)[C]//FERRARI V, HEBERT M, SMINCHISESCU C, et al. Lecture Notes in Computer Science: Computer Vision — ECCV 2018 — 15th European Conference, Munich, Germany, September 8-14, 2018, Proceedings, Part Ⅳ: vol. 11208. Springer, 2018: 501-518.

[39] CHENG D, GONG Y H, ZHOU S P, et al. Person Re-identification by Multi-Channel Parts-Based CNN with Improved Triplet Loss Function[C]//2016 IEEE Conference on Computer Vision and Pattern Recognition, Las Vegas, NV, USA, June 27-30, 2016. IEEE Computer Society, 2016: 1335-1344.

[40] LI D W, CHEN X T, ZHANG Z, et al. Learning Deep Context-Aware Features over Body and Latent Parts for Person Re-identification[C]//2017 IEEE Conference on Computer Vision and Pattern Recognition, Honolulu, HI, USA, July 21-26, 2017. IEEE Computer Society, 2017: 7398-7407.

[41] ZHAO L M, LI X, ZHUANG Y T, et al. Deeply-Learned Part-Aligned Representations for Person Re-identification[C]//IEEE International Conference on Computer Vision, Venice, Italy, October 22-29, 2017. IEEE Computer Society, 2017: 3239-3248.

[42] SUH Y, WANG J D, TANG S Y, et al. Part-Aligned Bilinear Representations for Person Re-identification[C]//FERRARI V, HEBERT M, SMINCHISESCU C, et al. Lecture Notes in Computer Science: Computer Vision — ECCV 2018 — 15th European Conference, Munich, Germany, September 8-14, 2018, Proceedings, Part ⅩⅣ: vol. 11218. Springer, 2018: 418-437.

[43] ZHANG Z Z, LAN C L, ZENG W J, et al. Densely Semantically Aligned Person Re-Identification [C]//IEEE Conference on Computer Vision and Pattern Recognition, Long Beach, CA, USA, June 16-20, 2019. Computer Vision Foundation / IEEE, 2019: 667-676.

[44] CHEN B, DENG W H, HU J N. Mixed High-Order Attention Network for Person Re-Identification [C]//2019 IEEE/CVF International Conference on Computer Vision, Seoul, Korea(South), October 27 — November 2, 2019. IEEE, 2019: 371-381.

[45] BRYAN B, GONG Y, ZHANG Y Z, et al. Second-Order Non-Local Attention Networks for Person Re-Identification[C]//2019 IEEE/CVF International Conference on Computer Vision, Seoul, Korea (South), October 27 — November 2, 2019. IEEE, 2019: 3759-3768.

[46] HOU R B, MA B P, CHANG H, et al. Interaction-And-Aggregation Network for Person Re-Identification[C]//IEEE Conference on Computer Vision and Pattern Recognition, Long Beach, CA, USA, June 16-20, 2019. Computer Vision Foundation / IEEE, 2019: 9317-9326.

[47] SU C, ZHANG S L, XING J L, et al. Deep Attributes Driven Multi-camera Person Re-identification [C]//LEIBE B, MATAS J, SEBE N, et al. Lecture Notes in Computer Science: Computer Vision — ECCV 2016 — 14th European Conference, Amsterdam, The Netherlands, October 11 - 14, 2016, Proceedings, Part Ⅱ: vol. 9906. Springer, 2016: 475-491.

[48] LIN Y T, ZHENG L, ZHENG Z D, et al. Improving person re-identification by attribute and identity learning[J]. Pattern Recognition, 2019, 95: 151-161.

[49] TAY C P, ROY S, YAP K H. AANet: Attribute Attention Network for Person Re-Identifications [C]//IEEE Conference on Computer Vision and Pattern Recognition, Long Beach, CA, USA, June 15-20, 2019. Computer Vision Foundation / IEEE, 2019: 7134-7143.

[50] ZHAO Y R, SHEN X, JIN Z M, et al. Attribute-Driven Feature Disentangling and Temporal Aggregation for Video Person Re-Identification[C]//IEEE Conference on Computer Vision and Pattern Recognition, Long Beach, CA, USA, June 15-20, 2019. Computer Vision Foundation / IEEE, 2019: 4908-4917.

[51] CHEN D P, LI H S, LIU X H, et al. Improving Deep Visual Representation for Person Re-identification by Global and Local Image-language Association[C]//FERRARI V, HEBERT M, SMINCHISESCU C, et al. Lecture Notes in Computer Science: Computer Vision — ECCV 2018 — 15th European Conference, Munich, Germany, September 8-14, 2018, Proceedings, Part XVI: vol. 11220. Springer, 2018: 56-73.

[52] CHANG X B, HOSPEDALES T M, XIANG T. Multi-Level Factorization Net for Person Re-Identification[C]//2018 IEEE Conference on Computer Vision and Pattern Recognition, Salt Lake City, UT, USA, June 18-23, 2018. IEEE Computer Society, 2018: 2109-2118.

[53] LIU F Y, ZHANG L. View Confusion Feature Learning for Person Re-Identification[C]//2019 IEEE/CVF International Conference on Computer Vision, Seoul, Korea(South), October 27 — November 2, 2019. IEEE, 2019: 6638-6647.

[54] ZHENG Z D, ZHENG L, YANG Y. Unlabeled Samples Generated by GAN Improve the Person Re-identification Baseline in Vitro[C]//IEEE International Conference on Computer Vision, Venice, Italy, October 22-29, 2017. IEEE Computer Society, 2017: 3774-3782.

[55] LIU J X, NI B B, YAN Y C, et al. Pose Transferrable Person Re-Identification[C]//2018 IEEE Conference on Computer Vision and Pattern Recognition, Salt Lake City, UT, USA, June 18-23, 2018. IEEE Computer Society, 2018: 4099-4108.

[56] QIAN X L, FU Y W, XIANG T, et al. Pose-Normalized Image Generation for Person Re-identification[C]//ERRARI V, HEBERT M, SMINCHISESCU C, et al. Lecture Notes in Computer Science: Computer Vision — ECCV 2018 — 15th European Conference, Munich, Germany, September 8-14, 2018, Proceedings, Part IX: vol. 11213. Springer, 2018: 661-678.

[57] HUANG H J, LI D W, ZHANG Z, et al. Adversarially Occluded Samples for Person Re-Identification [C]//2018 IEEE Conference on Computer Vision and Pattern Recognition, Salt Lake City, UT, SA, June 18-22, 2018. IEEE Computer Society, 2018: 5098-5107.

[58] ZHONG Z, ZHENG L, ZHENG Z D, et al. Camera Style Adaptation for Person Re-Identification [C]//2018 IEEE Conference on Computer Vision and Pattern Recognition, Salt Lake City, UT, SA, June 18-23, 2018. IEEE Computer Society, 2018: 5157-5166.

[59] DAI Z Z, CHEN M Q, GU X D, et al. Batch DropBlock Network for Person Re-Identification and Beyond[C]//2019 IEEE/CVF International Conference on Computer Vision, Seoul, Korea(South), October 27 — November 2, 2019. IEEE, 2019: 3690-3700.

[60] ZHENG L, BIE Z, SUN Y F, et al. MARS: A Video Benchmark for Large-Scale Person Re-Identification[C]//LEIBE B, MATAS J, SEBE N, et al. Lecture Notes in Computer Science:

Computer Vision — ECCV 2016 — 14th European Conference, Amsterdam, The Netherlands, October 11-14, 2016, Proceedings, Part Ⅵ: vol. 9910. Springer, 2016: 868-884.

[61] YE M, MA A J, ZHENG L, et al. Dynamic Label Graph Matching for Unsupervised Video Re-identification[C]//IEEE International Conference on Computer Vision, Venice, Italy, October 22-29, 2017. IEEE Computer Society, 2017: 5152-5160.

[62] WU Y, LIN Y T, DONG X Y, et al. Exploit the Unknown Gradually: One-Shot Video-Based Person Re-Identification by Stepwise Learning[C]//2018 IEEE Conference on Computer Vision and Pattern Recognition, Salt Lake City, UT, USA, June 18-23, 2018. IEEE Computer Society, 2018: 5177-5186.

[63] McLAUGHLIN N, del RINCÓN J M, MILLER P. Recurrent Convolutional Network for Video-Based Person Re-identification[C]//2016 IEEE Conference on Computer Vision and Pattern Recognition, Las Vegas, NV, USA, June 27-30, 2016. IEEE Computer Society, 2016: 1325-1334.

[64] YAN Y C, NI B, SONG Z C, et al. Person Re-identification via Recurrent Feature Aggregation[C]//LEIBEB, MATAS J, SEBE N, et al. Lecture Notes in Computer Science: Computer Vision — ECCV 2016 — 14th European Conference, Amsterdam, The Netherlands, October 11-14, 2016, Proceedings, Part Ⅵ: vol. 9910. Springer, 2016: 701-716.

[65] ZHENG K, FAN X C, LIN Y W, et al. Learning View-Invariant Features for Person Identification in Temporally Synchronized Videos Taken by Wearable Cameras[C]//IEEE International Conference on Computer Vision, Venice, Italy, October 22-29, 2017. IEEE Computer Society, 2017: 2877-2885.

[66] ZHOU Z, HUANG Y, WANG W, et al. See the Forest for the Trees: Joint Spatial and Temporal Recurrent Neural Networks for Video-Based Person Re-identification[C]//2017 IEEE Conference on Computer Vision and Pattern Recognition, Honolulu, HI, USA, July 21-26, 2017. IEEE Computer Society, 2017: 6776-6785.

[67] XU S J, CHENG Y, GU K, et al. Jointly Attentive Spatial-Temporal Pooling Networks for Video-Based Person Re-identification[C]//IEEE International Conference on Computer Vision, Venice, Italy, October 22-29, 2017. IEEE Computer Society, 2017: 4743-4752.

[68] SUBRAMANIAM A, NAMBIAR A, MITTAL A. Co-Segmentation Inspired Attention Networks for Video Based Person Re-Identification[C]//2019 IEEE/CVF International Conference on Computer Vision, Seoul, Korea(South), October 27 — November 2, 2019. IEEE, 2019: 562-572.

[69] LI S, BAK S, CARR P, et al. Diversity Regularized Spatiotemporal Attention for Video-Based Person Re-Identification[C]//2018 IEEE Conference on Computer Vision and Pattern Recognition, Salt Lake City, UT, USA, June 18-23, 2018. IEEE Computer Society, 2018: 369-378.

[70] CHEN T L, DING S J, XIE J Y, et al. ABD-Net: Attentive but Diverse Person Re-Identification [C]//2019 IEEE/CVF International Conference on Computer Vision, Seoul, Korea(South), October 27 — November 2, 2019. IEEE, 2019: 8350-8360.

[71] FU Y, WANG X Y, WEI Y C, et al. STA: Spatial-Temporal Attention for Large-Scale Video-Based Person Re-Identification[C]//The Thirty-Third AAAI Conference on Artificial Intelligence, AAAI 2019, Honolulu, Hawaii, USA, January 27 — February 1, 2019. AAAI Press, 2019: 8287-8294.

[72] HOU R B, MA B P, CHANG H, et al. VRSTC: Occlusion-Free Video Person Re-Identification[C]//IEEE Conference on Computer Vision and Pattern Recognition, Long Beach, CA, USA, June 15-20, 2019. Computer Vision Foundation / IEEE, 2019: 7176-7185.

[73] FAN X, JIANG W, LUO H, et al. SphereReID: Deep hypersphere manifold embedding for person re-identification[J]. Journal of Visual Communication and Image Representation., 2019, 60: 51-58.

[74] LUO C C, CHEN Y T, WANG N Y, et al. Spectral Feature Transformation for Person Re-Identification[C]//2019 IEEE/CVF International Conference on Computer Vision, Seoul, Korea (South), October 27 — November 2, 2019. IEEE, 2019: 4975—4984.

[75] LUO H, GU Y Z, LIAO X Y, et al. Bag of Tricks and a Strong Baseline for Deep Person Re-Identification[C]//IEEE Conference on Computer Vision and Pattern Recognition Workshops, Long Beach, CA, USA, June 16-17, 2019. Computer Vision Foundation / IEEE, 2019: 1487—1495.

[76] SHI H L, YANG Y, ZHU X Y, et al. Embedding Deep Metric for Person Re-identification: A Study Against Large Variations[C]//LEIBE B, MATAS J, SEBE N, et al. Lecture Notes in Computer Science: Computer Vision — ECCV 2016 — 14th European Conference, Amsterdam, The Netherlands, October 11-14, 2016, Proceedings, Part Ⅰ: vol. 9905. Springer, 2016: 732-748.

[77] HERMANS A, BEYER L, LEIBE B. In Defense of the Triplet Loss for Person Re-Identification[J/OL]. CoRR, 2017.

[78] CHEN W H, CHEN X T, ZHANG J G, et al. Beyond Triplet Loss: A Deep Quadruplet Network for Person Re-identification[C]//2017 IEEE Conference on Computer Vision and Pattern Recognition, Honolulu, HI, USA, July 21-26, 2017. IEEE Computer Society, 2017: 1320-1329.

[79] DRAY D,BRENNAN S,TAO H. Evaluating Appearance Models for Recognition, Reacquisition, and Tracking[J]//IEEE International Workshop on Performance Evaluation for Tracking and Surveillance, 2007,3: 41-47.

[80] ZHENG W S, GONG S G, XIANG T. Associating Groups of People[C]//CAVALLARO A, PRINCE S, ALEXANDER D C. Proceedings of the British Machine Vision Conference, London, UK, September 7-10, 2009. Proceedings. British Machine Vision Association, 2009: 1-11.

[81] LOY C C, LIU C X, GONG S G. Person re-identification by manifold ranking[C]//IEEE International Conference on Image Processing, Melbourne, Australia, September 15-18, 2013. IEEE, 2013: 3567-3571.

[82] HIRZER M, BELEZNAI C, ROTH P M, et al. Person Re-identification by Descriptive and Discriminative Classification[C]//HEYDEN A, KAHL F. Lecture Notes in Computer Science: Image Analysis — 17th Scandinavian Conference, Ystad, Sweden, May 2011. Proceedings: vol. 6688. Springer, 2011: 91-102.

[83] LI W, ZHAO R, XIAO T, et al. DeepReID: Deep Filter Pairing Neural Network for Person Re-identification[C]//2014 IEEE Conference on Computer Vision and Pattern Recognition, Columbus, OH, USA, June 23-28, 2014. IEEE Computer Society, 2014: 152-159.

[84] KARANAM S, GOU M R, WU Z Y, et al. A Systematic Evaluation and Benchmark for Person Re-Identification: Features, Metrics, and Datasets[J]. IEEE Transactions on Pattern Analysis and Machine Intelligence, 2019, 41(3): 523-536.

[85] WEI L H, ZHANG S L, GAO W, et al. Person Transfer GAN to Bridge Domain Gap for Person Re-Identification[C]//2018 IEEE Conference on Computer Vision and Pattern Recognition, Salt Lake City, UT, USA, June 18-23, 2018. IEEE Computer Society, 2018: 79-88.

[86] WANG T Q, GONG S G, ZHU X T, et al. Person Re-identification by Video Ranking[C]//FLEET D J, PAJDLA T, SCHIELE B, et al. Lecture Notes in Computer Science: Computer Vision — ECCV

2014 — 13th European Conference, Zurich, Switzerland, September 6-12, 2014, Proceedings, Part Ⅳ: vol. 8692. Springer, 2014: 688-703.

[87] LI M X, ZHU X T, GONG S G. Unsupervised Person Re-identification by Deep Learning Tracklet Association[C]//FERRARI V, HEBERT M, SMINCHISESCU C, et al. Lecture Notes in Computer Science: Computer Vision — ECCV 2018 — 15th European Conference, Munich, Germany, September 8-14, 2018, Proceedings, Part Ⅳ: vol. 11208. Springer, 2018: 772-788.

[88] SONG G L, LENG B, LIU Y, et al. Region-Based Quality Estimation Network for Large-Scale Person Re-Identification[C]//MCILRAITH S A, WEINBERGER K Q. Proceedings of the Thirty-Second AAAI Conference on Artificial Intelligence, (AAAI-18), New Orleans, Louisiana, USA, February 2-7, 2018. AAAI Press, 2018: 7347-7354.

[89] LI J N, ZHANG S L, WANG J D, et al. Global-Local Temporal Representations for Video Person Re-Identification[C]//2019 IEEE/CVF International Conference on Computer Vision, Seoul, Korea (South), October 27 — November 2, 2019. IEEE, 2019: 3957-3966.

[90] ZHOU S P, WANG F, HUANG Z Y, et al. Discriminative Feature Learning With Consistent Attention Regularization for Person Re-Identification[C]//2019 IEEE/CVF International Conference on Computer Vision, Seoul, Korea(South), October 27 — November 2, 2019. IEEE, 2019: 8039-8048.

第2章 一种高效的行人再识别框架

行人再识别作为视频监控的重要应用内容之一，其运行需要一个完整的系统框架支撑。现阶段，行人再识别应用仍然缺乏有效的框架，尤其是在计算成本方面，通常需要昂贵的GPU计算显卡的支持。本章以视频监控需求为出发点，对实际的运行性能进行探讨，利用已有的成熟技术，提出了一种有效的行人再识别应用框架。具体包括：提出了系统整体框架，设计了用于行人检测的轻量级网络，并采用三元组损失训练行人再识别的特征提取网络，同时将运动检测与行人检测相结合加速整个过程。该框架能在普通PC机上实时运行，实际测试的准确率达到91.6%，对实际应用中的行人再识别具有一定的指导作用。

2.1 相关工作

近年来，随着监控设备的广泛普及和应用，利用监控视频来实现维护社会公共安全成为一个非常重要的课题。监控视频的利用通常需要通过分析视频的内容来实现，其中移动的行人通常是安全威胁的重点关注对象。特别地，对于一个可能的犯罪嫌疑人，如何利用多个监控摄像机拍摄的视频进行关联识别和追踪，是实现人员追踪和定位的重要手段。由人工对行人进行跨摄像机的再识别是一项极其枯燥乏味的体力劳动，且可能伴随着许多遗漏和错误。因此，通过计算机来实现对同一行人在跨越多个摄像机条件下进行识别可以大大提高效率。受拍摄视角、光照、遮挡及背景噪声的影响，行人再识别是一项具有挑战性的任务[1]。

实际应用行人再识别时，在跨摄像机识别一个人之前，还需要在视频帧中检测这个行人，以实现对行人的发现和定位。其中，行人检测是一项非常耗时的任务，需要对视频帧中不同位置、不同尺度进行搜索发现。过去十年，研究人员提出了许多行之有效的方法，如：可变性部件行人检测方法，通过基于人工设计特征并利用支持向量机分类器进行滑动窗口搜索实现对行人的检测[2]。近年来，利用深度学习技术进行行人检测已经成为主流，主要方法大致可分为两阶段方法和端到端方法。前者有R-CNN[3]、SPP-Net[4]、Fast R-CNN[5]、Faster R-CNN[6]、R-FCN[7]，该类方法首先生成大量的候选区域，然后再进行区域判别，具有相对更好的计算精度；后者有YOLO[8]、SSD[9]等，此类方法实现了端到端的直接处理，具有相对更快的计算速度。虽然端到端网络具有较快的计算速度，但是在没有GPU加速的情况下执行推理，仍然是一个具有挑战性的问题。特别是，在生产成本有限的条件下，终端系统很难采用价格高昂的GPU进行加速。

接下来，在行人检测发现和定位到行人区域后，即可以进行行人再识别——提取不同摄像机拍摄的行人图像特征并进行比对识别。传统的行人再识别方法主要关注人工设计特征提取方法和度量学习算法,较为经典的特征提取方法有 SDALF[10]、WHOS[11] 和 LOMO[12],对应度量学习方法主要有 XQDA[12]、NFST[13] 等。随着深度学习的兴起,直接利用深层网络进行端到端的特征提取和度量学习方法也已成为主流,且在计算精度上远远优于传统方法。常用的特征提取网络主要是卷积神经网络,并提取最后一个全连接层的特征作为行人特征表示。早期方法基于 ImageNet 预先训练模型进行特征提取[1]。后来发展出孪生(Siamese)网络[14, 15]、三元组(Triplet)网络[16] 和四元组(Quadruplet)网络[17] 等改进网络。

上述方法中的行人检测和行人再识别通常是两个步骤。研究人员试图探索一种端到端的方法将行人检测和再识别结合起来,此类方法大多基于区域推荐网络(Region Proposal Network)进行搜索处理[18, 19]。不幸的是,测试阶段的搜索处理依然很耗时。因此,本章探索设计和实现一个快速的行人检测和再识别框架,包括轻量级的行人检测网络和鲁棒的行人再识别特征提取网络。

为了加快行人再识别整个应用过程,受文献[1, 20]的启发,我们提出了一种有效的行人再识别框架,具体贡献包括:(1)提出了一种有效的行人再识别框架,设计了一个用于行人检测的轻量级网络,并采用三元组损失对特征提取网络进行训练,同时将运动检测和行人检测相结合,加快了整个过程;(2)通过实验验证了该框架的有效性。实际测试结果表明,该框架能在普通 PC 机上实现近实时的行人再识别,实际测试准确率达到 91.6%。

2.2 行人再识别框架

图 2-1 给出了行人再识别框架,具体包括 3 个步骤:

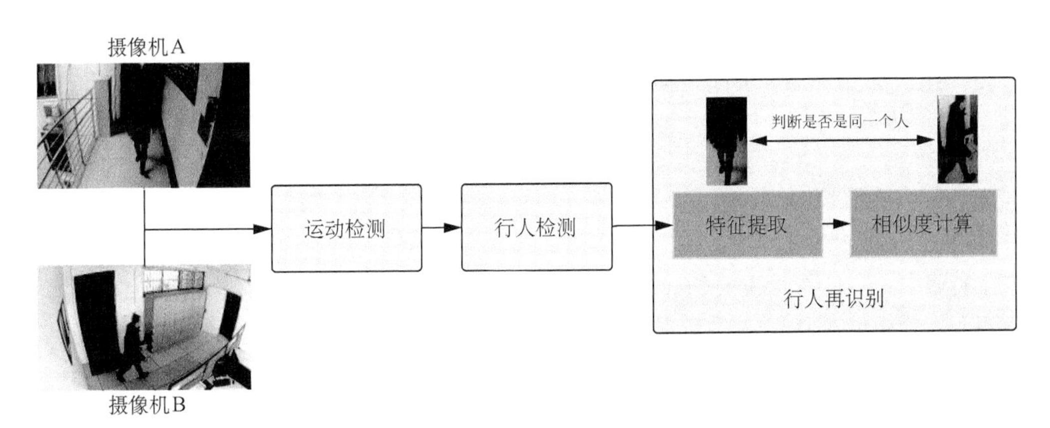

图 2-1 行人再识别框架

步骤 1:运动检测(Motion Detection)。用于确定视频帧中是否存在运动。如果没有运动,则可以跳过后面的步骤 2 和步骤 3。

步骤 2:行人检测(Person Detection)。执行行人检测以确认视频帧中的运动是由人引起的,而不是由运动的狗或猫引起的。此外,检测得到的行人区域经裁剪后供行人再识别使用。

步骤 3:行人再识别(Person Re-Identification)。行人再识别是整个框架的目标,为了判定是否为同一行人,需要先提取不同摄像机捕获的行人特征,再计算跨摄像机行人特征的相似度。

2.2.1 运动检测

视频监控中的摄像机位置是固定的,其拍摄的场景一般也是固定的,当没有行人或运动发生时,摄像机捕获的场景画面是不会改变的。为了检测运动,可以预先将场景图像保存为背景,然后使用视频帧减去背景来检测由运动引起的像素变化。但是,监控场景通常不是完全静态的,由于光照随时间的变化、树叶随风吹的摆动、雨雪的降落等,导致监控场景画面会发生变化。而这些变化通常是缓慢的或有规律的。因此,本章采用高斯混合模型(Gaussian Mixture Model,GMM)[21]来建模这种缓慢变化或有规律变化的场景。

当监视摄像机固定时,其所采集图像帧序列中的每个像素值对应于一个固定的场景点随时间的变化数值。假设一个像素与其周围的其他像素是独立的,则 (i, j) 位置、t 时刻的像素 $I(i, j, t)$,在一段时间内的像素值变化序列为

$$\{p_1, p_2, \cdots, p_T\} = \{I(i, j, t), 1 \leqslant t \leqslant T\}, \tag{2-1}$$

其中,T 为收集的时间长度,而像素值分布 $\{p_1, p_2, \cdots, p_T\}$ 可以用 GMM 建模。

具体地,采用多重高斯函数来描述采集到的像素值的分布。假设 t 时刻的像素值为 $\boldsymbol{x}_t$,则该值服从如下分布

$$p(\boldsymbol{x}_t) = \sum_{i=1}^{K} w_{i,t} \eta(\boldsymbol{x}_t, \boldsymbol{\mu}_{i,t}, \boldsymbol{\Sigma}_{i,t}), \tag{2-2}$$

其中 K 为高斯模型的个数,$w_{i,t}$ 为第 i 个高斯模型在 t 时刻的权值,$\boldsymbol{\mu}_{i,t}$ 为第 i 个高斯模型在 t 时刻的均值,$\boldsymbol{\Sigma}_{i,t}$ 为第 i 个高斯模型在 t 时刻的协方差,η 的分布函数如下

$$\eta(\boldsymbol{x}, \boldsymbol{\mu}, \boldsymbol{\Sigma}) = \frac{1}{N}\exp\left(-\frac{(\boldsymbol{x}-\boldsymbol{\mu})^{\mathrm{T}}\boldsymbol{\Sigma}^{-1}(\boldsymbol{x}-\boldsymbol{\mu})}{2}\right), \tag{2-3}$$

其中 $N = (2\pi)^{n/2} \mid \boldsymbol{\Sigma} \mid^{1/2}$。

在实践中,K 值是很重要的。较大的 K 值可能对方差更健壮,但是太耗时。一个小的 K 值不足以对像素值的分布进行有效建模。经测试发现,$K=3$ 时表现效果较好。需要注意的是,$\boldsymbol{x}_t$ 的维数 n。如果图像是灰色的,则 $n=1$。如果图像是彩色的,则 $n=3$。此外,如果图像是彩色的,假设来自 R、G、B 通道的值彼此独立,且方差相等,则协方差可以表示为 $\boldsymbol{\Sigma}_{i,t} = \delta_{i,t}^2 \boldsymbol{I}$,其中 $\delta_{i,t}$ 为方差,$\boldsymbol{I}$ 为单位矩阵。

对于一组采集的图像帧序列,通过 EM 算法学习 GMM 模型参数,然后就可以对每个像素进行背景或前景的分类。如果像素 $I(x, y, t)$ 不服从所有 K 高斯分布:

$$\mid \boldsymbol{x}_t - \boldsymbol{\mu}_{i,t-1} \mid > \gamma\delta_{i,t-1}, \tag{2-4}$$

其中 $\gamma = 2.5$,则可以判定其为前景像素;否则,$\boldsymbol{x}_t$ 属于高斯分布,则判定为背景像素。

运动检测可以为行人检测提供预判定,如果监控视频中没有发生任何运动,则可以跳过

行人检测步骤，以节省检测耗时；由于监控视频中没有运动发生的场景通常是比较多的，因此将运动检测和行人检测结合使用可以有效地提高运行速度。

2.2.2 行人检测

运动检测可以发现变化的像素点，而像素点的变化通常是由运动产生的。但是，导致像素点变化的运动可能不是由运动的人产生的，它可能是一只猫或狗，也可能是一台正在播放的电视。因此，还需要行人检测来确定该运动是由人引起的。由于运动的前景像素可能包含运动的背景，或者是多个人的运动产生的，行人检测不仅可以发现运动由人产生，还可以提供更准确的行人区域、区分多个行人等。行人检测产生的区域可用于分割行人图像，为后续的行人再识别提供支撑。

考虑到基于深度学习的行人检测器具有较好的精度，同时为了克服其耗时问题，设计了一个轻量级的行人检测器来验证运动的对象是否是行人。为了使检测器更快速、鲁棒，该轻量级的行人检测器仅区分人与非人。受到 YOLO[8] 的启发，该检测器采用 1×1 降维层、3×3 卷积层，降低参数量和计算量，所设计的网络结构如表 2-1 所示。其中，大小为 3×3 的 Conv 层由卷积、批量归一化(Batch Normalizaiton, BN)和 LeakyReLU 激活函数组成。

检测器输入 416×416×3 像素大小的图像，输出一个 13×13×128 大小的张量，然后再预测位置和分类。为了获得更好的性能，在 Pascal VOC 检测数据集[22] 上对网络的参数进行训练，判定类别仅行人类和非行人类；最后，采用训练的检测器来确定包含运动的视频帧中是否存在一个行人，若存在，同时给出行人区域。

表 2-1 设计的轻量级行人检测特征提取结构

序号	层操作	滤波器参数	输入大小	输出大小
1	Conv	16×3×3/1	416×416×3	416×416×16
2	MaxPool	2×2/2	416×416×16	208×208×16
3	Conv	32×3×3/1	208×208×16	208×208×32
4	MaxPool	2×2/2	208×208×32	104×104×32
5	Conv	64×3×3/1	104×104×32	104×104×64
6	MaxPool	2×2/2	104×104×64	52×52×64
7	Conv	128×3×3/1	52×52×64	52×52×128
8	MaxPool	2×2/2	52×52×128	26×26×128
9	Conv	256×3×3/1	26×26×128	26×26×256
10	MaxPool	2×2/2	26×26×256	13×13×256
11	Conv	512×3×3/1	13×13×256	13×13×512
12	MaxPool	2×2/1	13×13×512	13×13×512
13	Conv	256×1×1/1	13×13×512	13×13×256

（续表）

序号	层操作	滤波器参数	输入大小	输出大小
14	Conv	256×3×3/1	13×13×256	13×13×256
15	MaxPool	2×2/1	13×13×256	13×13×256
16	Conv	128×1×1/1	13×13×256	13×13×128
17	Conv	128×3×3/1	13×13×128	13×13×128
18	MaxPool	2×2/1	13×13×128	13×13×128

2.2.3 行人再识别

本小节采用一个三元组深度卷积网络来学习行人特征提取模型，通过计算来自不同摄像机的行人图像的三元组损失，能够更有效地训练行人再识别的特征提取网络。

行人再识别从传统方法发展至深度学习方法，除了深层网络提取特征的强大能力，还将图像对、三元组、四元组的形式输入到卷积神经网络中，把行人再识别视为一个排序任务，通过度量学习训练更鲁棒的特征提取网络。经验表明，三元组网络[16]的性能优于其他网络。因此，本节采用三元组网络来学习行人的特征提取网络。

三元组网络输入 3 张行人图像 I_a、I_p 和 I_n，其中 I_a 是一个参考图像，I_p 与 I_a 具有相同的类，而 I_n 与 I_a 具有不同的类。对于每个批量的训练图像，先随机选取 P 个类，然后从每个类中随机选取 K 个样本，则对于给定的批量训练图像，学习的目标是

$$L(\theta;\ X)=\sum_{i=1}^{P}\sum_{a=1}^{K}\max(0,\ m+D_{a,\ p}^{i}-D_{a,\ n}^{i}),\tag{2-5}$$

其中，m 是一个阈值参数，

$$D_{a,\ p}^{i}=\max_{p=1,\ \cdots,\ K}D(f_q(I_j^i),\ f_q(I_p^i)),\tag{2-6}$$

$$D_{a,\ n}^{i}=\min_{\substack{j=1,\ \cdots,\ P\\ n=1,\ \cdots,\ K\\ i\neq j}}D(f_q(I_j^i),\ f_q(I_n^i)),\tag{2-7}$$

其中，函数 f 是卷积神经网络的一个抽象，θ 是网络中需要学习的参数，D 是距离度量，如欧氏距离、余弦距离。

上述公式针对的是一个批量的训练数据，图像 I_j^i 对应于该批数据中第 i 个人的第 j 幅图像。该损失的目标是约束给定的锚点图像 I_a 与同类的图像 I_p 的距离比其与另一类的图像 I_n 的距离要小，且应该小于 m，否则就产生一个惩罚。训练过程中，还可以通过选取困难的三元组来改进训练效果。

基于 GoogleNet[23] 的优良性能，本节采用 GoogleNet 作为行人特征提取的骨干网络，并使用 ImageNet 预训练模型参数进行初始化，同时将最后一个全连接层替换为全局最大值池化层，在三元组损失函数的指导下对网络参数进行优化学习。网络学习结束后，保留三元组

网络中的某一条路径用于特征提取，丢弃其他条路径。特征提取时，输入一幅大小为 256×128 像素的图像，网络产生一个 1 024 维的特征向量，该特征向量即可用于行人再识别的相似度计算。

具体应用时，通常会预先提取库中的行人特征，然后针对一个特征查询行人图像，先提取该行人特征，再与库中的行人特征计算距离进行再识别。根据文献[16]，平方欧几里得距离会使训练过程更容易崩溃，而欧几里得距离更稳定。因此，本章的距离函数 $D(a, b)$ 使用欧几里得距离作为度量。此外，当特征向量归一化为 1 时，两个特征的欧氏距离平方与余弦距离可以等价使用。

2.3 实际测试

2.3.1 环境搭建

基于著者所在实验室中的三个固定摄像机，摄像机的配置如图 2-2 所示。通过采集并标注跨摄像机的行人再识别数据，对本章所提出的框架进行验证。

三个摄像机 A、B、C 拍摄的场景如图 2-2 所示。摄像机 A 固定在走廊顶部，摄像机 B 和 C 固定在实验室的墙壁，且朝向门口。经过摄像机的行人会被记录下来，并通过提出的框架进行行人再识别。

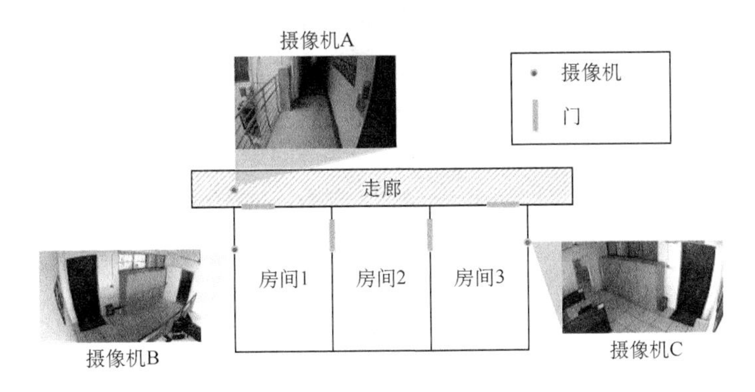

图 2-2 实验中摄像机的配置

2.3.2 测试效果

图 2-3 展示了所提框架各步骤的效果图。其中，图 2-3(a)所示为通过三个摄像机拍摄的同一行人；图 2-3(b)为采用 GMM 模型构建的场景背景，该背景可以用来检测前景；图 2-3(c)为视频帧与背景的差分结果，从结果中可以发现白色区域为运动的行人区域；图 2-3(d)为从背景中分割出来的行人前景；图 2-3(e)为在运动检测结果上的行人检测结果，其中矩形框对应行人检测区域。

由图 2-3 可以发现，所提框架能有效检测运动和行人。为了进一步定量测试，对 76 个行人的 1 892 幅图像(平均每个人大概有 6～54 幅)进行测试，在 3.2 GHz CPU 的 PC 机上以 26 帧/s 的速率进行测试，测试准确率达到 91.6%，验证了所提框架的有效性。

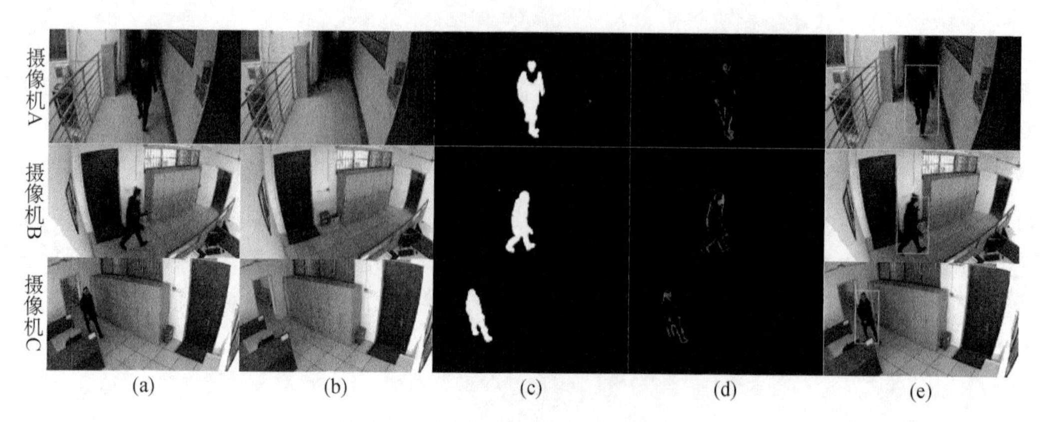

图 2-3　所提框架的各步骤的效果图

2.3.3　讨论分析

图 2-4 展示了所提框架中运动检测方法存在的部分问题，对应列与图 2-3 含义相同。

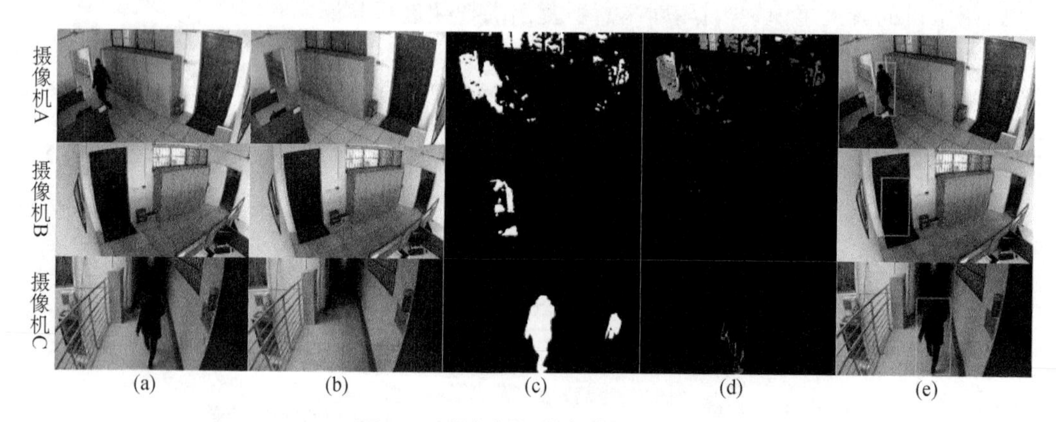

图 2-4　所提框架的鲁棒性效果图

从图 2-4 中可以发现，摄像机 A 的运动检测存在大量的假检测[图 2-4(c)的第一行]，因为行人关闭灯光改变了场景。在摄像机 B 中，人的外貌与背景(门)非常相似，所以大部分人的身体部位都没有被检测到运动。在摄像机 C 中，打开的门也会被检测为运动的物体，可能会被误认为是运动的行人。幸运的是，当行人检测与运动检测相结合时，可以实现检测并定位真正的行人[图 2-4(e)]，因此最终判定结果不会被错分。值得注意的是，当场景中存在很多人的时候，由于每个行人都要提取特征，整个系统的计算速度会相对较慢。

2.4　小结

本章提出了一种有效的行人再识别框架，详述了其三个主要步骤，运动检测、行人检测和行人再识别。设计了轻量级的行人检测网络，并将行人检测与运动检测结合，提高处理速度。采用三元组损失指导学习鲁棒的行人特征提取网络。最后，通过实验测试了框架的有效性。所提框架在实际环境下具有较好的处理速度和精度，对构建面向监控视频的行人再识别系统设计与实现具有一定的指导意义。

参考文献

[1] ZHENG L, YANG Y, HAUPTMANN A G. Person Re-identification: Past, Present and Future[J/OL]. CoRR, 2016.

[2] FELZENSZWALB P F, GIRSHICK R B, McALLESTER D, et al. Object Detection with Discriminatively Trained Part-Based Models[J]. IEEE Transactions on Pattern Analysis and Machine Intelligence, 2010, 32(9): 1627-1645.

[3] GIRSHICK R, DONAHUE J, DARRELL T, et al. Rich Feature Hierarchies for Accurate Object Detection and Semantic Segmentation[C]//2014 IEEE Conference on Computer Vision and Pattern Recognition, Columbus, OH, USA, June 23-28, 2014. IEEE Computer Society, 2014: 580-587.

[4] HE K M, ZHANG X Y, REN S Q, et al. Spatial Pyramid Pooling in Deep Convolutional Networks for Visual Recognition[J]. IEEE Transactions on Pattern Analysis and Machine Intelligence, 2015, 37(9): 1904-1916.

[5] GIRSHICK R. Fast R-CNN[C]//2015 IEEE International Conference on Computer Vision, Santiago, Chile, December 7-13, 2015. IEEE Computer Society, 2015: 1440-1448.

[6] REN S, HE K, GIRSHICK R, et al. Faster R-CNN: Towards Real-Time Object Detection with Region Proposal Networks[J]. IEEE Transactions on Pattern Analysis and Machine Intelligence, 2017, 39(6): 1137-1149.

[7] DAI J, LI Y, HE K, et al. R-FCN: Object Detection via Region-based Fully Convolutional Networks[C]//LEE D D, SUGIYAMA M, von LUXBURG U, et al. Advances in Neural Information Processing Systems 29: Annual Conference on Neural Information Processing Systems 2016, December 5-10, 2016, Barcelona, Spain. 2016: 379-387.

[8] REDMON J, DIVVALA S K, GIRSHICK R B, et al. You Only Look Once: Unified, Real-Time Object Detection[C]//2016 IEEE Conference on Computer Vision and Pattern Recognition, Las Vegas, NV, USA, June 27-30, 2016. IEEE Computer Society, 2016: 779-788.

[9] LIU W, ANGUELOV D, ERHAN D, et al. SSD: Single Shot MultiBox Detector[C]//LEIBE B, MATAS J, SEBE N, et al. Lecture Notes in Computer Science: Computer Vision — ECCV 2016 — 14th European Conference, Amsterdam, The Netherlands, October 11-14, 2016, Proceedings, Part Ⅰ: vol. 9905. Springer, 2016: 21-37.

[10] BAZZANI L, CRISTANI M, MURINO V. Symmetry-driven accumulation of local features for human characterization and re-identification[J]. Computer Vision and Image Understanding, 2013, 117(2): 130-144.

[11] LISANTI G, MASI I, BIMBO A D. Matching People across Camera Views using Kernel Canonical Correlation Analysis[C]//PRATI A, MARTINEL N. Proceedings of the International Conference on Distributed Smart Cameras, ICDSC '14, Venezia Mestre, Italy, November 4-7, 2014. ACM, 2014: 6.

[12] LIAO S C, HU Y, ZHU X Y, et al. Person re-identification by Local Maximal Occurrence representation and metric learning[C]//IEEE Conference on Computer Vision and Pattern Recognition, Boston, MA, USA, June 7-12, 2015. IEEE Computer Society, 2015: 2197-2206.

[13] ZHANG L, XIANG T, GONG S G. Learning a Discriminative Null Space for Person Re-identification[C]//2016 IEEE Conference on Computer Vision and Pattern Recognition, Las Vegas, NV, USA,

June 27-30, 2016. IEEE Computer Society, 2016: 1239-1248.

[14] WANG J B, LI Y, MIAO Z. Siamese Cosine Network Embedding for Person Re-identification[C]// YANG J, HU Q, CHENG M M, et al. Communications in Computer and Information Science: Computer Vision — Second CCF Chinese Conference, CCCV 2017, Tianjin, China, October 11-14, 2017, Proceedings, Part Ⅲ: vol. 773. Springer, 2017: 352-362.

[15] ZHENG Z D, ZHENG L, YANG Y. A Discriminatively Learned CNN Embedding for Person Re-identification[J]. ACM Transactions on Multimedia Computing, Communications, and Applications, 2018, 14(1): 1-20.

[16] HERMANS A, BEYER L, LEIBE B. In Defense of the Triplet Loss for Person Re-Identification[J/OL]. CoRR, 2017.

[17] CHEN W H, CHEN X T, ZHANG J G, et al. Beyond Triplet Loss: A Deep Quadruplet Network for Person Re-identification[C]//2017 IEEE Conference on Computer Vision and Pattern Recognition, Honolulu, HI, USA, July 21-26, 2017. IEEE Computer Society, 2017: 1320-1329.

[18] LIU H, FENG J S, JIE Z Q, et al. Neural Person Search Machines[C]//IEEE International Conference on Computer Vision, Venice, Italy, October 22-29, 2017. IEEE Computer Society, 2017: 493-501.

[19] XIAO T, LI S, WANG B C, et al. Joint Detection and Identification Feature Learning for Person Search[C]//2017 IEEE Conference on Computer Vision and Pattern Recognition, Honolulu, HI, USA, July 21-26, 2017. IEEE Computer Society, 2017: 3376-3385.

[20] KHAN F M, BRÉMOND F. Person Re-identification for Real-world Surveillance Systems[J/OL]. CoRR, 2016.

[21] ZIVKOVIC Z, van der HEIJDEN F. Efficient adaptive density estimation per image pixel for the task of background subtraction[J]. Pattern Recognition Letters., 2006, 27(7): 773-780.

[22] EVERINGHAM M, ESLAMI S M A, GOOL L, et al. The Pascal Visual Object Classes Challenge: A Retrospective[J]. International Journal of Computer Vision, 2015, 111(1): 98-136.

[23] SZEGEDY C, LIU W, JIA Y G, et al. Going deeper with convolutions[C]//IEEE Conference on Computer Vision and Pattern Recognition, Boston, MA, USA, June 7-12, 2015. IEEE Computer Society, 2015: 1-9.

第3章　多路径多损失 ReID 方法

基于卷积神经网络的行人特征提取已经成为现阶段行人再识别的主流方法，但是基于经典的单路径单损失网络并不能充分发挥行人再识别的性能。因此，本章从实现更具泛化能力的特征表示出发，构建了一个多路径多损失网络(Multi-Path and Multi-Loss Network，MPMLN)，多损失可以有效指导网络学习参数，多路径可以提取多组特征，有效提升行人特征表示的鲁棒性。在 Market-1501、DukeMTMC-reID、CUHK03 数据集上验证了本章所提方法的效果。

3.1　研究动机

近年来，深度学习技术在计算机视觉和自然语言处理领域得到了突破性的进展。在计算机视觉中，跨摄像机检索匹配同一行人的行人再识别任务是一个极具挑战性的问题[1]。行人再识别的测试集类别标签不属于训练集类别标签，对于基于训练集所学模型而言，测试集类别标签是未知的，因此该问题是一个非闭集合的模式匹配问题。经典模式分类方法通常是不能直接识别或分类训练集之外的未知类，故行人再识别一般先提取行人图像的特征表示，再通过计算特征间相似度进行匹配识别。因此，如何有效地表示行人再识别的特征就成为解决该问题关键所在。

当前，已经存在许多工作对卷积神经网络的特征提取进行探讨[2-4]。在图像分类中，深度卷积神经网络被发现可以在不同层上提取不同级别的特征，例如网络低层提取对象纹理颜色特征，网络中层提取对象部件特征，网络高层提取对象语义特征[5]。对于行人再识别任务，通常以经典网络最后一个全连接层或卷积层的输出作为行人的特征表示[1]。但是，这种单路径和单损失的经典网络结构很难在测试集上展现出很好的推广能力(也称泛化能力)。

众所周知，端到端深度网络训练是一个具有大量待学习参数的非凸优化问题，因此优化结果在单个分类损失的监督下会达到一个局部最小值[6, 7]。如图 3-1 所示，在训练集上，初始参数 x_1 经训练后达到局部最小值 x_1^*，但在测试集上其相应的性能可能会退化。根据文献[6] 的工作，这种退化主要是由对泛化敏感的尖峰最小值 x_1^* 引起的。

为了解决这个问题，需要寻找对泛化不敏感的平坦极小值，例如 x_0^* 或 x_2^*。文献[6] 尝试使用小批量寻找平坦极小值点。但是，单个平坦的极小值点其平坦的局部区域仍是有限的，使得模型对泛化还是较为敏感。受文献[8] 的启发，本章提出使用多个独立参数的路径和损失，利用多个极值点构建宽广的平坦极小值区域。如图 3-1 所示，三个初始点 x_0，x_1，x_2 被优化为三个极小值 x_0^*，x_1^*，x_2^*。从新的角度来看，可以将$\{x_0^*,\ x_1^*,\ x_2^*\}$的相关区域视为极小值的平坦区域。故虽然单个极小值点平坦区域有限，但是多个极小值点会具有更大的平坦区域,泛化性能更好。

因此,本章提出了一种端到端的多路径多损失网络,从不同路径提取特征,以增强特征表示的泛化能力。相对单路径单损失网络具有更好的泛化性能。所提出的多路径多损失网络基于ResNet-50设计实现,其中多路径网络分支共享同一骨干网络,对应参数共享,使得多路径网络较多个独立网络具有更少的参数。同时,多个损失指导多个路径的网络参数从多个初始点开始,并收敛到多个最小值。最后,从多个路径提取的特征拼接起来后展现出很好的泛化性能,在公开的 Market - 1501、DukeMTMC-reID 和 CUHK03 三个行人再识别数据集上验证了本章所提方法的有效性。

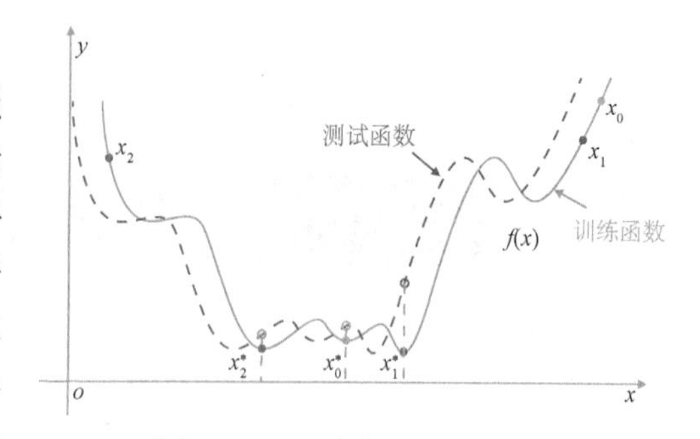

图 3-1 单个最小值和多个最小值的概念图。y 轴表示损失函数的值,x 轴表示变量(参数)。实点 x_0^*, x_1^*, x_2^* 是优化的最小值,而垂直虚线上的相应空心点是测试性能。

3.2 多路径多损失网络(MPMLN)

本节主要介绍的多路径多损失网络思想简单,实现容易,下面将围绕网络架构、技术细节和损失函数展开详细介绍。

3.2.1 网络架构

在行人再识别任务中,通常将卷积神经网络的最后一个全连接层或卷积层的输出作为行人的特征表示。对应地,ResNet-50 网络输出的是一个 2 048 维特征,该特征由单一路径和单一损失训练和提取得到。单一路径在单一损失监督下,由于卷积神经网络训练本身是一个非凸优化问题,故其所学习的参数只能保证网络在训练集上达到一个局部极值点,导致在测试集上推广能力受限。如果设计一个具有多个损失监督多个路径学习的网络,则每个损失可以监督对应路径达到一个局部极小值,多个路径产生多个局部极小值点,这样由多个极小值的平坦区域可以构成一个虚拟的更大的平坦区域,提升模型的推广能力。由多条路径提取得到多组特征,则由多组特征表示的行人可以具有更强的特征表示能力。

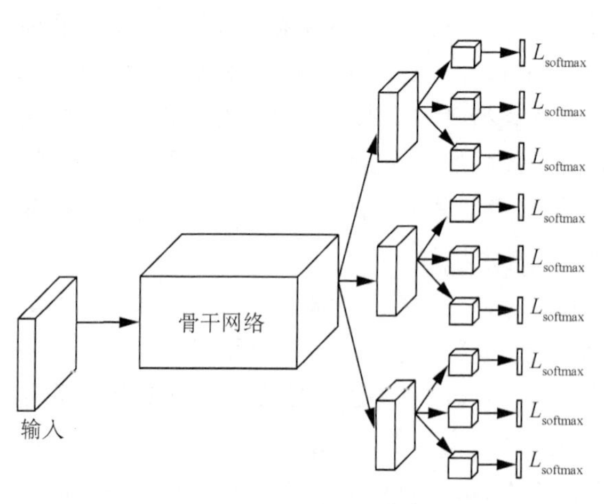

图 3-2 MPMLN 网络架构示意图

图 3-2 展示了所提出的多路径多损失网络的架构。该架构具有类似树状的结构,其中骨干网络可视为树的根节点,根节点具有三个子节点,且每个子节点又具有三个叶节点。从根节点到叶节点的每条路

径都是一个单一的端到端分类网络，每个叶节点之后接一个用于分类的分类器，指导该路径分类网络学习参数。具体实现时，多路径多损失网络基于 ResNet-50 架构实现，由 ResNet-50 网络的不同计算阶段构建而成。ResNet-50 网络是行人再识别领域广泛使用的基准网络模型，具有很好的性能表现。

3.2.2 多路径构建

为了更好地描述所提方法，根据特征图的大小将原始 ResNet－50 网络结构划分为五个阶段，分别是 res_conv1x，res_conv2x，res_conv3x，res_conv4x 和 res_conv5x。在每个阶段都有许多残差块，可以通过"阶段(数字)＋块(字母)"编号，如：res_conv5a 代表第五阶段的第一个残差块。

在多路径多损失网络中，根节点(骨干网络)由 ResNet-50 网络中 res_conv4_1 层以及之前的层组成；每个子节点包含从 res_conv4_1 层(不包括在内)到 res_conv5_1 层(包括在内)的层；每个叶节点包含 res_conv5_2 层和 res_conv5_3 层(不包括 pool5 层)，再接全局均值池化模块，降维模块和 softmax 分类器。其中，子节点和叶节点这两个划分位置由下采样操作确定，对应 res_conv4_1 层和 res_conv5_1 层均包含步长为 2 的下采样操作，因此网络在这两个位置产生多个子节点/叶节点。

对于每个叶节点，在 res_conv5_3 层之后，首先添加一个全局均值池化模块。该模块将输出特征张量的每个特征图映射为单个数值。由于每个特征图对应一个通道，并得到一个数值，故 2 048 个特征图产生一个 2 048 维的特征。然后，增加一个降维模块，包含一个 1×1 卷积，批量归一化和 ReLU 激活，实现将特征从 2 048 维减少到 256 维。接着，增加一个丢弃率为 0.5 的 Dropout 层，用于在训练阶段抑制过拟合，测试时，删除该层。最后是 softmax 分类损失，用于监督网络进行优化学习。每个分类损失仅优化对应叶节点，对于共享的根节点和子节点由对应共享的损失共同优化。

网络训练时，在 res_conv5_3 层(包括)之前，根节点、子节点和叶节点(不包括降维模块和分类损失)共享 ResNet-50 在 ImageNet 上的预训练模型参数。对于新添加的层(降维模块和分类损失)，对应参数由文献[9]中的方法进行随机初始化，这样使得不同路径共享相同的路径参数，又具有不同的降维模块和分类损失参数。

测试过程中，对于输入的一幅图像 I，通过第 i 条路径，降维模块输出维度为 256 的特征 f_i，将 9 条路径的特征拼接起来得到最终特征 $f = cat[f_1, f_2, \cdots, f_9]$，对应特征维度为 2 304(256×9)。

值得说明的是，经典的卷积神经网络(如 AlexNet[10] 和 VGGNet[11])的结构大多是单路径单损失网络，通过堆叠多个小卷积核构建深层网络。不同的是，GoogleNet[12] 是一个堆叠特殊设计的 Inception 模块，并具有 3 个目标损失的网络，但是该多损失旨在优化单个参数共享的网络路径，与 MPMLN 具有不同的设计目的。由图 3-2 还可以发现，MPMLN 非常像一个 FractalNet[13]，都是通过重复自相似宏结构来构造网络。但是，FractalNet 会串联或添加不同子路径的功能来进行分类，而 MPMLN 以相同的长度路径和相同的初始参数重复网络分支，且每个分支都有独立的优化目标。

此外，由于降维模块和分类损失是新添加的层，并且参数是随机初始化的，因此多条路径的参数具有多个初始点。根据优化理论，不同的初始点可能收敛到不同的局部极小值。同时，从根节点到叶节点的路径中，不同叶节点具有共享主干或部分子节点，在损失函数的监督下参数会收敛到相对靠近的局部极小值，使得学习到的多个极小值的平坦区域构成一个更大的平坦区域，具有更好的泛化能力。因此，输入同一行人图像，通过不同路径提取的特征会具有一定的差异性，拼接后的最终特征可以实现特征的相对互补。

3.2.3 多损失函数

行人再识别任务是一个多类别的分类问题，故多路径多损失网络使用 softmax 损失作为优化目标进行训练，没有使用对比损失、三元组损失等其他辅助损失函数。对于每个路径，可以根据学习的特征和真值标签来计算 softmax 损失，具体计算方法如下：

$$L_{\text{softmax}} = -\sum_{i=1}^{N} \log \left[\frac{\exp(\boldsymbol{W}_{y_i}^{\mathrm{T}} \boldsymbol{f}_i + b_{y_i})}{\sum_{k=1}^{C} (\boldsymbol{W}_k^{\mathrm{T}} \boldsymbol{f}_i + b_k)} \right] \tag{3-1}$$

其中，N 是批量的大小，C 是行人类别的数目，$\boldsymbol{f}_i$ 是第 i 条路径提取的特征，$\boldsymbol{W}_k$ 和 b_k 是要学习的参数。

3.3 实验评测

本节将对 MPLMN 进行实验验证，具体将从数据集简介、实验设置，以及实验结果与分析几个方面进行介绍。

3.3.1 数据集简介

为了评测本章所提方法的有效性，在三个公开的行人再识别数据集(Market-1501[14]、DukeMTMC-reID[15] 和 CUHK03[16])进行了实验。为了简化表示，分别将 Market-1501、DukeMTMC-reID 和 CUHK03 简记为 Market、Duke 和 CUHK。表 3-1 展示了数据集的部分统计信息。

表 3-1 各数据集样本数量概况

数据集	train		gallery		query	
	images	ids	images	ids	images	ids
Market	12 936	751	19 732	750	3 368	750
Duke	16 522	702	17 661	1 110	2 228	702
CUHK	7 365	767	5 332	700	1 400	700

Market：该数据集包含从北京大学的 6 个不同的摄像机拍摄的 1 501 个行人的图像。这些行人图像由 DPM 检测器[17] 自动从视频帧中检测得到。数据集分为训练集和测试集两个部分。训练集包含 751 人的 12 936 张图像，而测试集包含另外 750 人的 3 368 张查询图

像和 19 732 张库图像。评估还包括单查询和多查询两种模式，本实验仅采用难度更大的单查询模式。

Duke：该数据集是 DukeMTMC 的子集，专门用于行人再识别。具体包含来自 8 个摄像机拍摄的 1 812 个行人的 36 411 张图像。训练集包含 702 人的 16 522 张图像，而测试集包含另外 702 人的 2 228 张查询图像和 17 661 张库图像。该数据集是极具挑战性的行人再识别任务数据集。行人与行人之间具有高度的相似性，并且在同一行人的多幅图像之间具有很大的类内差异。

CUHK：该数据集由 6 个摄像机拍摄的 1 467 个行人的 14 097 张图像组成。其标注信息包含两种类型：人工标记的行人框和 DPM[17]检测到的行人框。本实验使用 DPM 检测到的行人框，由于检测器存在不精确的问题，使得再识别难度更大。该数据集最初被划分为 20 个随机子集以进行交叉验证，这种设计是为早期非深度学习方法而设计的，导致深度学习方法非常耗时。为了简化评估，本实验采用文献[18]中使用的验证协议。

3.3.2 实验设置

实验采用 ImageNet 上预训练的 ResNet-50 权重进行参数初始化。网络中的不同路径相应层均采用相同的预训练权重初始化，而降维模块和分类损失中的参数通过"Xavier"方法初始化[9]。

在训练过程中，将输入图像先统一缩放至 320×160，再随机裁剪一个 256×128 的子区域。此外，还使用了随机水平翻转和随机擦除[19]等进行训练图像的数据增广。训练中的小批量大小为 64，每个迭代对所有样本进行随机排列后依次进行批量选择。采用 SGD 优化器进行训练，对应动量设置为 0.9，权重衰减因子设置为 0.0005。初始学习率设置为 0.01，并在第 40 次和第 60 次迭代后将学习率衰减为 0.001 和 0.0001。整个训练过程持续 80 次迭代。注意，降维模块和分类损失参数学习率是其他参数学习率的 10 倍，以更好地适应行人再识别数据集。所提方法采用 Pytorch 框架实现，使用单块英伟达 GTX 1080Ti GPU 卡对 Market-1501 数据集进行训练的时间耗费大约是 2 h。

在测试过程中，对原始图像及其翻转图像分别提取特征，并进行特征平均作为最终特征。为了比较不同 ReID 方法的性能，实验报告了常用的评价指标，累积匹配特征(CMC)中的 Rank-1，Rank-5，Rank-10 和 Rank-20，以及平均精度均值(mAP)[15]。

3.3.3 实验结果与分析

为了评估 MPMLN 在三个数据集上的性能，将其与最新的研究方法进行比较，包括 IDE[1]、PAN[20]、SVDNet[21]、TriNet[22]、DaRe[23]、MLFN[24]、HA-CNN[25]、DP[26]、PCB[27]，PCB+RPP[27]。表 3-2 给出了详细的结果。其中上下两部分分别为未采用和采用重排序(ReRanking, RR)方法[19]的结果。

在 Market 数据集上的结果：从表 3-2 中可以发现，MPMLN 在没有重排序的情况下 Rank-1 达到 91.5%，mAP 达到了 80.7%。重排序后，结果提高到 Rank-1/mAP＝92.5%/89.4%，超过了所有对比的方法。在这些方法中，IDE[1]是深度学习方法广泛使用的评测基准。MPMLN 的 Rank-1 比 IDE 高出 15.9%，对应 mAP 高出 30%。对于 PCB+

RPP[27]这一较新的方法，在没有重排序的条件下具有最佳的 mAP 性能，比 MPMLN 方法高出 0.9%。主要原因是 PCB+RPP 在 PCB 部件模型的基础上增加了细化部件合并策略，改善了效果。

表 3-2 MPLMN 的实验结果对比

方法	Market		Duke		CUHK	
	mAP	Rank-1	mAP	Rank-1	mAP	Rank-1
IDE[1]	50.7%	75.6%	45.0%	65.2%	19.7%	21.3%
PAN[20]	63.4%	82.8%	51.5%	71.6%	34.0%	36.3%
SVDNet[21]	62.1%	82.3%	56.8%	76.7%	37.3%	41.5%
TriNet[22]	69.1%	84.9%	—	—	50.7%	55.5%
DaRe(R)[23]	69.3%	86.4%	57.4%	75.2%	51.3%	55.1%
DaRe(De)[23]	69.9%	86.0%	56.3%	74.5%	50.1%	54.3%
MLFN[24]	74.3%	90.0%	62.8%	81.0%	47.8%	52.8%
HA-CNN[25]	75.5%	91.2%	63.8%	80.5%	38.6%	41.7%
DP[26]	79.6%	92.3%	64.8%	80.9%	—	—
PCB[27]	77.4%	92.3%	66.1%	81.7%	53.2%	59.7%
PCB+RPP[27]	81.6%	93.8%	69.2%	83.3%	57.5%	63.7%
MPMLN	80.7%	91.5%	69.6%	83.4%	62.7%	67.7%
PAN+RR[20]	76.6%	85.8%	66.7%	75.9%	43.8%	41.9%
TriNet+RR[22]	81.1%	86.7%	—	—	64.8%	64.4%
DaRe(R)+RR[23]	82.0%	88.3%	74.5%	80.4%	63.6%	62.8%
DaRe(De)+RR[23]	82.2%	88.6%	73.3%	79.7%	61.6%	60.2%
MPMLN+RR	89.4%	92.5%	83.0%	87.1%	74.7%	73.5%

图 3-3 展示了 Market 数据集上给定的部分查询行人图像的前 10 名排序返回结果。前 2 行返回的 10 个结果均为正确结果，显示了 MPMLN 的鲁棒性。不管行人的姿势或步态如何变化，均可以有效检索行人的图像。第 3 个查询图像中行人的胸前佩戴了一个卡片，其中第 3、7、9 列的后视图依然可以检索到该行人的图像。最后一个查询图像是低分辨率条件的行人图像，虽然丢失了大量重要信息，但依然返回了多个正确结果。

在 Duke 数据集上的结果：由表 3-2 可以发现所提方法在 Duke 数据集上显示了其优秀的性能。在无重排序的条件下，MPMLN 性能达到了 Rank-1/mAP=83.4%/69.6%的结果，其性能优于 PCB+RPP(该方法在 Market 数据集上具有最佳性能)。通过重排序后，所提方法仍然是性能最佳。

图 3-3 Market 数据集上某些查询图像的 10 名排序结果

在 CUHK 数据集上的结果：在无重排序的条件下，MPMLN 方法达到 Rank-1/mAP=67.7%/62.7%的性能，Rank-1 上比第 2 名高出 4.0%，mAP 也优于第 2 名。重排序后，所提方法大大优于所有对比的方法。注意，在 CUHK 数据集上，行人的图像由 DPM 检测器自动检测得到，由于存在检测失败的情况，该条件下的测试比人工标注的图像难度更大。

3.4 扩展分析

本节对模型进行消融性分析和网络结构分析，具体如下：

3.4.1 消融性分析

首先，对模型进行简化，在每个分割节点仅使用两个子路径，记为 MPMLN-2。当子路径只有一个时，记为 MPMLN-1。MPMLN-1 可以视为经典的 ResNet-50 模型。但是 MPMLN-1 引入了降维模块，该模块也被证明是有效的。对比这些简化模型，结果如表 3-3 所示。

从表 3-3 可以发现，MPMLN-2 和 MPMLN 具有相似的性能，同时在 mAP 和 Rank-1 上大大超过了 MPMLN-1，因为 MPMLN-2 和 MPMLN 都具有多个路径和多个损失。它们之间的区别只是路径和损失的数量差异。该性能差异可以得出结论：多路径和多损失网络比单路径单损失网络具有更好的性能。

表 3-3 简化模型的实验结果与对比

数据集	方法	mAP	Rank-1	Rank-5	Rank-10	Rank-20
Market	MPMLN-1	75.03%	89.10%	96.17%	97.77%	98.55%
	MPMLN-2	80.47%	91.78%	97.12%	98.07%	98.78%
	MPMLN	80.73%	91.51%	96.82%	98.16%	98.81%
Duke	MPMLN-1	63.73%	80.34%	90.62%	93.36%	95.02%
	MPMLN-2	69.36%	83.17%	90.80%	93.54%	95.42%
	MPMLN	69.57%	83.44%	91.11%	93.49%	95.69%
CUHK	MPMLN-1	52.53%	57.57%	76.21%	83.86%	89.00%
	MPMLN-2	60.44%	64.79%	81.50%	87.64%	92.07%
	MPMLN	62.71%	67.71%	81.93%	88.29%	93.00%

此外，对 MPMLN 中的 9 条路径分别进行测试，评估每条路径所获得的性能。评估结果见图 3-4，其中垂直虚线是通过融合 9 条路径特征得到的性能，水平条是 9 条路径中的每条路径所达到的性能。与单路径特征性能相比，可以发现融合特征的性能（图 3-4 中垂直虚线表示）在 mAP 和 Rank-1 上都有很大的提升。

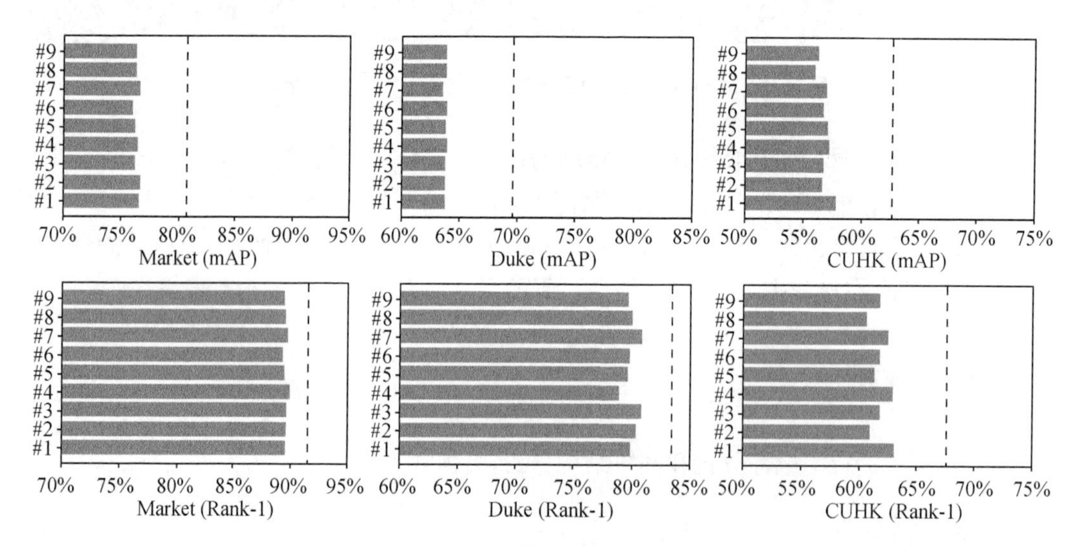

图 3-4 单条路径性能评测结果

3.4.2 网络结构分析

为了进一步研究多路径或多损失对性能的影响，实验设计了以下两种网络架构，如图 3-5 所示。

多路径网络（Multi-Path Network，MPN）：网络只有一个 softmax 目标损失，其中输入为来自所有子路径的拼接特征。与 MPMLN 相比，MPN 合并了特征，只有一个优化目标。

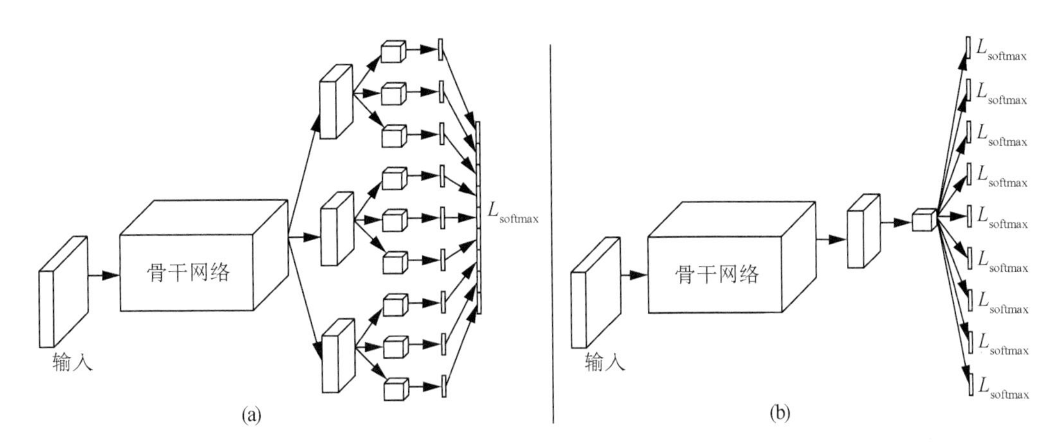

图 3-5 多路径网络(a)与多损失网络(b)示意图

多损失网络(Multi-Loss Network,MLN):网络只有一条路径,其中输出特征分别输入 9 个 softmax 目标损失。与 MPMLN 相比,MLN 有 9 个损失,它们共享唯一一条路径。

表 3-4 实验结果与对比

数据集	方法	mAP	Rank-1	Rank-5	Rank-10	Rank-20
Market	MPN	79.11%	90.57%	96.27%	98.19%	98.96%
	MLN	76.55%	89.93%	96.08%	97.62%	98.52%
	MPMLN	80.73%	91.51%	96.82%	98.16%	98.81%
Duke	MPN	68.74%	81.63%	90.88%	93.08%	95.96%
	MLN	63.91%	80.21%	89.45%	92.19%	94.17%
	MPMLN	69.57%	83.44%	91.11%	93.49%	95.69%
CUHK	MPN	57.63%	61.64%	79.71%	86.07%	91.64%
	MLN	49.02%	53.14%	72.07%	80.64%	87.14%
	MPMLN	62.71%	67.71%	81.93%	88.29%	93.00%

实验结果见表 3-4,其中 MPN 和 MLN 的性能总体上低于 MPMLN。应当注意,MPN 比 MLN 具有更好的性能,其原因可能是 MPN 具有多条提取特征的路径,而 MLN 尽管有很多损失,但只有一条提取特征的路径。根据表 3-4 的对比,可以得出结论:MPMLN 的多路径和多损失均可以提高性能。

3.5 小结

本章提出了一种多路径多损失 ReID 方法,基于 ResNet-50 网络设计了多路径和多损失网络架构,行人特征由多条路径提取的特征拼接得到。在 3 个公开发布的 re-ID 数据集上,实验验证了 MPMLN 方法的有效性,与多种最新方法比较展示了所提方法的优秀性能。

另外，消融性分析和网络结构分析对路径个数、损失个数进行了分析，发现多路径和多损失共同使用效果最佳。

参考文献

[1] ZHENG L, YANG Y, HAUPTMANN A G. Person Re-identification: Past, Present and Future[J/OL]. CoRR, 2016.

[2] SHI H L, YANG Y, ZHU X Y, et al. Embedding Deep Metric for Person Re-identification: A Study Against Large Variations[C]//LEIBE B, MATAS J, SEBE N, et al. Lecture Notes in Computer Science: Computer Vision — ECCV 2016 — 14th European Conference, Amsterdam, Netherlands, October 11-14, 2016, Proceedings, Part Ⅰ: vol. 9905. Springer, 2016: 732-748.

[3] ZHENG Z D, ZHENG L, YANG Y. A Discriminatively Learned CNN Embedding for Person Re-identification[J]. ACM Transactions on Multimedia Computing, Communications, and Applications, 2018, 14(1): 1-20.

[4] WANG J B, LI Y, MIAO Z. Siamese Cosine Network Embedding for Person Re-identification[C]//YANG J, HU Q, CHENG M M, et al. Communications in Computer and Information Science: Computer Vision — Second CCF Chinese Conference, Tianjin, China, October 11-14, 2017, Proceedings, Part Ⅲ: vol. 773. Springer, 2017: 352-362.

[5] ZEILER M D, FERGUS R. Visualizing and Understanding Convolutional Networks[C]//FLEET D J, PAJDLA T, SCHIELE B, et al. Lecture Notes in Computer Science: Computer Vision — ECCV 2014 — 13th European Conference, Zurich, Switzerland, September 6-12, 2014, Proceedings, Part Ⅰ: vol. 8689. Springer, 2014: 818-833.

[6] KESKAR N S, MUDIGERE D, NOCEDAL J, et al. On Large-Batch Training for Deep Learning: Generalization Gap and Sharp Minima[C]//5th International Conference on Learning Representations, Toulon, France, April 24-26, 2017, Conference Track Proceedings. OpenReview.net, 2017.

[7] WEN W, WANG Y, YAN F, et al. SmoothOut: Smoothing Out Sharp Minima for Generalization in LargeBatch Deep Learning[J/OL]. CoRR, 2018.

[8] ZHANG Y, XIANG T, HOSPEDALES T M, et al. Deep Mutual Learning[C]//2018 IEEE Conference on Computer Vision and Pattern Recognition, Salt Lake City, UT, USA, June 18-22, 2018. IEEE Computer Society, 2018: 4320-4328.

[9] HE K M, ZHANG X Y, REN S Q, et al. Delving Deep into Rectifiers: Surpassing Human-Level Performance on ImageNet Classification[C]//2015 IEEE International Conference on Computer Vision, Santiago, Chile, December 7-13, 2015. IEEE Computer Society, 2015: 1026-1034.

[10] KRIZHEVSKY A, SUTSKEVER I, HINTON G E. ImageNet Classification with Deep Convolutional Neural Networks[C]//BARTLETT P L, PEREIRA F C N, BURGES C J C, et al. Advances in Neural Information Processing Systems 25: 26th Annual Conference on Neural Information Processing Systems 2012. Proceedings of a meeting held December 3-6, 2012, Lake Tahoe, Nevada, United States. 2012: 1106-1114.

[11] SIMONYAN K, ZISSERMAN A. Very Deep Convolutional Networks for Large-Scale Image Recognition[C]//BENGIO Y, LECUN Y. 3rd International Conference on Learning Representations, San Diego, CA, USA, May 7-9, 2015, Conference Track Proceedings. 2015.

[12] SZEGEDY C, LIU W, JIA Y Q, et al. Going deeper with convolutions[C]//IEEE Conference on

Computer Vision and Pattern Recognition, Boston, MA, USA, June 7-12, 2015. IEEE Computer Society, 2015: 1-9.

[13] LARSSON G, MAIRE M, SHAKHNAROVICH G. FractalNet: Ultra-Deep Neural Networks without Residuals[C]//5th International Conference on Learning Representations, Toulon, France, April 24-26, 2017, Conference Track Proceedings. OpenReview.net, 2017.

[14] ZHENG L Y, SHEN L Y, TIAN L, et al. Scalable Person Re-identification: A Benchmark[C]//2015 IEEE International Conference on Computer Vision, Santiago, Chile, December 7-13, 2015. IEEE Computer Society, 2015: 1116-1124.

[15] ZHENG Z D, ZHENG L, YANG Y. Unlabeled Samples Generated by GAN Improve the Person Re-identification Baseline in Vitro[C]//IEEE International Conference on Computer Vision, Venice, Italy, October 22-29, 2017. IEEE Computer Society, 2017: 3774-3782.

[16] LI W, ZHAO R, XIAO T, et al. DeepReID: Deep Filter Pairing Neural Network for Person Re-identification[C]//2014 IEEE Conference on Computer Vision and Pattern Recognition, Columbus, OH, USA, June 23-28, 2014. IEEE Computer Society, 2014: 152-159.

[17] FELZENSZWALB P F, GIRSHICK R B, McALLESTER D, et al. Object Detection with Discriminatively Trained Part-Based Models[J]. IEEE Transactions Pattern Analysis and Machine Intelligence, 2010, 32(9): 1627-1645.

[18] ZHONG Z, ZHENG L, CAO D L, et al. Re-ranking Person Re-identification with k-Reciprocal Encoding[C]//2017 IEEE Conference on Computer Vision and Pattern Recognition, Honolulu, HI, USA, July 21-26, 2017. IEEE Computer Society, 2017: 3652-3661.

[19] ZHONG Z, ZHENG L, KANG G L, et al. Random Erasing Data Augmentation[C]//The Thirty-Fourth AAAI Conference on Artificial Intelligence, AAAI 2020, New York, NY, USA, February 7-12, 2020. AAAI Press, 2020: 13001-13008.

[20] ZHENG Z D, ZHENG L, YANG Y. Pedestrian Alignment Network for Large-scale Person Re-Identification[J]. IEEE Transactions on Circuits and Systems for Video Technology, 2019, 29(10): 3037-3045.

[21] SUN Y F, ZHENG L, DENG W J, et al. SVDNet for Pedestrian Retrieval[C]//IEEE International Conference on Computer Vision, Venice, Italy, October 22-29, 2017. IEEE Computer Society, 2017: 3820-3828.

[22] HERMANS A, BEYER L, LEIBE B. In Defense of the Triplet Loss for Person Re-Identification[J/OL]. CoRR, 2017.

[23] WANG Y, WANG L Q, YOU Y R, et al. Resource Aware Person Re-Identification Across Multiple Resolutions[C]//2018 IEEE Conference on Computer Vision and Pattern Recognition, Salt Lake City, UT, USA, June 18-23, 2018. IEEE Computer Society, 2018: 8042-8051.

[24] CHANG X B, HOSPEDALES T M, XIANG T. Multi-Level Factorization Net for Person Re-Identification[C]//2018 IEEE Conference on Computer Vision and Pattern Recognition, Salt Lake City, UT, USA, June 18-22, 2018. IEEE Computer Society, 2018: 2109-2118.

[25] LI W, ZHU X T, GONG S G. Harmonious Attention Network for Person Re-Identification[C]//2018 IEEE Conference on Computer Vision and Pattern Recognition, Salt Lake City, UT, USA, June 18-23, 2018. IEEE Computer Society, 2018: 2285-2294.

[26] JIN H B, WANG X B, LIAO S C, et al. Deep person re-identification with improved embedding and

efficient training[C]//2017 IEEE International Joint Conference on Biometrics, Denver, CO, USA, October 1-4, 2017. IEEE, 2017: 261-267.

[27] SUN Y F, ZHENG L, YANG Y, et al. Beyond Part Models: Person Retrieval with Refined Part Pooling(and A Strong Convolutional Baseline)[C]//FERRARI V, HEBERT M, SMINCHISESCU C, et al. Lecture Notes in Computer Science: Computer Vision — ECCV 2018 — 15th European Conference, Munich, Germany, September 8-14, 2018, Proceedings, Part Ⅳ: vol. 11208. Springer, 2018: 501-518.

第4章 孪生余弦 ReID 方法

当前，在行人再识别任务中，大部分主流模型都是采用卷积神经网络(CNN)提取的特征来进行行人匹配的相似性计算，故特征嵌入表示是识别新的行人身份的关键。但是，仅用卷积神经网络学习的特征并不足以实现有效的行人身份识别，主要原因是 CNN 的设计是用于已知类别的行人身份识别，而不是两个行人身份的相似性比较。为了改进特征嵌入表示，本章提出一种基于余弦相似度度量的成对余弦损失，并设计了一种孪生余弦网络(Siamese Cosine Network Embedding, SCNE)来学习深度特征表示，用于更好地解决行人再识别任务。该网络基于孪生双流网络结构，成对输入同类行人图像，并由 softmax 损失和成对余弦损失进行联合监督训练。在 Market-1501 和 CUHK03 公开行人再识别数据集上验证了所提方法的有效性。

4.1 研究动机

行人再识别[1-6]任务指的是给定一个摄像机拍摄的行人作为查询图像，在其他摄像机拍摄的行人中查询是否存在行人，即确定该行人是否被其他摄像机拍摄到。该问题是一个与分类任务完全不同的问题，分类任务中测试集上的行人是出现在训练集上的，训练集与测试集需分类的标签是相同的，是一个闭集合上的分类问题[7-9]；不同的是，行人再识别任务中测试集上待识别(搜索)的行人是没有在训练集上出现过的，训练集和测试集上的行人具有完全不同的分类标签，是一个更具挑战性的非闭集合上的分类问题。解决行人再识别问题需要先将行人表示为特征，再利用该特征去进行匹配识别。

近年来，行人再识别中卷积神经网络(CNN)被广泛应用于学习行人的特征表示[5]。但是，CNN 主要用于闭集合上已知类别的分类，而不是针对非闭集合上两个行人的相似性比较，因此直接使用 CNN 提取行人特征对于行人再识别任务还不够有效。图 4-1(a)展示的是在 MNIST 数据集上仅在 softmax 分类损失监督下训练 LeNet++网络[10]提取的二维特征，由特征分布可以发现样本特征近乎填满了整个特征空间，且每个类别的样本特征分布呈现出均匀的分布。这种均匀分布的特征使得即使是同类样本也存在着它们之间的距离大于相邻类样本之间的距离的可能。例如 p_a 和 p_c 是两个同类的特征，而 p_b 属于不同类，分类时它们都能被正确分类，但是 p_a 和 p_c 的余弦相似度低于 p_a 和 p_b 的余弦相似度，这不利于行人再识别。此外，这种特征分布对于闭集合的分类任务是有效的，但并不适于行人再识别任务。行人再识别任务是非闭集合上的分类问题，训练集特征如果占满整个特征空间，则意味着特征空间中没有额外的空间留给测试集上新的行人特征。因此，如果想学习 CNN 对新的行人提取有效特征，则需要对现有网络在训练集上学习的特征分布进行压缩，以留出更多的空间供测试集上的行人特征使用，以保证网络所提取的特征可以匹配识别更多新的行人。

为了压缩类内分布，本章提出一种新的成对余弦损失来衡量两个类内特征的相似性。如图 4-1(a)，现有分类损失指导学习的 CNN 网络所提取的特征呈现出角度分布，因此在评价阶段，很自然地会利用余弦相似度度量来进行特征的相似性比较。因此，为了压缩角度分布的特征，本章提出的成对余弦损失会对角度分布的特征更进一步地进行压缩。图 4-1(b)展示了使用 softmax 损失和所提出的成对余弦损失共同监督下训练 LeNet＋＋网络提取的二维特征。其中特征分布被压缩后，特征空间中腾出了更多空余空间供新的行人使用，这种紧凑的类内分布更适合于余弦相似度比较。此外，本章还设计了一个基于孪生网络的新结构，该网络输入一对类别相同的行人图像，成对余弦损失会尽可能地拉近网络提取的成对行人的特征。现有孪生网络[1,4]一般要求输入正负样本对，本章所提网络的数据输入方法则不同。

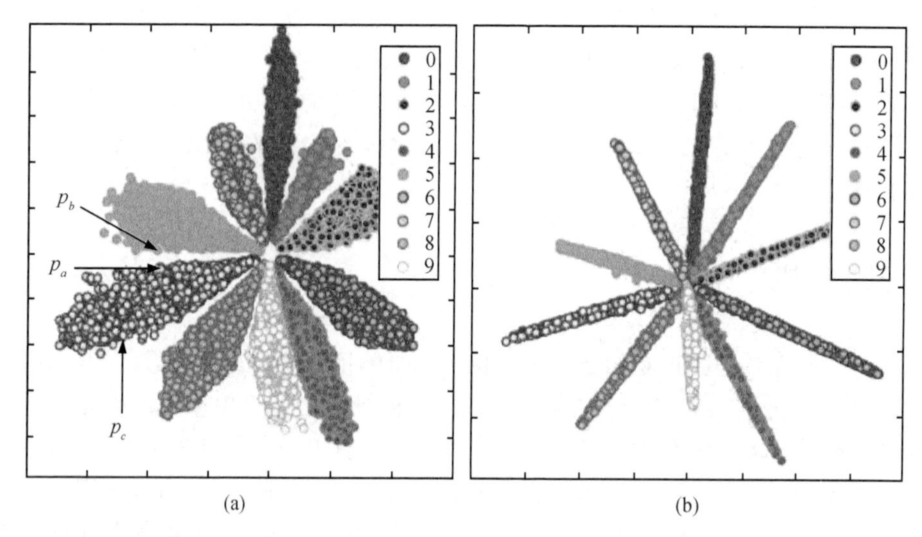

图 4-1　在 MNIST 数据集上采用不同损失学习的特征分布

本章提出了一种成对余弦损失，用于压缩类内的特征分布。同时，设计了一种孪生余弦网络来学习用于行人再识别的判别特征，该网络仅输入成对的同类样本，通过 softmax 损失和成对余弦损失的联合监督来学习判别特征，其中 softmax 损失实现类间特征的分离，而成对余弦损失实现类内特征的压缩。相较于前人的工作，所提方法学习的类间特征相互分离且类内被有效压缩，在 Market-1501 和 CUHK03 公开的行人再识别数据集上，实验结果验证了本章所提方法的有效性。

4.2　相关工作

文献[6]将识别损失(Identification Loss)，也称分类损失，和验证损失(Verification Loss)联合起来用于训练。识别损失与 softmax 损失是一样的，而验证损失则是中心损失(Center Loss)的一种变形，验证损失中增加的平方层是特征的各维度的欧氏距离。在评测时，通过余弦距离来计算相似度，但是网络在中心损失的监督下所学习的特征呈现高斯分布，这使得余弦距离计算的相似度表现不太好。本章提出的成对余弦损失与余弦距离相似度度量是一致的，因此可以获得比文献[6]更好的性能。

文献[2, 3, 11, 12]也都是基于孪生网络来解决行人再识别问题。文献[3]采用长短时记忆网络(Long Short-Term Memory, LSTM)来刻画行人图像中各划分区域之间的空间依赖，采用孪生网络对比损失(Contractive Loss)来比较输入的行人图像对，该损失使得同类行人图像的特征更近，异类行人图像的特征更远。文献[2]也使用了孪生网络来比较成对图像的特征，采用了一个门控函数，有选择地强调行人图像中更细粒度的常见局部模式。文献[11]的工作类似于本章的工作，但是它使用了 GoogleNet[13] 作为基础网络，提出一种特定损失的 dropout 单元，用于在验证子网中实现一致的丢弃。这种特殊设计的网络取得了很好的性能。以上所有的工作都输入正负样本来学习孪生网络，与之不同的是，本章所提方法仅输入同类行人的样本对。

此外，文献[12]也在孪生网络中用了余弦距离，不同的是，余弦距离被用作代价函数的连接函数。该方法把网络输出视为一个二类分类问题，仅仅是为了相似性度量。本质上，该方法类似于文献[6]中的验证网络，但是其缺乏识别网络，文献[6]已经证明仅验证网络并不能有效提升行人再识别效果。本章提出成对的余弦损失，是在孪生网络每个支路的识别网络基础上增加了对同类行人特征的压缩，既具有区分类间特征的功能，又具有压缩类内特征的功能。

4.3 孪生余弦网络嵌入(SCNE)

4.3.1 成对余弦损失

假设 CNN 的输入图像为 $\boldsymbol{x}_i$，其标签为 y_i，最后一层全连接层的输入 $\boldsymbol{f}_i$ 作为特征来表示 x_i，用于相似性比较。在最后的 FC 层，假定参数是 $\boldsymbol{W}^j$，$j=1, 2, \cdots, C$，其中 C 是输出的类别数，输出为 $\boldsymbol{o}_i^j=(\boldsymbol{W}^j)^{\mathrm{T}}\boldsymbol{f}_i$。如果想要让第 j 个输出是最大输出，那么需要最大化 $\boldsymbol{o}_i^j$。对于广泛使用的 softmax 损失：

$$L_{\mathrm{s}}=-\sum_{i=1}^{N}\log\frac{\exp(o_i^{y_i})}{\sum_{k=1}^{C}\exp(o_i^k)} \tag{4-1}$$

其中 $o_i^{y_i}$ 是标签为 y_i 的样本的输出值，N 是样本的数量。

显然，softmax 损失仅仅将特征分为不同的类，而没有压缩类内的特征。因此，本章提出一个有效的损失函数来压缩每个类的特征分布。直观上，根据 ImageNet 预训练的 CNN 学到的特征的角度分布，模型可以通过最小化由孪生网络提取的一对同类图像的特征之间的余弦损失，拉近同类图像的距离，进而采用余弦相似度提升行人再识别性能。

为了这个目标，提出成对余弦损失函数如下：

$$L_{\mathrm{c}}=\sum_{i=1}^{N}[1-\cos\langle\boldsymbol{f}_i^a,\boldsymbol{f}_i^b\rangle] \tag{4-2}$$

其中

$$\cos(\boldsymbol{f}_i^a,\boldsymbol{f}_i^b)=\frac{(\boldsymbol{f}_i^a)^{\mathrm{T}}\boldsymbol{f}_i^b}{||\boldsymbol{f}_i^a||||\boldsymbol{f}_i^b||}=\left(\frac{\boldsymbol{f}_i^a}{||\boldsymbol{f}_i^a||}\right)^{\mathrm{T}}\left(\frac{\boldsymbol{f}_i^b}{||\boldsymbol{f}_i^b||}\right) \tag{4-3}$$

$\boldsymbol{f}_i^a$ 和 $\boldsymbol{f}_i^b$ 是输入样本对的深度学习特征，$\boldsymbol{f}_i^a/||\boldsymbol{f}_i^a||$ 和 $\boldsymbol{f}_i^b/||\boldsymbol{f}_i^b||$ 是 L2 正则化的特征。损失函数中包含余弦部分是 $\boldsymbol{f}_i^a$ 和 $\boldsymbol{f}_i^b$ 之间的余弦值。如果图像具有相同的标签，则可以有效地表征类内余弦变化，因此要求孪生网络的输入必须都是同类样本。

为了学习和更新网络的参数，计算 $\boldsymbol{L}_{\mathrm{c}}$ 关于 $\boldsymbol{f}_i^a$ 和 $\boldsymbol{f}_i^b$ 的梯度，以执行反向传播算法。梯度公式计算如下：

$$\frac{\partial L_{\mathrm{c}}}{\partial \boldsymbol{f}_i^a}=\frac{1}{||\boldsymbol{f}_i^a||}\left(\cos\langle\boldsymbol{f}_i^a,\boldsymbol{f}_i^b\rangle\frac{\boldsymbol{f}_i^a}{||\boldsymbol{f}_i^a||}-\frac{\boldsymbol{f}_i^b}{||\boldsymbol{f}_i^b||}\right) \tag{4-4}$$

$$\frac{\partial L_{\mathrm{c}}}{\partial \boldsymbol{f}_i^b}=\frac{1}{||\boldsymbol{f}_i^b||}\left(\cos\langle\boldsymbol{f}_i^a,\boldsymbol{f}_i^b\rangle\frac{\boldsymbol{f}_i^b}{||\boldsymbol{f}_i^b||}-\frac{\boldsymbol{f}_i^a}{||\boldsymbol{f}_i^a||}\right) \tag{4-5}$$

在上面的公式中，$\cos\langle\boldsymbol{f}_i^a,\boldsymbol{f}_i^b\rangle$，$\boldsymbol{f}_i^a/||\boldsymbol{f}_i^a||$ 和 $\boldsymbol{f}_i^b/||\boldsymbol{f}_i^b||$ 可以在前向传播时预计算，计算结果在反向传播时再利用，以提高计算效率。需要指出的是所添加的成对余弦损失层是没有参数的。

4.3.2 联合目标函数

成对余弦损失仅用于压缩类内特征，如果要同时有效区分类间特征，则需要将公式(4-1)中的 softmax 损失和公式(4-2)中的成对余弦损失结合起来，两者联合的目标函数如下：

$$L=L_{\mathrm{s}}+\lambda L_{\mathrm{c}} \tag{4-6}$$

其中参数 λ 用于平衡两种损失，softmax 损失可以认为是 $\lambda=0$ 时的一种特殊情况。

如果仅采用 softmax 损失监督网络学习，那么学到的特征中类内特征的差异会比较大。另一方面，如果仅采用成对余弦损失来监督网络学习，那么学到的特征会退化为零或者线(该情况下，余弦损失变得很小)。简单使用两者中的一种并不能学到好的判别特征，故两者需要结合起来使用。

4.3.3 孪生网络架构

图 4-2 展示了孪生余弦网络(SCNE)的架构。SCNE 由两个参数共享的 CNN 流、两个修改的 FC 层和三个损失组成。其中参数共享的 CNN 流使用 ImageNet 预训练的 CNN 层替换，网络参数由两个 softmax 损失和一个成对余弦损失共同监督学习得到，网络提取的特征直接作为行人特征描述。该网络中，softmax 损失用于类别分类，成对余弦损失用于压缩类内特征分布。成对余弦损失层作为单独设计的一层，将高层特征 $\boldsymbol{f}_i^a$ 和 $\boldsymbol{f}_i^b$ 合并在一起，该层没有参数。ImageNet 预训练的 CNN 模型可以采用 AlexNet[8]、VGGNet[9]或 RcsNet[7]等。本章采用 ResNet-50 作为骨干网络。

为了调整网络适用于不同的行人再识别数据集，将预训练的 ResNet-50 模型最后的 FC 层替换为 1×1×2 048×C 维的 FC 层，其中 C 是训练集中行人的类别个数。成对输入大小为 224×224 的同类行人图像，网络预测两幅图像的类别标签，并计算它们的成对余弦损失，成对余弦损失层与最后一个 FC 层耦合，以影响学习到的特征的分布。

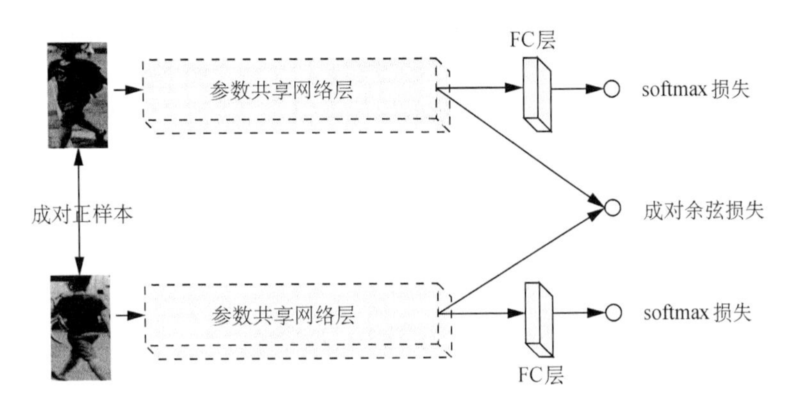

图 4-2 成对余弦网络的架构

4.4 实验评测

本节将对 SCNE 进行实验验证，具体将从数据集简介、实验设置，以及实验结果与分析几个方面进行介绍。

4.4.1 数据集简介

所提方法测试使用的公开行人再识别数据集包括：Market-1501[14] 和 CUHK03[1]。

Market-1501 数据集：包括 1 501 个行人，共 32 668 张图像。根据数据集的设定，751 个行人的 12 936 张图像用于训练，750 个行人的 19 732 张图像用于测试。行人图像由可变形部分模型(DPM)[15]检测器自动裁剪获得，更接近真实应用设置。其他设置采用该数据集的基准设置。

CUHK03 数据集：包括 1 467 个行人，13 164 张图像。同样采用 DPM 检测器自动从视频帧中裁剪行人，以逼近真实应用。根据数据集给定的设置，将数据集划分为一个包含 1 367个行人的训练集和一个包含 100 个行人的测试集。在评估时随机从另一个摄像机下的 100 个行人中选择 100 张图片作为图库。

4.4.2 实验设置

实验采用 MatConvNet 包[16]进行训练和测试。训练次数设定为 30 次，采用小批量随机梯度下降法来更新网络的参数，批大小设置为 64 对。初始化学习率为 0.01，迭代 15 次后设置为 0.001，最后 5 次迭代的学习率为 0.0001。网络损失函数由两个 softmax 损失和一个成对余弦损失加权组成。其中，两个 softmax 损失的权值为 0.5，成对余弦损失的权重为 1。

训练时，图像被统一缩放为 256×256，并从所有训练图像中减去计算得到的平均图像。为了适应 ResNet-50 网络的输入，将图像裁剪为 224×224。训练图像采用水平随机镜像进行数据增广，随机选取一批训练图像，并在线采样另一批具有相同标签的行人图像，组成类内输入对。

测试时，只激活输出孪生网络中的一个流来提取特征。给定一个大小为 224×224 的输入图像，经网络前向传播计算，从 ResNet-50 中的"pool5"层输出得到对应的特征描述。一旦获得了查询集和图库集的特征，就可以对这两个集合特征之间的余弦距离进行排序，以获得最终评测性能，具体性能指标采用平均精度均值(mAP)和 Rank-1 精度。

4.4.3 实验结果与分析

(1) 在 Market-1501 数据集上的结果与分析

在 Market-1501 数据集上，将所提方法与最新的研究方法进行比较，其中 PersonNet[4]、Verif.-Classif.[6]、DeepTransfer[11]、Gated Reid[2]和 S-LSTM[3]都是基于孪生网络的，这些方法都达到了很好的性能。SOMAnet[17]使用合成数据来训练 Inception 网络，而 GAN ResNet[18]使用生成对抗网络(Generative Adversary Network, GAN)来生成未标记的样本以学习更好的模型，这两种方法都可以视为是数据增强的变种。

表 4-1 展示了单个查询(Single Query, SQ)模式和多个查询(Multiple Query, MQ)模式的结果。在单个查询模式下，SCNE 实现了 83.25%的 Rank-1 准确率和 63.50%的 mAP；在多个查询目标的模式下，Rank-1 和 mAP 则分别达到了 88.42%和 71.27%，在所有对比方法中排名第二。SCNE 的性能大大优于 Gated Reid[2]和 S-LSTM[3]方法，这 2 种方法都使用

表 4-1 在 Market-1501 数据集上的结果与分析

方法	SQ		MQ	
	mAP	Rank-1	mAP	Rank-1
PersonNet[4]	18.57%	37.21%	—	—
DADM[19]	19.60%	39.40%	25.80%	49.00%
CAN[20]	24.43%	48.24%	—	—
MultiRegion[21]	26.11%	45.58%	32.26%	56.59%
SLSC[22]	26.35%	51.90%	—	—
FisherNet[23]	29.94%	48.15%	—	—
S-LSTM[3]	—	—	35.30%	61.60%
Gated Reid[2]	39.55%	65.88%	48.45%	76.04%
SOMAnet[17]	47.89%	73.87%	56.98%	81.29%
GAN ResNet[18]	56.23%	78.06%	68.52%	85.12%
Verif.-Classif.[6]	59.87%	79.51%	70.33%	85.47%
DeepTransfer[11]	65.50%	83.75%	73.80%	89.60%
ResNet Basel.[5]	51.48%	73.69%	63.95%	81.47%
Ours SCNE(ResNet-50)	63.50%	83.25%	71.27%	88.42%

了孪生网络,但是没有融合分类损失和验证损失。所提方法也优于 Verif.-Classif.[6],该方法采用欧氏距离用于验证损失,使得评测中仅使用余弦相似性度量实现相似性比较是不够有效的。所有方法中性能最好的是 DeepTransfer[11],该方法基于 GoogleNet 基础网络,采用了不同的丢弃策略来融合分类损失和验证损失。

(2) 在 CUHK03 数据集上的结果与分析

在 CUHK03 数据集上,采用单目标(Single Shot, SS)和多目标(Multiple Shots, MS)两种不同的评估模式。在单目标评估模式下,从另一个相机下的 100 个身份随机选择 100 张图片作为图库,与 ImprovedDeep[24]、PersonNet[4]、Verif.-Classif.[6]、Pose Invariant[25]、DNN-IM[26]、SOMAnet[17]、GAN ResNet[18]、CNN-FRW-IC[27]、DeepTransfer[11] 和 ResNet Baseline[5] 比较,表 4-2 展示了测试指标 mAP 和 Rank-1 的结果。所提方法实现了 85.1%的 Rank-1 准确率和 83.3%的 mAP 准确率,具有相对较好的性能。

在多目标评估模式下,所有来自另一相机的图像被全部用作图库,候选图像的数值为 500。该评估模式更加类似于图像检索,减轻了由于随机图库选择带来的不稳定性。与 S-LSTM[3]、Gated Reid[2]、Verif.-Classif.[6]、SOMAnet[17] 和 GAN ResNet[18] 比较,SCNE 的 Rank-1 和 mAP 准确率分别达到了 82.0%和 88.1%。

表 4-2 在 CUHK03 数据集上的结果与分析

方法	SS		MS	
	mAP	Rank-1	mAP	Rank-1
ImprovedDeep[24]	—	45.0%	—	—
S-LSTM[3]	—	—	46.3%	57.3%
Gated Reid[2]	—	—	58.8%	68.1%
PersonNet[4]	—	64.8%	—	—
Verif.-Classif.[6]	71.2%	66.1%	68.2%	73.1%
Pose Invariant[25]	71.3%	67.1%	—	—
DNN-IM[26]	—	72.0%	—	—
SOMAnet[17]	—	72.4%	—	85.9%
GAN ResNet[18]	77.4%	73.1%	77.4%	73.1%
CNN-FRW-IC[27]	—	82.1%	—	—
DeepTransfer[11]	84.1%	—	—	—
ResNet Baseline[5]	75.8%	71.5%	—	—
Ours SCNE(ResNet-50)	83.3%	85.1%	88.1%	82.0%

4.4.4 参数敏感性分析

根据公式(4-6)可知,参数 λ 控制成对余弦损失和 softmax 损失的平衡,λ 的大小对 SCNE 的影响非常重要。本小节在 Market-1501 数据集上通过实验来研究参数 λ 对模型性能的影响，结果如图 4-3 所示。由图 4-3 可以发现，不同的 λ 具有不同的 mAP 和 Rank-1，当 $\lambda=1$ 时，SCNE 取得最佳性能。此外，图 4-4 展示了 SCNE 的性能与训练迭代次数变化的关系。由图 4-4 可以发现，在第 20 次迭代训练之后，性能趋于稳定、提升非常缓慢。

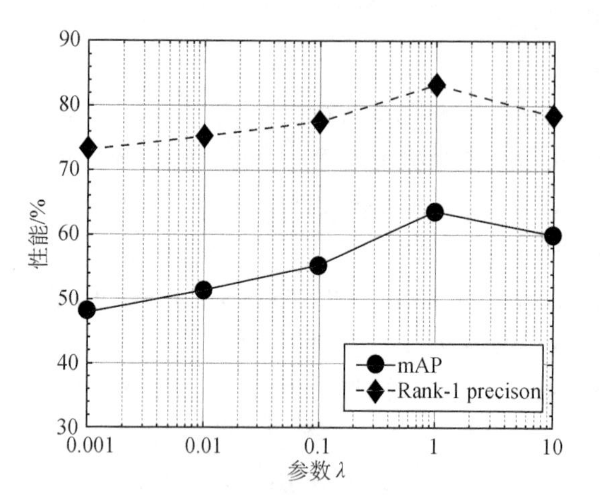

图 4-3 当参数 λ 不同时 SCNE 的性能

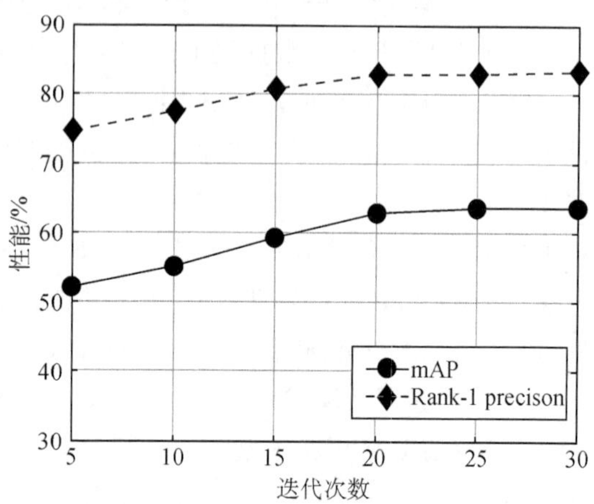

图 4-4 SCNE 的性能随训练迭代次数的变化

4.5 小结

本章提出了一种成对余弦损失来压缩类内特征分布，设计了 SCNE 来学习行人再识别的判别特征。所提出的 SCNE 在 softmax 损失和成对余弦损失的共同监督下进行训练。相较于之前的方法，SCNE 压缩了所学习特征的类内分布，保持了更大的类间间隔。实验结果表明，所提方法在 Market-1501 和 CUHK03 行人再识别数据集上实现了较好的性能，验证了本章方法的有效性。同时，由于 SCNE 非常适用于相似度比较，因此还可以将其应用于图像检索等应用中。

参考文献

[1] LI W, ZHAO R, XIAO T, et al. DeepReID: Deep Filter Pairing Neural Network for Person Re-identification[C]//2014 IEEE Conference on Computer Vision and Pattern Recognition, Columbus, OH, USA, June 23-28, 2014. IEEE Computer Society, 2014: 152-159.

[2] VARIOR R R, HALOI M, WANG G. Gated Siamese Convolutional Neural Network Architecture for Human Re-identification[C]//LEIBE B, MATAS J, SEBE N, et al. Lecture Notes in Computer Science: Computer Vision — ECCV 2016 — 14th European Conference, Amsterdam, The Netherlands, October 11-14, 2016, Proceedings, Part Ⅷ: vol. 9912. Springer, 2016: 791-808.

[3] VARIOR R R, SHUAI B, LU J W, et al. A Siamese Long Short-Term Memory Architecture for Human Re-identification[C]//LEIBE B, MATAS J, SEBE N, et al. Lecture Notes in Computer Science: Computer Vision — ECCV 2016 — 14th European Conference, Amsterdam, The Netherlands, October 11-14, 2016, Proceedings, Part Ⅶ: vol. 9911. Springer, 2016: 135-153.

[4] WU L, SHEN C H, van den HENGEL A. PersonNet: Person Re-identification with Deep

Convolutional Neural Networks[J/OL]. CoRR, 2016.

[5] ZHENG L, YANG Y, HAUPTMANN A G. Person Re-identification: Past, Present and Future[J/OL]. CoRR, 2016.

[6] ZHENG Z D, ZHENG L, YANG Y. A Discriminatively Learned CNN Embedding for Person Re-identification[J]. ACM Transactions on Multimedia Computing, Communications, and Applications, 2018, 14(1): 1-20.

[7] HE K M, ZHANG X Y, REN S Q, et al. Deep Residual Learning for Image Recognition[C]//2016 IEEE Conference on Computer Vision and Pattern Recognition, Las Vegas, NV, USA, June 27-30, 2016. IEEE Computer Society, 2016: 770-778.

[8] KRIZHEVSKY A, SUTSKEVER I, HINTON G E. ImageNet Classification with Deep Convolutional Neural Networks[C]//BARTLETT P L, PEREIRA F C N, BURGES C J C, et al. Advances in Neural Information Processing Systems 25: 26th Annual Conference on Neural Information Processing Systems 2012. Proceedings of a meeting held December 3-6, 2012, Lake Tahoe, Nevada, United States. 2012: 1106-1114.

[9] SIMONYAN K, ZISSERMAN A. Very Deep Convolutional Networks for Large-Scale Image Recognition[C]//BENGIO Y, LECUN Y. 3rd International Conference on Learning Representations, San Diego, CA, USA, May 7-9, 2015, Conference Track Proceedings. 2015.

[10] WEN Y D, ZHANG K, LI Z, et al. A Discriminative Feature Learning Approach for Deep Face Recognition[C]//LEIBE B, MATAS J, SEBE N, et al. Lecture Notes in Computer Science: Computer Vision — ECCV 2016 — 14th European Conference, Amsterdam, The Netherlands, October 11-14, 2016, Proceedings, Part Ⅶ: vol. 9911. Springer, 2016: 499-515.

[11] CHEN H R, WANG Y W, SHI Y M, et al. Deep Transfer Learning for Person Re-Identification[C]//Fourth IEEE International Conference on Multimedia Big Data, Xi'an, China, September 13-16, 2018: 1-5.

[12] YI D, LEI Z, LIAO S C, et al. Deep Metric Learning for Person Re-identification[C]//22nd International Conference on Pattern Recognition, Stockholm, Sweden, August 24-28, 2014. IEEE Computer Society, 2014: 34-39.

[13] SZEGEDY C, LIU W, JIA Y Q, et al. Going deeper with convolutions[C]//IEEE Conference on Computer Vision and Pattern Recognition, Boston, MA, USA, June 7-12, 2015. IEEE Computer Society, 2015: 1-9.

[14] ZHENG L, SHEN L Y, TIAN L, et al. Scalable Person Re-identification: A Benchmark[C]//2015 IEEE International Conference on Computer Vision, Santiago, Chile, December 7-13, 2015. IEEE Computer Society, 2015: 1116-1124.

[15] FELZENSZWALB P F, GIRSHICK R B, McALLESTER D, et al. Object Detection with Discriminatively Trained Part-Based Models[J]. IEEE Transactions Pattern Analysis and Machine Intelligence, 2010, 32(9): 1627-1645.

[16] VEDALDI A, LENC K. MatConvNet: Convolutional Neural Networks for MATLAB[C]//ZHOU X, SMEATON A F, TIAN Q, et al. Proceedings of the 23rd Annual ACM Conference on Multimedia Conference, Brisbane, Australia, October 26-30, 2015. ACM, 2015: 689-692.

[17] BARBOSA I B, CRISTANI M, CAPUTO B, et al. Looking beyond appearances: Synthetic training data for deep CNNs in re-identification[J]. Computer Vision and Image Understanding, 2018, 167:

50-62.

[18] ZHENG Z D, ZHENG L, YANG Y. Unlabeled Samples Generated by GAN Improve the Person Re-identification Baseline in Vitro[C]//IEEE International Conference on Computer Vision, Venice, Italy, October 22-29, 2017. IEEE Computer Society, 2017: 3774-3782.

[19] SU C, ZHANG S L, XING J L, et al. Deep Attributes Driven Multi-camera Person Re-identification [C]//LEIBE B, MATAS J, SEBE N, et al. Lecture Notes in Computer Science: Computer Vision — ECCV 2016 — 14th European Conference, Amsterdam, The Netherlands, October 11-14, 2016, Proceedings, Part Ⅱ: vol. 9906. Springer, 2016: 475-491.

[20] LIU H, FENG J S, QI M M, et al. End-to-End Comparative Attention Networks for Person Re-Identification[J]. IEEE Transactions on Image processing, 2017, 26(7): 3492-3506.

[21] USTINOVA E, GANIN Y, LEMPITSKY V. Multi-Region Bilinear Convolutional Neural Networks for Person Re-Identification[J/OL]. CoRR, 2015.

[22] CHEN D P, YUAN Z J, CHEN B D, et al. Similarity Learning with Spatial Constraints for Person Re-identification[C]//2016 IEEE Conference on Computer Vision and Pattern Recognition, Las Vegas, NV, USA, June 27-30, 2016. IEEE Computer Society, 2016: 1268-1277.

[23] Lin W, SHEN C H, van den HENGEL A. Deep linear discriminant analysis on fisher networks: A hybrid architecture for person re-identification[J]. Pattern Recognition, 2017, 65: 238-250.

[24] AHMED E, JONES M, MARKS T K. An improved deep learning architecture for person re-identification[C]//IEEE Conference on Computer Vision and Pattern Recognition, Boston, MA, USA, June 7-12, 2015. IEEE Computer Society, 2015: 3908-3916.

[25] ZHENG L, HUANG Y J, LU H C, et al. Pose-Invariant Embedding for Deep Person Re-Identification [J]. IEEE Transactions on Image Processing, 2019, 28(9): 4500-4509.

[26] SUBRAMANIAM A, CHATTERJEE M, MITTAL A. Deep Neural Networks with Inexact Matching for Person Re-Identification[C]//LEE D D, SUGIYAMA M, von LUXBURG U, et al. Advances in Neural Information Processing Systems 29: Annual Conference on Neural Information Processing Systems 2016, December 5-10, 2016, Barcelona, Spain. 2016: 2667-2675.

[27] JIN H B, WANG X B, LIAO S C, et al. Deep person re-identification with improved embedding and efficient training[C]//2017 IEEE International Joint Conference on Biometrics, Denver, CO, USA, October 1-4, 2017. IEEE, 2017: 261-267.

第5章 异构分支与多级分类 ReID 方法

多路径多分支的卷积神经网络在行人再识别领域展现出非凡的性能。研究人员利用基于部件的模型设计多分支网络，但他们往往将有效性归因于将整体划分成了多个部件。此外，现有的多分支网络往往都是同构分支，结构多样性较差。为了解决这个问题，本章基于预训练的 ResNet-50 模型，设计了一种异构分支与多级分类的网络(Heterogeneous Branch and Multi-level Classification Network，HBMCN)。提出了一种基于 SE-Res 模块的异构分支——SE-Res-Branch，由 Squeeze 和 Excitation 模块和残差块组成。在此基础上，针对 HBMCN 的监督训练，还提出了一种新的多级分类联合目标函数，将多层级特征从多个不同高层中提取出来，拼接起来表示同一个行人。在三个公开的数据集(Market-1501、DukeMTMC-reID 和 CUHK03)上，所提出的 HBMCN 的 Rank-1 分别达到了 94.4%、85.7%、73.8%，mAP 分别达到了 85.7%、74.6%、69.0%，实现了当前最优(State-of-the-art，SOTA)的性能。进一步的分析表明，所设计的异构分支比同构分支具有更好的性能，多级分类与单级分类相比能够提取更有判别力的特征。

5.1 研究动机

行人再识别是跨摄像机进行行人搜索中的一种关键技术。它不仅是智能安防中的一个基本任务，也是公共安全的一个重要方面。随着深度学习技术的发展，行人再识别技术引起了广泛的关注，它的准确性取得了相当大的进步。最近，具有多个分支的卷积神经网络在行人再识别任务上取得了惊人的成绩。这种方法将行人的肢体划分成多个部分，并设计具有全局分支和多个局部分支的网络。Yao[1]等人提出了部件损失网络(PL-Net)，这种网络可以自动检测人的身体部件，并且计算每一部件的分类损失。Sun[2]等人提出了一种带精炼部件池化的部件卷积基础方法(Part-based Convolutional Baseline with a Refined Part Pooling，PCB-RPP)方法，为训练网络引入了多路径。Wang[3]等人设计了一种多粒度网络(MGN)，这种网络有一个全局路径和两个局部路径。这些基于局部的模型都利用多路径实现了 SOTA。然而，研究者往往将性能提升归因于多个部件，而不是多个分支。因此，本章在没有使用多个部件的情况下，研究了多分支的贡献。同时，探索与多分支网络相关的多个目标(损失)的贡献。

多分支网络，如 MGN[3]，使用同构部件分支，这些同构部件分支是从全局分支的高层复制而来的。采用部件分支提取的特征的多样性主要来自身体部位的差异。如果不使用身体部件，从多个同构分支提取的特征都是全局特征，这会导致特征缺乏多样性。因此，本章提出了异构分支来提升特征的多样性。

另一方面，不能简单地将性能提升归因于从部件分支或异构分支中提取出来的不同特征。和多分支有关的多个目标(损失)可能也是影响性能的关键因素。假定网络中没有多分支，只有一个分支，但有多个目标(损失)，这会有什么影响呢？这个问题启发我们在多个高层使用多级分类，因此本章在单个分支的不同层设计了多目标(损失)来提取有区别的多层次特征。

本章提出了一种新的异构分支与多级分类的网络，主要贡献包括：

(1) 提出了一种新的用于行人再识别的异构分支多级分类的网络，该网络的设计是基于 ImageNet 预训练的 ResNet-50 模型，且由多个异构分支组成。在 HBMCN 网络的高层设置了多个 softmax 损失函数用于监督学习。

(2) 提出了一种新的异构分支——SE-Res-Branch，来增强 HBMCN 的结构多样性。SE-Res-Branch 基于 SE-Res 模块设计而成，由 Squeeze-and-Excitation(SE)块和残差块组成。SE 块显式地对通道之间的相互依赖关系建模，适应性地调整残差块对不同通道特征的响应。

(3) 提出了一种新的多级分类联合目标函数来学习 HBMCN 的参数。对每个分支，多分类目标定位于多个不同高层，能产生多层次的特征。最后这些特征拼接起来形成一个新的特征向量，用于行人再识别。为了评估 HBMCN，本章研究了分支类型、多层次特征等的效果，实验结果表明专门设计的异构分支比同构分支性能更佳，多级分类能够提取比单级分类更加有判别力的特征。

5.2 相关工作

由于在公共安全方面的应用前景，行人再识别吸引了很多研究者的注意力。当前许多研究工作都聚焦于特征表示和度量学习。

5.2.1 特征表示和度量学习

在深度学习流行之前，许多研究都在探索手工特征的设计，例如 LBP[4] 特征，LOMO[5] 特征。随着深度学习的发展，深度特征表示[6-8]成为主流方法，并且在行人再识别领域取得了显著进步。手工特征和深度学习特征的搭配使用[9-10]也展现了非凡的性能。当前深度学习广泛使用，研究者们更加关注于提取局部特征。除了手工划分多个部件[1-3]来产生局部特征，部位检测器[11-13]和注意力机制[14-17]也被用于准确定位局部区域，来实现局部特征提取。为了解决身体部位未对准问题，研究者们使用先验知识，如身体姿势[12-13]、骨架关键点[18]，来实现人的对准。以上的方法都试图提取全局特征和局部特征来实现行人再识别。

度量学习[19-20]是实现相似性排名的另外一个研究方向。这种方法的基本思想是把行人再识别问题看成一个有监督的度量学习问题。传统的方法，如 KISSME[21]、Regularized Smoothing KISS(正则化平滑度量学习)[22]、XQDA[5]、Distance Metric Learning With Latent Variables(带隐变量的距离度量学习)[23]、DR-KISS(对偶正则化度量学习)[24]和 Privileged Information(特权信息)[25]，都尝试学习特征的变换矩阵。在深度学习方法中，度量学习被以对比损失[8]、三元组损失[26, 27]和四元组损失[28]的形式引入。另外，一些专门设计的损失,如余弦损失[29]、球损失[30],也被用来改善特征表示学习。实际上,多种损失的结合可以实现更好的性能。例如,MGN[3]结合了分类损失和三元组损失,实现了更好的效果(结果在4.2节表4.2)。但是,本章更加关注于异构分支,故在网络的每个分支中使用最简单的softmax损失。

5.2.2 多分支网络架构

在传统的方法中,研究者们总是将行人的图像划分成多个部分,这种思想也被迁移到了深度学习方法中。对于基于部件的深度学习方法,如PL-Net[1], PCB-RPP[2]和MGN[3],通常是一个全局分支用来提取全局信息,多个局部分支用来提取部件信息。这种基于身体部件的模型可以通过使用多个部位、多个分支,或两者结合来实现。可是,研究者常常将效果归因于划分的多个部位,忽视了多分支的贡献。此外,现存多分支网络使用同构分支,同构分支缺乏学习不同特征所需的结构多样性。

因此,本章探索了采用异构分支提升行人再识别的可能。对于异构分支,PAN[31]使用一个基础分支和一个对齐分支同时在图像中对齐行人和学习行人描述符。另外,Zhao[11]等人提出了用于re-ID的深度学习身体部件对齐表示。虽然都在行人再识别中使用不同分支,但是这些方法的目的是对齐身体的变形部件。本章的异构分支直接用于学习不同的特征。为了评估异构分支的贡献,本章不使用身体局部信息,仅从多个异构分支中提取全局特征。

5.2.3 多目标损失函数

在行人再识别中,ResNet是一个广泛使用的模型[32, 8, 29],ResNet中的残差块的作用是解决梯度消失问题。通过跳跃连接,ResNet有许多从输入到输出的路径,可以将其视为一种组合模型[33]。可是这个网络只有一个损失,并且这些路径的参数是完全共享的,其中参数仅仅是通过最小化一个softmax损失学习得到的,因而缺乏多样性。GoogleNet[34]是一个非常成功的模型,它有多个目标函数,实现了非常好的性能。可是,GoogleNet中不同长度的目标函数也是为了解决梯度消失的问题。与ResNet相比,GoogleNet深度更浅,这限制了它的泛化能力。受到这种不同长度的多个目标函数的启发,本章设计了一个基于ResNet模型的多级分类目标函数,在每个目标函数之前提取特征,用于行人再识别。

最近,多个目标函数常常被联合起来训练行人再识别的模型。但是,现有的工作[35, 36]通常是将不同的损失结合,如分类损失和三元组损失(对比损失)的结合,这是为了在特征空间中减小同一个人的图像的距离,扩大不同的人之间的距离。本章对不同层次的输出特征运用相同的损失函数,从多个异构分支中提取不同的特征。

5.3 异构分支与多级分类网络(HBMCN)

由于当前多分支网络通过使用多分支提取的不同身体部件的特征来实现特征多样性,特征的多样性实际来自对不同的身体部件进行操作。本章设计了不同结构的多分支来产生不同的特征。具体来说,设计了两种不同的分支——Res-Branch和SE-Res-Branch,来提取基于ResNet-50的特征。在此基础上,还提出了多级分类联合目标函数,从不同的高层提取特征。

5.3.1 网络架构

图 5-1 展示了所提出的异构分支多级分类网络(HBMCN)的架构,整个网络架构基于ImageNet 预训练的 ResNet-50 模型,可以被划分成四个部分:Backbone、Branch、Reduction、Objective。第一部分是参数共享的主干子网络;第二部分是特殊设计的参数独立的异构分支;第三部分是对特征降维;最后的 softmax 损失函数用于分类。专门设计的SE-Res-Branch 可以增强结构多样性,同时多级分类联合目标函数可以产生多层次的有判别力的特征。整个网络有多个用于特征提取的分支。

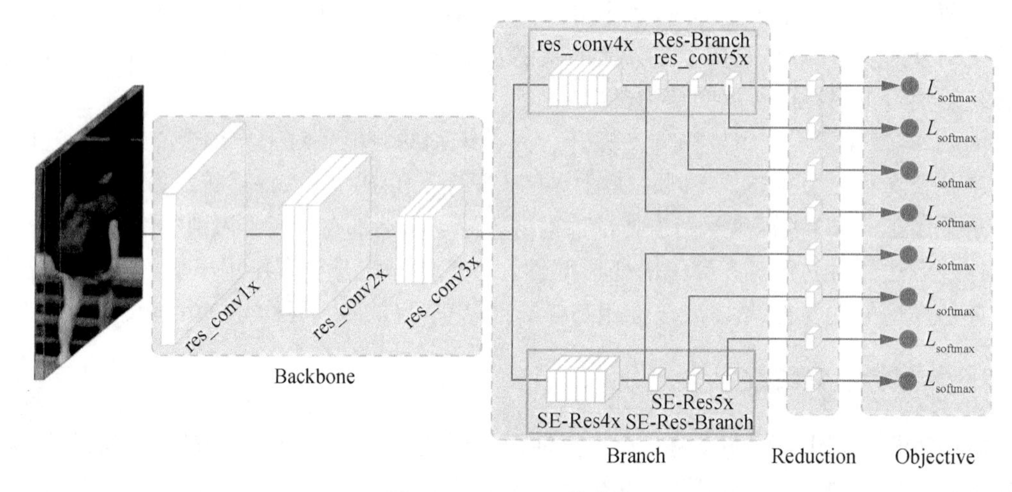

图 5-1 HBMCN 的架构

Backbone:基于 ResNet-50,HBMCN 的骨干网络包括这几部分:res_conv1x,res_conv2x 和 res_conv3x。骨干网络共享参数和计算,输入一个人的图像后可以得到一组低层次特征图。在骨干网络之后,整个网络分裂成两个异构分支。

Branch:由两部分组成:Res-Branch 和 SE-Res-Branch。Res-Branch 由 ResNet-50 中的 res_conv4x 和 res_conv5x 组成,SE-Res-Branch 由 SE-Res4x 和 SE-Res5x 组成。SE-Res-Branch 的设计基于 SE-Res 模块,由 Squeeze-and-Excitation[37] 和残差块组成。SE-Res-Branch 的具体细节见 5.3.2 节。

Reduction:res_conv5x(res_conv4x)的输出是 2 048 维(1 024 维)的特征,随后是全局均值池化(GAP)操作。为了有效地表示一个人,我们对高维特征进行降维。Reduction 模块由 1×1 卷积组成,后面跟着批量归一化操作和斜率为 0.1 的带泄漏修正 ReLU 激活。该部分将特征的通道数从 2 048 维(1 024 维)减少到 256 维,只有原来维度数的 1/8(1/4)。

Objective:多级分类联合目标函数被应用在两个分支的多个高层中。它通过对 res_conv4f、res_conv5a、res_conv5b、res_conv5c、SE-Res4f、SE-Res5a、SE-Res5b 和 SE-Res5c 的输出计算得到。对每个降维得到的特征,我们使用 1×1 卷积将 256 维特征映射成与行人个数相同的维度。8 个 softmax 目标损失函数联合起来用于后续分类。

5.3.2 异构分支

如图 5-2 所示，SE-Res-Branch 基于 SE-Res 模块，进一步由 Squeeze-and-Excitation[37] 块和残差块[33]组成。

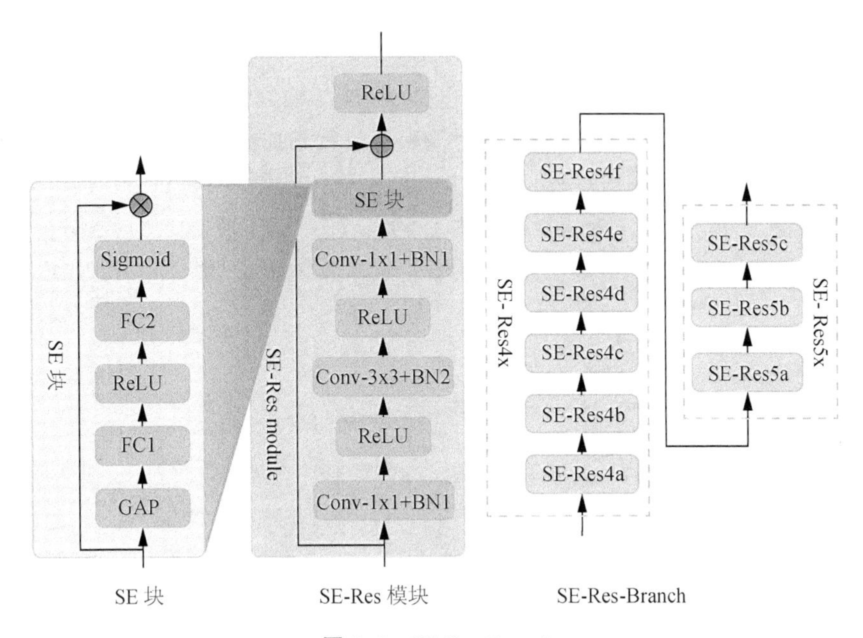

图 5-2 SE-Res-Branch

图 5-2 中的 SE 块由压缩(squeeze)和激活(excitation)单元构成，用来校正特征。

压缩(squeeze)单元用来将全局空间信息压缩成一个通道描述子，采用 GAP 生成不同通道的数据实现。对于一个输入张量 $\boldsymbol{Y}=[\boldsymbol{y}_1, \boldsymbol{y}_2, \cdots, \boldsymbol{y}_C] \in \mathbf{R}^{H\times W\times C}$，通过缩小空间维度 $H\times W$ 来缩小 $\boldsymbol{Y}$，产生结果 $\boldsymbol{z}\in \mathbf{R}^C$，$\boldsymbol{z}$ 的第 C 个元素用以下公式计算得到：

$$\begin{aligned}\boldsymbol{z}_c &= \boldsymbol{F}_{sq}(\boldsymbol{y}_C) \\ &= \frac{1}{H\times W}\sum_{i=1}^{H}\sum_{j=1}^{W} y_c(i, j)\end{aligned} \tag{5-1}$$

$\boldsymbol{F}_{sq}$ 指的是压缩函数，$\boldsymbol{y}_C$ 是一个矩阵，表示输入张量的第 C 个通道，$\boldsymbol{z}_C$ 是一个标量，表示的是压缩函数的输出。W 和 H 表示的是 $\boldsymbol{y}_C$ 的宽度和高度，$\boldsymbol{y}_C(i, j)$ 表示的是 $\boldsymbol{y}_C$ 中(i, j)位置的元素。压缩函数计算每个 $\boldsymbol{y}_C$ 的平均值。

激活(excitation)单元用来生成每个通道的权值向量。输出 $\boldsymbol{s}\in \mathbf{R}^C$ 可以利用一个 sigmoid 激活经过一系列的变换获得，公式如下：

$$\begin{aligned}\boldsymbol{s} &= F_{ex}(\boldsymbol{z}, \boldsymbol{W}^{se}) \\ &= \sigma(\boldsymbol{W}_2^{se}\delta(\boldsymbol{W}_1^{se}\boldsymbol{z}))\end{aligned} \tag{5-2}$$

其中 F_{ex} 表示的是激活函数，$\boldsymbol{z}\in \mathbf{R}^C$ 表示的是一个输入向量，即压缩单元的输出。$\boldsymbol{W}^{se}$ 由两个变换矩阵组成，分别是 $\boldsymbol{W}_1^{se}$ 和 $\boldsymbol{W}_2^{se}$。$\boldsymbol{W}_1^{se}$ 是一个线性变换参数，用于降维，$\boldsymbol{W}_2^{se}$ 也是一个线性

变换参数，但用于升维。σ 表示的是 *sigmoid* 函数，δ 表示的是 ReLU 函数。

SE 块的输出可以用以下公式计算：

$$\begin{aligned} \boldsymbol{y}'_c &= \boldsymbol{F}_{\text{scale}}(\boldsymbol{y}_C, \boldsymbol{s}_C) \\ &= \boldsymbol{y}_C \cdot \boldsymbol{s}_C \end{aligned} \tag{5-3}$$

其中 F_{scale} 表示的是调整函数，即逐通道把特征图 $y_C \in R^{H\times W}$ 和标量 s_C 相乘。$\boldsymbol{y}_C$ 是 $\boldsymbol{Y}=[y_1, y_2, \cdots, y_C] \in \mathbf{R}^{H\times W\times C}$ 中的第 C 个特征图，也是 SE 块的输入张量。s_C 是向量 $\boldsymbol{s} \in \mathbf{R}^C$ 的第 C 个元素，也是激活函数的输出，用于按通道对输入张量重新加权。

SE-Res 模块由残差块和 SE 块组成。残差块由三个卷积层（1×1，3×3，1×1）组成，其中两个 1×1 层分别用来先降低维度然后再增加维度，使 3×3 层作为一个瓶颈（Bottleneck），具有低维的输入和输出。对于一个输入张量 $\boldsymbol{X} \in \mathbf{R}^{H\times W\times C}$，输出 $\boldsymbol{Y}$ 可以用以下公式计算：

$$\begin{aligned} \boldsymbol{Y} &= F_{\text{res}}(\boldsymbol{X}, \boldsymbol{W}^{\text{res}}) \\ &= \boldsymbol{W}_3^{\text{res}} \otimes \delta(\boldsymbol{W}_2^{\text{res}} \otimes \delta(\boldsymbol{W}_1^{\text{res}} \otimes \boldsymbol{X})) \end{aligned} \tag{5-4}$$

其中 $\boldsymbol{F}_{\text{res}}$ 表示的是残差函数，$\otimes$ 表示卷积，$\boldsymbol{W}_1^{\text{res}}$、$\boldsymbol{W}_2^{\text{res}}$、$\boldsymbol{W}_3^{\text{res}}$ 分别是1×1、3×3、1×1卷积层的参数。$\boldsymbol{Y}$ 是 SE 块的输入，对应的 $\boldsymbol{Y}'=[y'_1, y'_2, \cdots, y'_C]$ 是 SE 块的输出。

SE-Res 模块的输出可以用以下公式计算：

$$\boldsymbol{o}_C = \delta(y'_C + x_C) \tag{5-5}$$

其中 $\boldsymbol{o}=[o_1, o_2, \cdots, o_C]$，$\boldsymbol{X}=[x_1, x_2, \cdots, x_C]$。

SE-Res-Branch 基于 SE-Res 模块设计而成。参考 ResNet-50 中的 res_conv4x 和 res_conv5x 层，我们设计了相同的 SE-Res4x 和 SE-Res5x 层，分别对应 6 个和 3 个 SE-Res 模块。SE-Res4x 和 SE-Res5x 的第一个模块有一个步长为 2 的 1×1 卷积，用来降低特征图的分辨率。

5.3.3 多级分类

对于这些基于部件的模型，如 PCB-RPP[2] 和 MGN[3]，其特征是从 ResNet-50 中最后一个残差块 res_conv5c 的输出计算得到的。受到 GoogleNet 的启发，我们在 res_conv4f、res_conv5a、res_conv5b 和 res_conv5c 和 SE-Res4f、SE-Res5a、SE-Res5b、SE-Res5c 设置了多个目标函数。在每个目标函数之前，我们采用 Reduction 来减小原始特征的维度。res_conv4f 和 SE-Res4f 的维度是 1 024，但是其他的维度是 2 048。因而，Reduction 中的 1×1 卷积用来将不同维度统一减少到 256 维。在 Reduction 之后，可以从多个高层获得 8 个特征。

在给定一组行人图像 $\{I_i\}_{i=1}^{B}$ 之后，对第 k 个目标，对应的特征 $\boldsymbol{f}^k(I_i)$ 可以从第 k 个 Reduction 中获得。然后根据特征 $\boldsymbol{f}^k(I_i)$ 计算 softmax 损失，其中真实标签是 y_i。每个目标对应一个损失，其形式为：

$$L_{\text{softmax}}^{k} = -\sum_{i=1}^{B} \log\left\{\frac{\exp((\boldsymbol{W}_{y_i}^{k})^{\mathrm{T}}\boldsymbol{f}^{k}(\boldsymbol{I}_i) + b_{y_i}^{k})}{\sum_{j=1}^{C}\exp((\boldsymbol{W}_j^{k})^{\mathrm{T}}\boldsymbol{f}^{k}(I_i) + b_j^{k})}\right\} \tag{5-6}$$

其中 B 表示一组图像的个数，C 是类数，$\boldsymbol{W}_j^k$ 和 b_j^k 是第 k 个目标需要学习的参数。

多级分类联合目标是 8 个目标的求和：

$$L_{\text{joint}} = \sum_{k=1}^{8} L_{\text{softmax}}^{k} \tag{5-7}$$

在训练之后，给定一个需查询的图像或图库图像 I_t，可以通过拼接 8 个特征 $\boldsymbol{f}^k(I_t)$，$k=1, 2, \cdots, 8$ 获得这张图像的表示：

$$\boldsymbol{f}(I_t)=[\boldsymbol{f}^1(I_t),\ \boldsymbol{f}^2(I_t),\ \cdots,\ \boldsymbol{f}^8(I_t)] \tag{5-8}$$

对于拼接，这 8 个特征的顺序并不会影响评估的结果。当我们改变这 8 个拼接特征的顺序时，从两个不同图像提取的 8 个特征的相对位置没有改变，因而两张图像的相似性不会改变。

实际上，可以直接从 res_conv4f、res_conv5a、res_conv5b、res_conv5c 和 SE-Res4f、SE-Res5a、SE-Res5b、SE-Res5c 提取特征，而不需要 Reduction 和 Objective。可是，通过 GAP 从这些层中提取的特征有 2 048(1 024)维，对后续整合来说维度太大了。相反，多个独立目标可以通过 Reduction 生成低维特征。另外，多个目标也可以监督网络学习到更有判别力的特征。

5.4 实验评测

为了评估提出的 HBMCN 的有效性，在三个公开数据集：Market-1501[38]、DukeMTMC-reID[39]和 CUHK03[6]上开展实验，将 Market-1501、DukeMTMC-reID 和 CUHK03 缩写为 Market、Duke 和 CUHK。Market 的训练集中包含 751 个行人，共 12 936 幅图像，测试集中包含 750 个行人。Duke 是 DukeMTMC 的一个子集，包含 1 404 个行人，36 411 幅图像。CUHK 包含在香港中文大学校园内拍摄的 1 467 个行人的 14 097 幅图像。这些数据集的各项数据如表 5-1 所示。对 Market 和 Duke 数据集采用标准评估协议[38]，对 CUHK 则使用新的训练和测试协议[40]。

表 5-1 实验数据集

数据集	train		gallery		query		total	
	images	ids	images	ids	images	ids	image	ids
Market	12 936	751	19 732	750	3 368	750	36 036	1 501
Duke	16 522	702	17 661	1 110	2 228	702	36 411	1 404
CUHK	7 365	767	5 332	700	1 400	700	14 097	1 467

5.4.1 实验设置

在实现阶段，采用 ImageNet 预训练的 ResNet-50 的参数初始化 Backbone 和 Res-Branch 的参数。SE-Res-Branch 和其他的网络参数用“xavier”方法[33]初始化。输入图像的大小统一变换为 384×192。

在训练时，采用了数据增强技术，包括随即裁剪、水平翻转和随机擦除[41]。训练时一个小批次的大小是 32 幅图像，并且图像随机打乱。SGD 优化器的动量为 0.9。权值衰减因子设置为 0.0005。学习率初始为 0.01，在训练了 40 次和 60 次时分别衰减为 0.001 和 0.0001。一共训练 80 次。SE-Res-Branch、Reduction 和 Objective 模块的学习率是预训练参数的 10 倍。

在测试时，对从原始图像及其水平翻转图像提取的特征求均值，然后通过 L2 归一化对求平均得到的特征值进行标准化，作为最终的特征。利用余弦相似度进行评估。我们的模型在 PyTorch v0.4 上实现，采用英伟达 GTX 1080Ti 在 Market-1501 数据集上训练大约耗时 3 h。为了比较不同方法的性能，本章采用了两个公开评价指标，CMC 和 mAP。在实验中，采用单一查询模式，结果以 mAP 和 CMC 的 Rank-1 值进行报告，其中组件分析增加 Rank-5、Rank-10 和 Rank-20 的报告。

5.4.2 实验结果与分析

为了测试 HBMCN 的性能，将其和其他 SOTA 方法进行比较，如 IDE[32]、PAN[31]、SVDNet[42]、TriNet[26]、DaRe[43]、SAG[44]、MLFN[45]、HA-CNN[15]、DuATM[46]、DeepPerson[47]、Fusion[10]、SphereReID[30]、PLNet[1]、PCB[2] 和 MGN[3]。详细结果如表 5-2 所示，其中一些基于局部的方法，即 PL-Net[1]、PCB[2] 和 MGN[3]，和其他方法的结果分开展示。

表 5-2　与 SOTA 方法对比

方法	Market		Duke		CUHK	
	mAP	Rank-1	mAP	Rank-1	mAP	Rank-1
IDE[32]	50.7%	75.6%	45.0%	65.2%	19.7%	21.3%
PAN[31]	63.4%	82.8%	51.5%	71.6%	34.0%	36.3%
SVDNet[42]	62.1%	82.3%	56.8%	76.7%	37.3%	41.5%
TriNet[26]	69.1%	84.9%	—	—	50.7%	55.5%
DaRe(R)[43]	69.3%	86.4%	57.4%	75.2%	51.3%	55.1%
DaRe(De)[43]	69.9%	86.0%	56.3%	74.5%	50.1%	54.3%
SAG[44]	73.9%	90.2%	60.9%	79.9%	—	—
MLFN[45]	74.3%	90.0%	62.8%	81.0%	47.8%	52.8%
HA-CNN[15]	75.5%	91.2%	63.8%	80.5%	38.6%	41.7%
DuATM[46]	76.6%	91.4%	64.6%	81.8%	—	—
DeepPerson[47]	79.6%	92.3%	64.8%	80.9%	—	—
Fusion[10]	79.1%	92.1%	64.8%	80.4%	—	—
SphereReID[30]	83.6%	94.4%	68.5%	83.9%	—	—

（续表）

方法	Market		Duke		CUHK	
	mAP	Rank-1	mAP	Rank-1	mAP	Rank-1
PL-Net[1]	69.3%	88.2%	—	—	—	—
PCB[2]	77.4%	92.3%	66.1%	81.7%	53.2%	59.7%
PCB+RPP[2]	81.6%	93.8%	69.2%	83.3%	57.5%	63.7%
MGN[3]	86.9%	95.7%	78.4%	88.7%	66.0%	66.8%
HBMCN	85.7%	94.4%	74.6%	85.7%	69.0%	73.8%

在 Market 数据集上的结果：根据表 5-2，HBMCN 方法 Rank-1 达到了 94.4%，mAP 达到了 85.7%，超越了大部分对比方法。在这些方法中，IDE[32] 是深度 re-ID 中广泛使用的参考基准。HBMCN 的 Rank-1 比 IDE 高出 18.8%，mAP 高出 35%。SphereReID[30] 是没有使用局部信息的新方法，实现了 94.4%的 Rank-1 和 83.6%的 mAP。所提 HBMCN 方法的 mAP 比 SphereReID 高 2.1%。

和其他基于局部的模型相比，HBMCN 方法和 MGN 存在明显的差距，这主要因为 MGN 方法使用了局部的细粒度信息和有效的三元损失，能够学到更加有判别力的特征。但是，HBMCN 方法与 PL-Net、PCB 和 PCB+RPP 相比是有优势的。

在 Duke 数据集上的结果：HBMCN 取得了很好的性能，Rank-1 达到了 85.7%，mAP 达到了 74.6%，较 SphereReID 方法 Rank-1 高出 1.8%，mAP 高出 6.1%。与 PCB+RPP 相比，HBMCN 表现出更好的性能，大幅超过了 PCB+RPP(其中 Rank-1 超出 2.4%，mAP 超出 5.4%)。

在 CUHK 数据集上的结果：HBMCN 取得了 SOTA 的性能，Rank-1 和 mAP 分别为 73.8%和 69%，这两个指标较 MGN 方法分别超出了 7%和 3%。注意 CUHK 提供用行人检测器检测的图片和手工标注目标框的图片。检测得到的图片比手工标注的图片更难，因为检测失败对 re-ID 性能有很大影响，本章测试结果在行人检测器检测的图片上进行。

5.4.3 消融性分析

(1) 异构分支

为了和具有同构分支的现存方法比较，通过复制 Res-Branch 的结构和参数，建立了一个具有两个同构分支的网络。这个网络和提出的 HBMCN 的简化版本，即在每个分支的末端只具有一个目标的网络，进行比较。结果如表 5-3 的第一行所示，其中参考基准是在 ResNet-50 的 res_conv5c 后接一个 Reduction 和一个 Objective。+Res-Branch 通过复制 ResNet-50 的 res_conv4x 和 res-conv5x 层建立了一个新分支。特征是通过拼接从每个分支中 res_conv5c 层提取的特征获得的。+SE-Res-Branch 类似于+Res-Branch，其中新分支是 SE-Res-Branch。+Res-Branch 和 + SE-Res-Branch 都在每个分支的末尾处接一个 Reduction 和一个 Objective。mAP 和 Rank-1 的值是在 Market 上的测试结果。根据表 5-3 可以发现，Baseline 的 Rank-1 达到了 91.83%，这是一个很强的基准。和 Baseline 相比，

＋Res-Branch 的 Rank-1 和 mAP 分别实现了 0.66％和 3.09％的提升，同时＋SE-Res-Branch 的这两个指标也实现了 1.01％和 4.06％的提升。根据这些结果，可以得出结论：两个分支可以极大提升性能。同时，与 Res-Branch 相比，SE-Res-Branch 有更好的性能，因为 Squeeze-and-Excitation 块可以聚焦于更加重要的特征。

表 5-3 在 Market 数据集上对异构分支进行分析

方法	mAP	Rank-1	Rank-5	Rank-10	Rank-20
Baseline	78.67％	91.83％	96.91％	97.86％	98.60％
＋Res-Branch	81.76％	92.49％	97.33％	98.19％	98.90％
＋SE-Res-Branch	82.73％	92.84％	97.77％	98.75％	99.23％
Single Res-Branch	79.18％	91.30％	97.06％	98.22％	98.75％
Single SE-Res-Branch	76.94％	90.86％	97.06％	98.19％	98.96％
HBMCN(Deform-Res-Branch)	84.40％	93.50％	97.74％	98.57％	99.02％
HBMCN(SE-Res-Branch)	85.68％	94.42％	98.01％	98.93％	99.17％

为了进一步分析每个分支的贡献，从 Res-Branch 和＋SE-Res-Branch 的 SE-Res-Branch 提取特征。结果如表 5-3 所示，其中 Single Res-Branch 和 Single SE-Res-Branch 是两个对应分支的结果。

从表 5-3 可以发现，Single Res-Branch 比 Baseline 取得了更好的 mAP 和 Rank-5/10/20，因为 SE-Res-Branch 有助于 Res-Branch 训练。此外，Single Res-Branch 也比 Single SE-Res-Branch 的 Rank-1 和 mAP 分别高 0.44％和 2.24％。这是因为 SE-Res-Branch 使用随机初始化的参数，而 Res-Branch 使用 ImageNet 预训练的参数。

注意，HBMCN 是一个可扩展的框架，可以使用不同的异构分支，提升行人再识别的性能。换言之，HBMCN 是一个可扩展的网络，与特定分支无关。为了验证它的可扩展性，设计了一个基于可变形卷积的分支 Deform-Res-Branch。将 Res-Branch 中 res_conv4a 和 res_conv5a 的标准卷积替换为可变形卷积[48]。可变形卷积可以克服标准卷积在建模时的不足，对行人非刚性变形的适应性更好。结果如表 5-3 所示，Deform-Res-Branch 在 Market-1501 上的 mAP 和 Rank-1 达到了 84.4％和 93.5％。尽管 Deform-Res-Branch 的 mAP 和 Rank-1 比 SE-Res-Branch 更低，但是和 ResNet-50 相比也提升了性能。当然，设计新的分支增加框架的可扩展性和有效性值得进一步探索。

更进一步，评估三个异构分支的网络，各分支分别是 Res-Branch、Se-Res-Branch 和 Deform-Res-Branch。该网络在 Market-1501 上的 mAP 和 Rank-1 分别达到了 85.8％和 94.7％，这表明有多个异构分支的网络可以进一步提升性能，但是提升相对较小。

(2) 多级分类

为了验证多级分类的贡献，在 Res-Branch 的 res_conv4f 和 res_conv5c 上设置两个分类目标。SE-Res-Branch 也有两个对应目标在 SE-Res4f 和 SE-Res5c 的对应层。结果如表 5-4 所示。

表 5-4 在 Market 数据集上对多级分类进行分析

方法	mAP	Rank-1	Rank-5	Rank-10	Rank-20
Baseline+2Level	81.93%	92.31%	97.06%	98.28%	98.96%
+Res-Branch+2Level	82.67%	93.08%	97.30%	98.16%	98.96%
+SE-Res-Branch+2Level	84.36%	94.09%	97.71%	98.75%	99.14%
HBMCN	85.68%	94.42%	98.01%	98.93%	99.17%

根据表 5-4 可以发现，Baseline+2Level 的 Rank-1 和 mAP 分别为 92.31%和 81.93%，在 Rank-1 和 mAP 上有明显的提升。类似的结果也在+Res-Branch+2Level 和+SE-Res-Branch+2Level 上得到了验证。当多级分类目标设置在 res_conv4f、res_conv5a、res_conv5b、res_conv5c、SE-Res4f、SE-Res5a、SE-Res5b 和 SE-Res5c 层，HBMCN 的 Rank-1 和 mAP 达到了 94.42%和 85.68%。

表 5-3 和表 5-4 的结果表明 SE-Res-Branch 和多级分类都可以提升性能。与基于部件的模型相比，可以得出结论：即使没有局部信息，多分支也能够极大地改善性能。

5.4.4 收敛性分析

因为 HBMCN 有多个目标函数，它的收敛问题是一个主要关注点。GoogleNet 利用多个损失来处理梯度消失问题，因为 GoogleNet 没有跳跃连接这种设计，而这种设计可以抑制梯度消失问题。但是，HBMCN 基于 ResNet-50，ResNet-50 在每个残差块中都采用了跳跃连接，因此 HBMCN 不会出现不收敛。

为了分析 HBMCN 的收敛，在图 5-3 展示了具有多个目标函数的 HBMCN 和单个目标函数的 ResNet-50 的训练目标曲线。为了便于比较，对 HBMCN 的多个目标函数进行取平均。

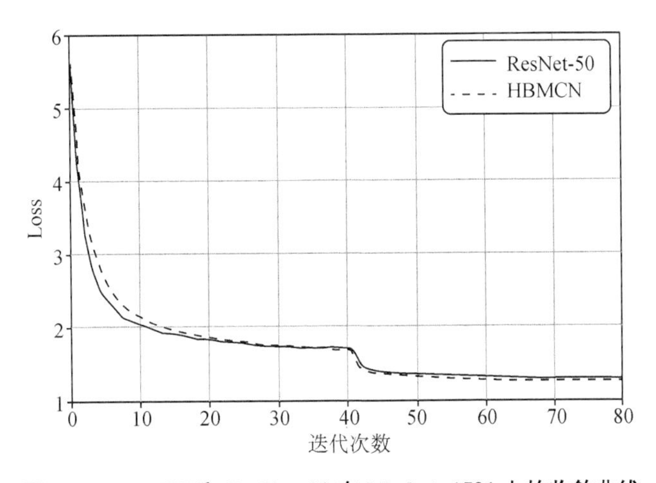

图 5-3 HBMCN 和 ResNet-50 在 Market-1501 上的收敛曲线

根据图 5-3 可以发现，HBMCN 的平均目标与 ResNet-50 的目标相比，最终达到了一个更小的值。注意，在第 40 次训练时有一个显著的降低，在第 60 次有一个非常小的降低，因为学习率在第 40 次和第 60 次训练时发生了衰减。

5.5 结论

本章提出了一种基于 ResNet-50 的异构分支多级分类的网络。其中，为了提升性能提出了一种新的 SE-Res-Branch，为了学习 HBMCN 的参数提出了一种多级分类目标函数。最终将获得的多层次特征拼接起来表示一幅行人图像。在 3 个大规模的行人再识别的数据集上开展实验评估 HBMCN 的有效性。实验结果验证了 HBMCN 是一个非常有效的方法。进一步的分析表明，网络中的异构分支与同构分支相比能够取得更好的结果，多级分类与单级分类相比能够提取更加有判别力的特征。但是，和现有的多分支网络一样，与 ResNet-50 相比，HBMCN 有更多的参数和更大的计算成本。

在未来，以下方向可以进一步研究。首先是确定为什么多分支可以提升性能。根据文献[49]，训练和测试时泛化能力的差异与目标最小值的平坦性有关。一个平坦的最小值可以实现更好的泛化能力，一个变换剧烈的最小值则会让泛化能力变差。因此，如果存在多个最小值，那么目标的最小值的平坦性可以得到提升。对于经典的 CNN 网络，因为这个任务是一个经典的非凸优化问题，所以结果只是多个极小值中的一个。但是，HBMCN 由具有异构分支的多个目标函数组成，因此它能取得多个极小值并产生大范围的平坦极值区域。

根据文献[2, 3]的结果，基于部件的模型可以表示局部信息，是可以与本工作结合的。当然，也可以利用更强的模块，如 Dense 模块，建立多分支来提升性能。

参考文献

[1] YAO H T, ZHANG S L, HONG R C, et al. Deep Representation Learning With Part Loss for Person Re-Identification[J]. IEEE Transactions on Image Processing, 2019, 28(6): 2860-2871.

[2] SUN Y F, ZHENG L, YANG Y, et al. Beyond Part Models: Person Retrieval with Refined Part Pooling(and A Strong Convolutional Baseline)[C]//FERRARI V, HEBERT M, SMINCHISESCU C, et al. Lecture Notes in Computer Science: Computer Vision — ECCV 2018 — 15th European Conference, Munich, Germany, September 8-14, 2018, Proceedings, Part Ⅳ: vol. 11208. Springer, 2018: 501-518.

[3] WANG G S, YUAN Y F, CHEN X, et al. Learning Discriminative Features with Multiple Granularities for Person Re-Identification[C]//BOLL S, LEE K M, LUO J, et al. 2018 ACM Multimedia Conference on Multimedia Conference, Seoul, Republic of Korea, October 22-26, 2018. ACM, 2018: 274-282.

[4] XIONG F, GOU M R, CAMPS O I, et al. Person Re-Identification Using Kernel-Based Metric Learning Methods[C]//FLEET D J, PAJDLA T, SCHIELE B, et al. Lecture Notes in Computer Science: Computer Vision — ECCV 2014 — 13th European Conference, Zurich, Switzerland, September 6-12, 2014, Proceedings, Part Ⅶ: vol. 8695. Springer, 2014: 1-16.

[5] LIAO S C, HU Y, ZHU X Y, et al. Person re-identification by Local Maximal Occurrence representation and metric learning [C]//IEEE Conference on Computer Vision and Pattern Recognition, Boston, MA, USA, June 7-12, 2015. IEEE Computer Society, 2015: 2197-2206.

[6] LI W, ZHAO R, XIAO T, et al. DeepReID: Deep Filter Pairing Neural Network for Person Re-

identification[C]//2014 IEEE Conference on Computer Vision and Pattern Recognition, Columbus, OH, USA, June 23-28, 2014. IEEE Computer Society, 2014: 152-159.

[7] WU L, SHEN C H, van den HENGEL A. PersonNet: Person Re-identification with Deep Convolutional Neural Networks[J/OL]. CoRR, 2016.

[8] ZHENG Z D, ZHENG L, YANG Y. A Discriminatively Learned CNN Embedding for Person Re-identification[J]. ACM Transactions on Multimedia Computing, Communications, and Applications, 2018, 14(1): 1-20.

[9] TAO D P, GUO Y N, YU B S, et al. Deep Multi-View Feature Learning for Person Re-Identification [J]. IEEE Transactions on Circuits and Systems for Video Technology, 2018, 28(10): 2657-2666.

[10] JOHNSON J, YASUGI S, SUGINO Y, et al. Person re-identification with fusion of hand-crafted and deep pose-based body region features[J/OL]. CoRR, 2018.

[11] ZHAO L M, LI X, ZHUANG Y T, et al. Deeply-Learned Part-Aligned Representations for Person Re-identification[C]// IEEE International Conference on Computer Vision, Venice, Italy, October 22-29, 2017. IEEE Computer Society, 2017: 3239-3248.

[12] ZHENG L, HUANG Y J, LU H C, et al. Pose-Invariant Embedding for Deep Person Re-Identification [J]. IEEE Transactions on Image Processing, 2019, 28(9): 4500-4509.

[13] LIU J X, NI B B, YAN Y C, et al. Pose Transferrable Person Re-Identification[C]//2018 IEEE Conference on Computer Vision and Pattern Recognition, Salt Lake City, UT, USA, June 18-22, 2018. IEEE Computer Society, 2018: 4099-4108.

[14] LIU X H, ZHAO H Y, TIAN M Q, et al. HydraPlus-Net: Attentive Deep Features for Pedestrian Analysis[C]//IEEE International Conference on Computer Vision, Venice, Italy, October 22-29, 2017. IEEE Computer Society, 2017: 350-359.

[15] LI W, ZHU X T, GONG S G. Harmonious Attention Network for Person Re-Identification[C]//2018 IEEE Conference on Computer Vision and Pattern Recognition, Salt Lake City, UT, USA, June 18-23 2018. IEEE Computer Society, 2018: 2285-2294.

[16] XU J, ZHAO R, ZHU F, et al. Attention-Aware Compositional Network for Person Re-Identification [C]// 2018 IEEE Conference on Computer Vision and Pattern Recognition, Salt Lake City, UT, USA, June 18-23, 2018. IEEE Computer Society, 2018: 2119-2128.

[17] YANG F, YAN K, LU S J, et al. Attention driven person re-identification[J]. Pattern Recognition., 2019, 86: 143-155.

[18] ZHAO H Y, TIAN M Q, SUN S Y, et al. Spindle Net: Person Re-identification with Human Body Region Guided Feature Decomposition and Fusion[C]//2017 IEEE Conference on Computer Vision and Pattern Recognition, Honolulu, HI, USA, July 21-26, 2017. IEEE Computer Society, 2017: 907-915.

[19] YI D, LEI Z, LIAO S C, et al. Deep Metric Learning for Person Re-identification[C]//22nd International Conference on Pattern Recognition, Stockholm, Sweden, August 24-28, 2014. IEEE Computer Society, 2014: 34-39.

[20] SHI H Y, YANG Y, ZHU X Y, et al. Embedding Deep Metric for Person Re-identification: A Study Against Large Variations[C]//LEIBE B, MATAS J, SEBE N, et al. Lecture Notes in Computer Science: Computer Vision — ECCV 2016 — 14th European Conference, Amsterdam, The Netherlands, October 11-14, 2016, Proceedings, Part Ⅰ: vol. 9905. Springer, 2016: 732-748.

[21] KÖSTINGER M, HIRZER M, WOHLHART P, et al. Large scale metric learning from equivalence constraints[C]//2012 IEEE Conference on Computer Vision and Pattern Recognition, Providence, RI, USA, June 16-21, 2012. IEEE Computer Society, 2012: 2288-2295.

[22] TAO D P, JIN L W, WANG Y F, et al. Person Re-Identification by Regularized Smoothing KISS Metric Learning[J]. IEEE Transactions on Circuits and Systems for Video Technology, 2013, 23(10): 1675-1685.

[23] SUN C, WANG D, LU H C. Person Re-Identification via Distance Metric Learning With Latent Variables[J]. IEEE Transactions on Image Processing, 2017, 26(1): 23-34.

[24] TAO D P, GUO Y N, SONG M L, et al. Person Re-Identification by Dual-Regularized KISS Metric Learning[J]. IEEE Transactions on Image Processing., 2016, 25(6): 2726-2738.

[25] YANG X, WANG M, TAO D C. Person Re-Identification With Metric Learning Using Privileged Information[J]. IEEE Transactions on Image Processing., 2018, 27(2): 791-805.

[26] HERMANS A, BEYER L, LEIBE B. In Defense of the Triplet Loss for Person Re-Identification[J/OL]. CoRR, 2017.

[27] ZHAO C R, CHEN K, WEI Z H, et al. Multilevel triplet deep learning model for person re-identification[J]. Pattern Recognition Letters, 2019, 117: 161-168.

[28] CHEN W H, CHEN X T, ZHANG J G, et al. Beyond Triplet Loss: A Deep Quadruplet Network for Person Re-identification[C]//2017 IEEE Conference on Computer Vision and Pattern Recognition, Honolulu, HI, USA, July 21-26, 2017. IEEE Computer Society, 2017: 1320-1329.

[29] WANG J B, LI Y, MIAO Z. Siamese Cosine Network Embedding for Person Re-identification[C]//YANG J, HU Q, CHENG M M, et al. Communications in Computer and Information Science: Computer Vision — Second CCF Chinese Conference, Tianjin, China, October 11 - 14, 2017, Proceedings, Part Ⅲ: vol. 773. Springer, 2017: 352-362.

[30] FAN X, JIANG W, LUO H, et al. SphereReID: Deep hypersphere manifold embedding for person re-identification[J]. Journal of Visual Communication and Image Representation, 2019, 60: 51-58.

[31] ZHENG Z D, ZHENG L, YANG Y. Pedestrian Alignment Network for Large-scale Person Re-Identification[J]. IEEE Transactions on Circuits and Systems for Video Technology, 2019, 29(10): 3037-3045.

[32] ZHENG L, YANG Y, HAUPTMANN A G. Person Re-identification: Past, Present and Future[J/OL]. CoRR, 2016.

[33] HE K M, ZHANG X Y, REN S Q, et al. Deep Residual Learning for Image Recognition[C]//2016 IEEE Conference on Computer Vision and Pattern Recognition, Las Vegas, NV, USA, June 27-30, 2016. IEEE Computer Society, 2016: 770-778.

[34] SZEGEDY C, LIU W, JIA Y Q, et al. Going deeper with convolutions[C]//IEEE Conference on Computer Vision and Pattern Recognition, Boston, MA, USA, June 7-12, 2015. IEEE Computer Society, 2015: 1-9.

[35] LI R, ZHANG B P, KANG D J, et al. Deep attention network for person re-identification with multi-loss[J]. Computers & Electrical Engineering, 2019, 79.

[36] LUO H, GU Y Z, LIAO X Y, et al. Bag of Tricks and a Strong Baseline for Deep Person Re-Identification[C]//IEEE Conference on Computer Vision and Pattern Recognition Workshops, Long Beach, CA, USA, June 16-20, 2019. Computer Vision Foundation / IEEE, 2019: 1487-1495.

[37] HU J, SHEN L, ALBANIE S, et al. Squeeze-and-Excitation Networks[C]//2018 IEEE Conference on Computer Vision and Pattern Recognition, Salt Lake City, UT, USA, June 18 - 22, 2018. IEEE Computer Society, 2018: 7132-7141.

[38] ZHENG L, SHEN L Y, TIAN L, et al. Scalable Person Re-identification: A Benchmark[C]//2015 IEEE International Conference on Computer Vision, Santiago, Chile, December 7 - 13, 2015. IEEE Computer Society, 2015: 1116-1124.

[39] ZHENG Z D, ZHENG L, YANG Y. Unlabeled Samples Generated by GAN Improve the Person Re-identification Baseline in Vitro[C]//IEEE International Conference on Computer Vision, Venice, Italy, October 22-29, 2017. IEEE Computer Society, 2017: 3774-3782.

[40] ZHONG Z, ZHENG L, CAO D L, et al. Re-ranking Person Re-identification with k-Reciprocal Encoding[C]// 2017 IEEE Conference on Computer Vision and Pattern Recognition, Honolulu, HI, USA, July 21-26, 2017. IEEE Computer Society, 2017: 3652-3661.

[41] ZHONG Z, ZHENG L, KANG G L, et al. Random Erasing Data Augmentation[C]//The Thirty-Fourth AAAI Conference on Artificial Intelligence, AAAI 2020, New York, NY, USA, February 7-12, 2020. AAAI Press, 2020: 13001-13008.

[42] SUN Y F, ZHENG L, DENG W J, et al. SVDNet for Pedestrian Retrieval[C]//IEEE International Conference on Computer Vision, Venice, Italy, October 22-29, 2017. IEEE Computer Society, 2017: 3820-3828.

[43] WANG Y, WANG L Q, YOU Y R, et al. Resource Aware Person Re-Identification Across Multiple Resolutions[C]//2018 IEEE Conference on Computer Vision and Pattern Recognition, Salt Lake City, UT, USA, June 18-23, 2018. IEEE Computer Society, 2018: 8042-8051.

[44] AINAM J P, QIN K, LIU G S. Self Attention Grid for Person Re-Identification[J/OL]. CoRR, 2018.

[45] CHANG X B, HOSPEDALES T M, XIANG T. Multi-Level Factorization Net for Person Re-Identification[C]//2018 IEEE Conference on Computer Vision and Pattern Recognition, Salt Lake City, UT, USA, June 18-22, 2018. IEEE Computer Society, 2018: 2109-2118.

[46] SI J L, ZHANG H G, LI C G, et al. Dual Attention Matching Network for Context-Aware Feature Sequence Based Person Re-Identification[C]//2018 IEEE Conference on Computer Vision and Pattern Recognition, Salt Lake City, UT, USA, June 18 - 22, 2018. IEEE Computer Society, 2018: 5363-5372.

[47] JIN H B, WANG X B, LIAO S C, et al. Deep person re-identification with improved embedding and efficient training[C]//2017 IEEE International Joint Conference on Biometrics, Denver, CO, USA, October 1-4, 2017. IEEE, 2017: 261-267.

[48] ZHU X Z, HU H, LIN S, et al. Deformable ConvNets V2: More Deformable, Better Results[C]// IEEE Conference on Computer Vision and Pattern Recognition, Long Beach, CA, USA, June 16-20, 2019. Computer Vision Foundation / IEEE, 2019: 9308-9316.

[49] KESKAR N S, MUDIGERE D, NOCEDAL J, et al. On Large-Batch Training for Deep Learning: Generalization Gap and Sharp Minima[C]//5th International Conference on Learning Representations, Toulon, France, April 24-26, 2017, Conference Track Proceedings. OpenReview.net, 2017.

第6章 网络嫁接轻量级 ReID 方法

卷积神经网络在行人再识别领域展示了优秀的效果。但是，这些模型在实际运用中通常有大量的参数和计算量。为了解决该问题，本章提出一种由高精度的根茎网络和轻量级的接穗网络组成的嫁接网络架构。其中，根茎网络是基于 ResNet-50 的前几个部分组成的，为整个网络提供一个强大的基础，而接穗网络是一个新设计的模块，由 SqueezeNet 的后几个部分组成，用于压缩参数。同时，为了增强特征的判别能力，提出了一种基于多层级和局部部件的联合特征。此外，还提出了一种伴随学习方法训练更高效的网络，即在模型训练过程中增加附属分支结构，在测试过程中去除该结构以减少参数量和计算量。在 3 个公开行人再识别数据集上(Market-1501、DukeMTMC-reID 和 CUHK03)对嫁接网络的有效性进行了评估，并对其组成部分进行了分析。

6.1 研究动机

行人再识别可以识别经过无重叠视野的多个摄像机的同一行人，其关键任务是学习行人图像的有效特征表示[1]。在行人再识别领域，卷积神经网络是提取行人特征的有效方法。目前多数方法是基于高精度的网络，并设计高效的损失函数[2,3]或者找到细粒度的局部特征表示[4-6]以进一步提高精度。在实际应用中，不仅要关心高精度，还需要模型轻量化，以实现低存储和低计算。不幸的是，高精度的网络，如 ResNet[7]，通常有着大量的存储参数和较高的计算耗时。相反，轻量级的网络，如 SqueezeNet[8]，即使参数较少和计算效率高，但精度较低。现有方法基本上都是通过设计轻量级模型或高精度模型来开发新的网络。不同于这些方法，本章尝试通过嫁接两个已有的网络来探索一种新的轻量级高精度网络。

在植物研究领域，嫁接是一种广泛应用的栽培新品种的有效方法。它结合了两种不同的植物，将一个植物穗连接到另一个植物的茎上，这样它们就可以合在一起，形成一个独立的新个体。嫁接的茎被称为根茎，嫁接后成为植株的根；而嫁接的穗，称为接穗，在嫁接后成为植株的枝干部分。嫁接能保持不同植物的优良特性，增强抗性和适应性。受上述想法启发，本章尝试通过嫁接高精度网络和轻量级网络开发一种新的嫁接网络。

在嫁接过程中，根茎和接穗是两个基本组成部分。根茎为接穗提供水和无机养分。因此，根茎的质量对嫁接的成活率，嫁接植株的生长发育以及抗性和适应性都有重要的影响。同时，接穗与根茎之间的亲和力也是影响嫁接成活的主要因素，即接穗与根茎在内部结构、生理和遗传方面相互结合的能力。因此，需要找到健壮的网络作为根茎提供高的准确率，寻找轻量级的网络作为接穗产生少的参数量。此外，还需要确保根茎与接穗之间的亲和力。

在行人再识别领域，ResNet-50 是广泛使用的网络且具有高的精度，是作为根茎网络的首选。然而,如果直接使用整个 ResNet-50 作为根茎网络,那么嫁接网络就不可能有很少的参数和有效的计算。因此,通过去除 ResNet-50 后部分,保留 ResNet-50 前部分作为根茎网络。根茎网络选择之后,另一个重要的任务就是找到接穗网络。最简单的方法就是在目前已经存在的轻量级网络中寻找合适的接穗网络,如:SqueezeNet[8], MobileNet[9] 和 ShuffleNet[10]。由于它们结构的不同,无法直接嫁接轻量级网络和根茎网络。因此,本章对目前存在的轻量级网络后部分做了修改。基于上述修改,嫁接网就可以构建了。同时,为了提取更具有判别力的特征,本章还提出了一种基于多层级和局部部件的联合特征。但是,另外有一个重要的问题:如何确保新的嫁接网络具有高的准确率。根据已有尝试的经验,如果仅用简单的迁移学习方法去训练,嫁接网络不能达到高的准确率。为解决这个问题,本章还提出一种新的伴随学习方法来训练嫁接网络。最终嫁接网络在 Market-1501 数据集上,实现了以 4.6 M(460 万)的参数量达到了 93.02%的 Rank-1 和 81.6%的 mAP。

本章具体工作及贡献如下:提出了一种新的轻量级高精度嫁接网络。嫁接网络实现了以 4.6 M(460 万)参数量,超越原始 ResNet-50 网络的性能;提出了一种基于多层级和局部部件的联合特征来提取更多的判别特征表示;提出了一种伴随学习方法来训练嫁接网,通过在模型训练过程中增加附属分支结构,而在测试过程中去除该结构以减少参数量和计算量。在公开数据集 Market-1501、DukeMTMC-reID 和 CUHK03 上实验,对嫁接网络的有效性进行了评价,并对其组成部分进行了比较和分析。

6.2 相关工作

6.2.1 行人再识别

近年来,卷积神经网络成为行人再识别的主流方法并取得了高的识别精度。根据最近的发展,这些方法主要集中在网络结构、损失函数和表示粒度的设计上。

早期的方法可以直接或间接地看作是提取特征的分类任务,一个多类分类网络通过将每个人作为一个类来训练[11],或者一个二类分类网络通过成对的输入图像来判断是否是一个人[12]。研究者还将多类分类和二类分类结合起来,提取出更多的判别特征[13]。这些基于分类的方法容易实现且训练稳定。但是,它们仅能判断成对输入图像是否相似,而不能给出明确的相似性度量。

为了更好地学习类内相似性和类间差异,多种度量学习损失函数被提出,如:对比损失[14]、三元组损失[2]、四元组损失[3]和边界挖掘损失[15]等。此外,还有余弦损失[16]、中心损失[17]以及它们的修改版[18]。然而,这些损失函数在使用时需要仔细的设置参数和细致的选择样本对。本章集中于设计网络结构并利用基本分类损失函数监督学习。

为了探索行人之间的细粒度差异,许多方法从行人图像局部区域的描述研究出发。根据人的生理结构,每张行人图像都可以垂直划分为几个部分[4,5],或者通过人体姿态估计[19]、骨架关键点检测[20]等也能找到有效的部位。另一方面,注意力机制也被用来寻找具有判别力的区域,如:HA-CNN[6]、AACN[21]和 Attention ReID[22]。以上方法通常使用一个分支来提取全局特征,同时使用多个分支来提取局部特征,然后将它们组合起来以获得更好的精度。但是,这种具有多个分支的方法在实际使用中带来了更多的参数和计算量。

6.2.2 轻量级网络

在过去几年中,深度卷积网络,如 ResNet[7]和 VGGNet[23],在计算机视觉领域的各项任务中取得了显著的效果。但是,由于计算和存储成本,这些网络不适合在移动平台和边缘设备上部署。因此,研究者提出了多个轻量级模型,如:SqueezeNet[8]、MobileNet[9]和 ShuffleNet[10]。

SqueezeNet[8]是由一系列特殊设计的 Fire 模块组成的压缩模型。该模型只有 1.2 M (1 200 000)个参数,在 ImageNet 上分类 1 000 类的 Top-1 准确率为 57.5%,相当于 AlexNet[24]的精度,其主要原因是原始版本没有跳跃连接,而其在 ResNet[7]中已被证明是非常有效的。

MobileNet[9]是通过将标准卷积划分为深度卷积(depth-wise)和点卷积(point-wise)来设计的,两者可以将模型压缩数倍。该模型只有 4.2 M 的参数量,在 ImageNet 上分类 1 000 类的 Top-1 准确率为 70.6%。MobileNetV2[25]用反向残差结构和线性 BottleNeck 进一步提升了性能,以 3.4 M 参数量实现了 71.7%的 Top-1 精度。

ShuffleNet[10]利用逐点分组卷积和信道混合(Channel Shuffle),以降低计算成本,提高精度。信道混合操作帮助分组卷积分离的特征信道的信息进行彼此流动。该模型以 1.8 M 的参数量就实现了 65.9%的 Top-1 精度。ShuffleNetV2[26]提供了一种更有效的网络架构,以相同的参数量实现了 69.4%的 Top-1 精度。

虽然轻量级网络的参数较少,计算效率较高,但与高精度网络相比,如 ResNet-50[7],在 mAP 和 Rank-1 方面还是存在很大的差距。

6.2.3 蒸馏学习

Hinton 等[27]提出了一种蒸馏的方法压缩模型,该方法将知识从一个大的正则化模型迁移到一个较小的、蒸馏的模型中。首先在训练过程中训练一个大网络,在部署过程中产生一个小网络。同时,较小的网络满足低存储、高效率的要求。受该模型的启发,本章提出了一种不同的学习架构。蒸馏过程用了两个独立的网络,一个大的网络和一个小的蒸馏网络,而嫁接网络有一个参数共享的根茎网络和两个独立的分支网络,其中一个是伴随分支网络。蒸馏通过将预测的软目标交给蒸馏模型来传递知识,而嫁接网络两个枝干有相同的真实标签。

蒸馏模型可以看作是将知识从教师模型转移到学生模型的有效方法。然而,这种教师-学生网络[28]通常应用于半监督学习,目的是利用有限的有标签数据和大量的无标签数据学习。教师模型制定培训学生模型的目标。对于嫁接网络,伴随枝干网络相当于教师,通过根茎网络的更新促进学生学习。与原始蒸馏模型不同,伴随分支和接穗具有相同的根茎参数。

不同于教师-学生网络,共同学习网络[29]有两个学生子网络,而不是单个学生从教师那里学习。两个学生子网络都没有经过预训练,并且同时互相学习,这与本章目标任务相似。伴随分支网络和接穗网络可以分别被视为经验丰富的老生和新生,它们为了共同的分类任务同时学习。

6.3 嫁接网络(GraftedNet)

MGN[5]模型作为行人再识别领域中好的 CNN 模型之一，在 Market-1501 数据集上的平均精度均值(mAP)和 Rank-1 分别达到了 95.6%和 86.9%。该模型是基于 ResNet-50 设计的，通过三个相同结构和参数相互独立的分支来提高性能，其中每个分支大约有 22 M 参数，总计有近 69 M 参数，所以不适用于移动应用。为了更深入地分析 ResNet-50 的参数量，根据特征图的大小将原始 ResNet-50 网络结构划分为五个阶段，分别是 res_conv1x，res_conv2x，res_conv3x，res_conv4x 和 res_conv5x。在每个阶段都有许多残差块，可以通过“阶段(数字)+块(字母)”编号，如：res_conv5a 代表第五阶段的第一个残差块。图 6-1 展示了每个阶段的参数量，其中黑色条柱代表每个阶段的参数量，灰色条表示新设计接穗网络的参数量。

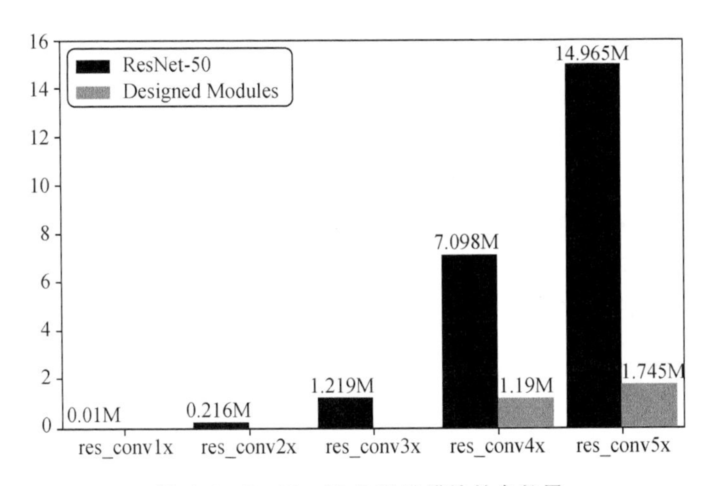

图 6-1 ResNet-50 和设计模块的参数量

从图 6-1 中可以发现，在 res_conv4x 和 res_conv5x 阶段一共有 22.063 M 参数量。对于 MGN 来说，它的三个分支具有相同的 res_conv4x 和 res_conv5x 结构，因此都拥有 ResNet-50 的大部分参数。这就是 MGN 参数量多的原因。根据以上的分析，ResNet-50 大部分的参数都来自 res_conv4x 和 res_conv5x，而前三个阶段的参数量只有 1.445 M。基于这一点，去除 res_conv4x 和 res_conv5x 以减少参数量是一个非常直接的选择。所以根茎网络是由 ResNet-50 的前三个阶段组成的。同时，根据实验，在可容忍的参数增长情况下，前三个阶段比前两个阶段有更好的性能结果。因此，嫁接网络的根茎网络是由 ResNet-50 前三个阶段组成的。

根茎网络确定好之后，接穗网络可以从现有的轻量级的网络中选择，如 SqueezeNet、MobileNet 和 ShuffleNet。为了嫁接根茎网络和接穗网络，还需要做一些修改以增加两者的亲和力。简单地，直接修改现有轻量级网络后几个阶段的结构，有关接穗的详情见 6.3.2 节。通过嫁接技术，嫁接 ResNet-50 的前面阶段和轻量级网络的后面阶段来压缩模型的大小。

6.3.1 网络结构

图 6-2 展示了所提出的嫁接网络结构,由四部分组成:根茎,接穗,降维和目标。其中,根茎网络(Rootstock)由 ResNet-50 的前三个阶段组成;接穗网络(Scion)则是基于 Fire 模块新设计的模块,该模块由挤压(Squeeze)和膨胀(Expansion)操作组成;降维(Reduction)用于提取低维的基于多层级和局部部件的联合特征;目标(Objective)用于监督学习。

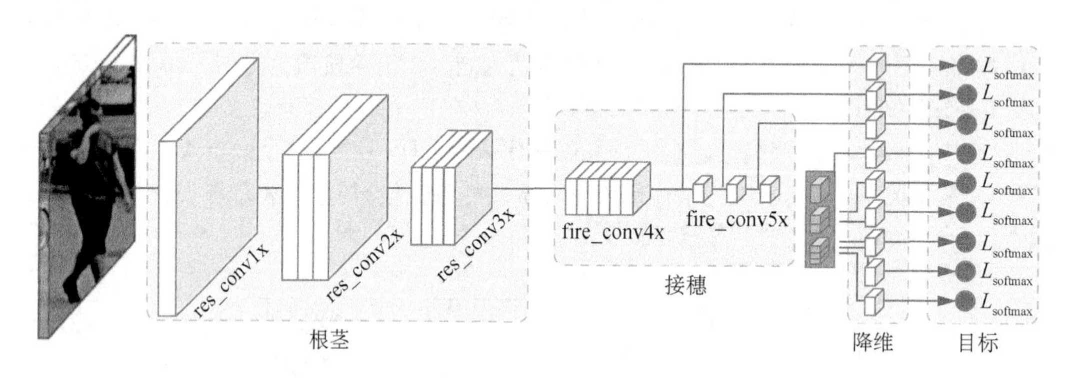

图 6-2 嫁接网络架构

根茎:嫁接网络的根茎部分由 ResNet-50 的 res_conv1x、res_conv2x 和 res_conv3x 组成。该部分输入一张行人图像,输出一系列特征图,为接穗部分提供低级信息。同时,它的参数量很少,只有 1.445 M 参数。特别的,该部分在图像网络预训练模型初始化参数时,它提供了非常有效的特征图。

接穗:接穗部分由 fire_conv4x 和 fire_conv5x 两个新设计的模块组成。这两个模块的设计都是基于 Fire 模块,由挤压和膨胀操作组成。这两个模块的详细情况见 6.3.2 节。

降维:fire_conv5x(fire_conv4x)的输出是 768 通道(512 通道)特征图。经过全局均值池化(GAP)后,得到的特征是 768 维(512 维)的向量。为了有效地表示一个行人,将特征压缩到一个低维空间。压缩由 1×1 大小的组卷积组成,然后是批量归一化和负斜率为 0.1 的带泄漏修正 ReLU 激活函数。它将特征从 768 维(512 维)减少到 256 维,只是原维度的 1/3(1/2)。此外,利用组卷积来降低压缩模型化参数。当组卷积中将组数设置为 8 时,参数可以减少至 1.491 M,而 mAP 的降低小于 1%。详情见 6.4.4 节。

目标:目标损失构建于嫁接网络的多个高级网络层输出,分别来自 fire_conv4f、fire_conv5a、fire_conv5b 和 fire_conv5c 的输出。特别的,受 MGN[5] 的启发,将 fire_conv5c 的特征图垂直地分成不同的部分,分成有一个部分、两个部分、三个部分。对于压缩产生的每个特征,使用 1×1 卷积将 256 维特征映射到行人的人数。最后用 9 个对数 softmax 损失函数共同用于目标分类。

6.3.2 接穗设计

为了更好地配合根茎,根据 ResNet-50 第 4 和第 5 阶段的结构设计接穗部分。结构细节如图 6-3 所示。

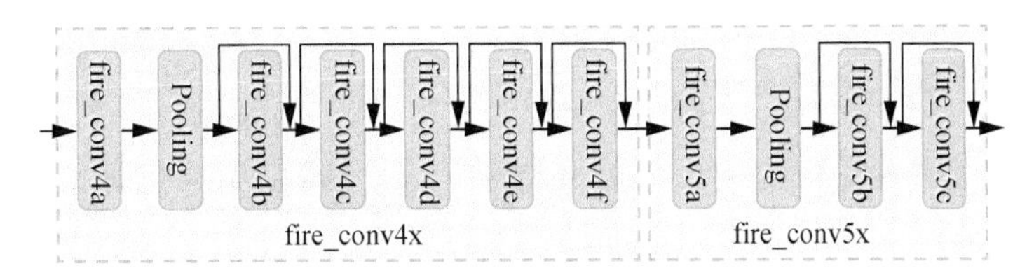

图 6-3　接穗网络的结构设计

将跳跃连接添加到与前一层具有相同输出大小的所有层中，这可以大大提高性能。为了与根茎链接，fire_conv4a 的通道数是 512，压缩参数的 squeeze 操作平面为 64，而对于相同的通道，1×1 和 3×3 的扩展操作平面为 256。在 fire_conv5x 中，通道数为 768，挤压操作的平面为 128，对于相同的通道，1×1 和 3×3 的扩展操作平面为 384。在 fire_conv4a 和 fire_conv5a 之后，添加一个大小为 3，步长为 2 的全局最大池化操作(GMP)减少特征图大小。

6.3.3　联合特征

基于局部部件的网络模型，如 PCB+RPP[4]，从行人的局部区域提取的特征能够强有力地提高行人再识别精度。因此，本章引入基于局部部件的特征，使用多尺度描述 res_conv5c 的输出特征图。多尺度的思想与 MGN[5] 非常相似，但只作用于相同的特征映射，而非作用于三个分支的不同特征映射。此外，受到 GoogleNet[30] 的启发，在多个高级层构建了多个目标。不同于现有的方法，本章从 ResNet-50 中的 res_conv5c 输出中提取特征。除了 res_conv5c，还从嫁接网络中的 fire_conv4f、fire_conv5a 和 fire_conv5b 层中提取特征。最后，总共得到了 9 个特征。在训练和测试过程中，采用降维来提取低维特征。fire_conv4f 输出维度是 $H\times W\times 1\,024$，H 和 W 分别代表特征图的高和宽。fire_conv5a、fire_conv5b 和 fire_conv5c 输出的维数为 $H\times W\times 2\,048$。

在训练过程中，压缩过程首先通过全局均值池化操作获得大小为 $1\times 1\times 1\,024(2\,048)$ 的特征向量。然后，利用线性变换将特征从高维压缩到低维。最后，使用一个 softmax 损失来监督嫁接网络的训练。

假设给定一批行人的照片 $\{I_i\}_{i=1}^{B}$，对应的特征 $\boldsymbol{f}^k(I_i)$ 可以从第 k 个降维模块得到。然后，从 $\boldsymbol{f}^k(I_i)$ 和真实标签 y_i 计算 softmax 对数损失。每个目标对应一个损失，形式如下：

$$L_{\text{softmax}}^{k}=-\sum_{i=1}^{B}\log\frac{\exp((\boldsymbol{W}_{y_i}^{k})^{\mathrm{T}}\boldsymbol{f}^{k}(I_i)+b_{y_i}^{k})}{\sum_{j=1}^{C}\exp((\boldsymbol{W}_{j}^{k})^{\mathrm{T}}\boldsymbol{f}^{k}(I_i)+b_{j}^{k})}\tag{6-1}$$

其中，B 是批次样本个数，C 是类别总数，$\boldsymbol{W}_j^k$ 和 b_j^k 是第 k 个目标的学习参数。

联合目标是所有 9 个目标的总和：

$$L_{\text{joint}}=\sum_{k=1}^{9}L_{\text{softmax}}^{k}\tag{6-2}$$

在测试过程中，给定一个查询(query)或库(gallery)行人图像 I_t，它的表示可以通过连接 9 个特征 $f^k(I_t)$，$k=1, 2, \cdots, 9$ 来获得：

$$f(I_t)=[f^1(I_t), f^2(I_t), \cdots, f^9(I_t)] \tag{6-3}$$

在实验中，可以直接从降维模块中提取特征。因此，可以删除目标损失以节省参数和计算。

6.3.4 伴随学习

伴随学习简单且高效。实验发现如果直接训练模型，嫁接网络的精度很低。为解决这个问题，增加另一个由 ResNet-50 的 res_conv4x 和 res_conv5x 组成的伴随分支，如图 6-所示。

伴随分支有相同的基于多层级和局部部件的联合特征和联合目标。在实验中，根茎网络和伴随分支都用 ImageNet 预训练参数初始化，而接穗网络用随机参数初始化。在训练时，直接训练嫁接网络和伴随分支，而在测试时删除伴随分支。伴随分支和接穗如同经验丰富的老生和新生学习相同的分类任务。根据嫁接网络的结构，“老生”和“新生”都有根茎网络输出的相同基本知识。但是，“老生”有更多的先验知识，因为使用了来自 ImageNet 预训练参数，而“新生”只有随机的参数。当同时学习任务时，两者都可以更新根茎网络。特别是当“新生”没有先验知识时，由于“老生”有更多的先验知识，因此可以帮助“新生”取得更好的成绩。实验中，伴随分支和根茎网络的学习率比接穗网络的学习率更低，因为“新生”（接穗网络）相比“老生”（根茎网络和伴随分支）有着更强的学习能力。

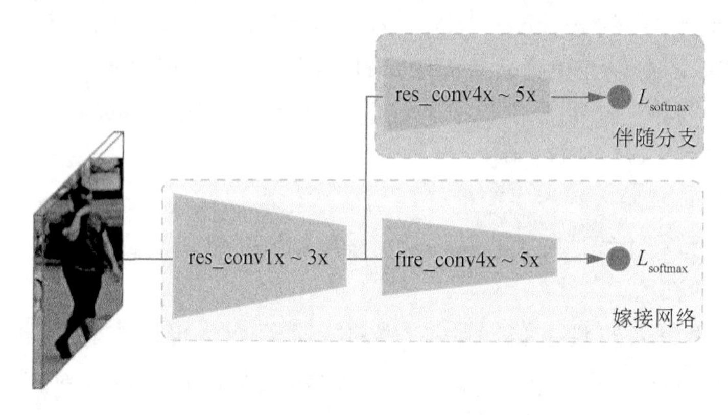

图 6-4　带伴随学习的嫁接网络

伴随学习与教师-学生网络（Teacher-Student Network, TSN）[31]相似。在 TSN 中，教师有着丰富的经验，而学生只有少量的知识。在训练阶段，对于同一个任务，由于教师有着更为丰富的经验，所以可以更好地解决问题。虽然学生缺乏经验，但他们可以通过观察教师的解决过程来更好、更快地学习如何解决同一问题。在嫁接网络中，伴随分支由 ImageNet 预先训练的参数初始化，这些参数是从数百万幅图像中学习的，可以被视为经验丰富的教师。相比之下，接穗网络由随机参数初始化，可以被看作缺乏经验的学生。作为学生（接穗网络）通过观察教师（伴随分支）的学习过程，以促进其学习过程。因此，在伴随分支的监督下，接穗网络可以学习得更好。在 6.4.4 节实验中证明了其有效性。

6.4 实验评测

本节将对 GraftedNet 进行实验验证，具体将从数据集简介、实验设置，以及实验结果与分析几个方面进行介绍。

6.4.1 数据集简介

在三个公共数据集上进行实验测试，包括 Market-1501[32]、DukeMTMC-reID[33]和 CUHK03[34]。Market-1501 数据集是由清华大学收集，一共包含 1 501 个行人，32 668 幅行人图像。其中，751 个行人的 12 936 幅图像用于训练，750 个行人的 3 368 幅待查询图像以及相应身份的 19 732 幅复杂背景的查询图像用于测试。DukeMTMC-reID 数据集是 DukeMTMC 数据集的子集。训练集有 702 个行人的 16 522 幅图像，和另外 702 个行人的 2 228查询图像以及 17 661 幅库图像（包括 702 个行人和 408 个干扰行人）用于测试。CUHK03 数据集是在 CUHK 校园里拍摄收集的，一共有 767 个行人的 7 365 幅图像用于训练，700 个行人的 1 400 幅查询图像和 5 332 幅库图像用于测试。对于 Market-1501 和 DukeMTMC-reID 使用标准评估协议[32]，同时对 CUHK03 使用新的训练和测试协议[35]。

6.4.2 实验设置

训练阶段，将输入的图像调整为 384×192 大小。数据增强包括随机裁剪、水平翻转和随机擦除[36]。根茎网络和伴随分支中利用 ImageNet 预训练 ResNet-50 模型的参数进行初始化，而嫁接网络中的其他参数由“Xavier”方法[7]初始化。训练的小批量大小为 32，并随机混合样本。SGD 优化器采用动量 0.9，权重衰减因子设置为 0.0005，一共训练了 80 次迭代。根茎网络和伴随分支中参数的学习率初始化为 0.01，新设计的接穗模块、降维模块和目标损失学习率设置为 0.1，以更快地学习。在第 40 和 60 次迭代，学习率分别下降了 10%。

测试阶段，对从原始图像及其水平翻转图像中提取的特征进行平均，然后通过 L2 归一化将平均特征归一化为最终特征，采用余弦相似度进行评价。模型在 Pytorch 框架上实现，在 Market-1501 数据集上采用单块 GTX1080Ti 显卡进行训练大约需要 4 h。为了比较不同方法的性能，采用 CMC 和 mAP 两种公共评价指标。在实验中，采用单一查询模式，结果以 mAP[32]和 CMC 值的 Rank-1 进行报告，其中组件分析增加 Rank-5、Rank-10 和 Rank-20 的报告。

6.4.3 实验结果与分析

为了评价嫁接网络的性能，将它与以下方法进行比较，包括：IDE[1]、TriNet[2]、DaRe[37]，SAG[38]、MLFN[39]、HA-CNN[6]、DuATM[40]、PCB[4]、VPM[41]、AANet[42]、CASN[43]、SphereReID[44]、IANet[45]、SPReID[46]、CAM[47]、JDG[48]和 MGN[5]。结果详见表 6-1，其中，轻量级网络的结果与其他方法分开显示，如 SqueezeNet[8]，MobileNetV2[25]和 ShuffleNetV2[26]。

从表 6-1 中可以发现，嫁接网络在 Market-1501 数据集上达到了 93.0%的 Rank-1 和

81.6％的 mAP。在 DukeMTMC-reID 数据集上达到了 85.3％的 Rank-1 和 74.7％的 mAP。在 CUHK03 数据集上达到了 76.2％的 Rank-1 和 71.6％的 mAP。嫁接网络的结果超过了大多数现有的方法。与广泛使用的基线(IDE 模型)相比，嫁接网络大幅度地超过 IDE。与基于局部部件的方法(PCB＋RPP)相比，嫁接网络总体上具有较好的性能。虽然嫁接网络和 MGN 之间存在差距，但嫁接网模型具有规模小、计算量小的优势。与轻量级网络(SqueezeNet、ShuffleNetV2 和 MobileNetV2)相比，嫁接网络的性能要好很多。

嫁接网络与 MGN 之间存在差距，主要原因是 MGN 利用多个独立分支和有效的三元组损失来学习更具判别力的特征。在参数量上，嫁接网络只有 4.6 M 参数量，而 MGN 有 68.8 M参数量。

表 6-1　实验结果对比

方法	Market-1501		DukeMTMC-reID		CUHK03	
	mAP	Rank-1	mAP	Rank-1	mAP	Rank-1
IDE(ArXiv 2016)[1]	50.7%	75.6%	45.0%	65.2%	19.7%	21.3%
TriNet(ArXiv 2017)[2]	69.1%	84.9%	—	—	50.7%	55.5%
DaRe(CVPR 2018)[37]	69.9%	86.0%	56.3%	74.5%	50.1%	54.3%
SAG(ArXiv 2018)[38]	73.9%	90.2%	60.9%	79.9%	—	—
MLFN(CVPR 2018)[39]	74.3%	90.0%	62.8%	81.0%	47.8%	52.8%
HA-CNN(CVPR 2018)[6]	75.5%	91.2%	63.8%	80.5%	38.6%	41.7%
DuATM(CVPR 2018)[40]	76.6%	91.4%	64.6%	81.8%	—	—
PCB(ECCV 2018)[4]	77.4%	92.3%	66.1%	81.7%	53.2%	59.7%
PCB+RPP(ECCV 2018)[4]	81.6%	93.8%	69.2%	83.3%	57.5%	63.7%
VPM(CVPR 2019)[41]	80.8%	93.0%	72.6%	83.6%	—	—
AANet(CVPR 2019)[42]	82.5%	93.9%	72.6%	86.4%	—	—
CASN(CVPR 2019)[43]	82.8%	94.4%	73.7%	87.7%	64.4%	71.5%
SphereReID(JVCIR 2018)[44]	83.6%	94.4%	68.5%	83.9%	—	—
IANet(CVPR 2019)[45]	83.1%	94.4%	73.4%	87.1%	—	—
SPReID(CVPR 2018)[46]	83.4%	93.7%	73.3%	86.0%	—	—
CAM(CVPR 2019)[47]	84.5%	94.7%	72.9%	85.8%	64.2%	66.6%
JDG(CVPR 2019)[48]	86.0%	94.8%	74.8%	86.6%	—	—
MGN(MM 2018)[5]	86.9%	95.7%	78.4%	88.7%	66.0%	66.8%
SqueezeNet(ArXiv 2016)[8]	65.8%	85.0%	54.3%	72.4%	37.7%	42.4%
MobileNetV2(CVPR 2018)[25]	73.6%	88.2%	61.0%	77.9%	52.4%	57.9%
ShuffleNetV2(ECCV 2018)[26]	76.0%	90.6%	68.9%	81.6%	58.8%	63.5%
GraftedNet	81.6%	93.0%	74.7%	85.3%	71.6%	76.2%

为了直观地展示这种方法的效果，从 Market-1501 数据集中随机选择 4 个查询行人，返回排名靠前的 10 张结果，如图 6-5 所示。4 个待查询的行人在第 1 列展示，前 10 个结果分别展示在第 2 列至第 11 列。在返回的结果中，加边框代表错误结果，其余为正确结果。

图 6-5 Market-1501 数据集上的嫁接网络检索的例子

从图 6-5 可以发现，4 个待查询图像与查询行人图像之间的视角、姿态和大小有很大的变化。第 1 个查询图像有 10 个相同 ID 的结果。第 2 个查询图像返回的结果中有一张模糊的行人，但依然有 9 张正确的图像，错误的第 9 张图像是数据集的干扰图像。第 3 个查询图像与第 2 个查询图像有相似的结果，但返回的结果在角度上有很大的不同。第 6 个结果也是数据库中的干扰图像。第 4 个查询图像有两个不正确的结果，其中第 8 个结果是数据库中的干扰图像，第 9 个结果是数据库中的另一个人。总体来说，虽然嫁接网络的模型只有 4.6 M，但 Rank-10 达到了 98.34%。这对于行人再识别是一个非常有效的准确性。

6.4.4 消融性分析

在接下来的分析中，将嫁接网络定义为基线，并经过消融学习验证基于多层级和局部的联合特征和伴随学习的有效性。另一方面，在降维模块中使用的组卷积可以大大减少参数，但效果略有下降。

（1）基于多层级和局部的联合特征

为了进一步分析基于多层级和局部的联合特征的贡献，逐一删除它们。首先，删除多层级特征，只从 fire_conv5c 中提取基于局部的特征，称为“-MF”。然后，去除基于局部的特征，只从 fire_conv4f、fire_conv5a、fire_conv5b 和 fire_conv5c 中提取特征，并连接为最终特征，称为“-PF”。最后，同时去除多层级特征和基于局部的特征，只从 fire_conv5c 中提取全局特征，称为“-MF-PF”。测评结果见表 6-2。注意，为了公平比较，组卷积也用于降维模块和伴随分支。

表 6-2　在 Market-1501 数据集上的组件分析

方法	mAP	Rank-1	Rank-5	Rank-10	Rank-20	Params
GraftedNet	81.58%	93.02%	97.27%	98.34%	98.81%	—
GraftedNet(-MF)	74.27%	89.88%	96.35%	97.71%	98.49%	—
GraftedNet(-PF)	72.14%	88.00%	94.83%	96.76%	97.83%	—
GraftedNet(-MF-PF)	67.19%	85.07%	94.45%	96.44%	97.83%	—
GraftedNet(-AL)	78.28%	91.24%	96.62%	97.86%	98.52%	—
GraftedNet(g=8)	81.58%	93.02%	97.27%	98.34%	98.81%	0.218 M
GraftedNet(g=4)	81.63%	93.14%	97.27%	98.34%	98.90%	0.431 M
GraftedNet(g=1)	82.01%	92.87%	97.42%	98.40%	98.84%	1.709 M

从表 6-2 中可以发现，mAP 和 Rank-1 在没有多层级特征的情况下分别从 81.58%和 93.02%降到了 74.27%和 89.88%。当局部特征被去除后，mAP 和 Rank-1 各自降低了 9.44%和 5.02%。当两者都被移除时，mAP 和 Rank-1 出现了大幅度降低，降幅分别为 14.39%和 7.95%。该结果证明了基于多层级和局部的联合特征的有效性。

（2）伴随学习

为了进一步分析伴随学习的影响，比较有/没有伴随学习的嫁接网络结果。表 6-2 展示了结果，其中“-AL”代表没有伴随学习训练的嫁接网络。值得注意的是，根茎网络和伴随分支利用 ImageNet 预训练的参数初始化，而接穗网络参数使用的是“Xavier”方法初始化。

从表 6-2 可以发现，没有伴随学习的嫁接网络在 mAP 和 Rank-1 分别降低了 3.30%和 1.78%。通过这种比较验证了有伴随学习的效果。此外，图 6-6 给出了有伴随学习和没有伴随学习的训练目标曲线。从图中可以发现，当采用有伴随学习时，目标收敛得更快并最终达到较小的值。

（3）组卷积

实验发现组卷积能更好地压缩参数。压缩模型过程在提取基于多层级和局部的联合特征时被重复了 9 次，总共有 1.709 M 参数量。为了减少参数量，探索不同的组大小，以获得精度和参数量之间的平衡。不同组 g(g={8,4,1})的结果如表 6-2 所示，其中，Params 代表压缩模型过程中的参数量。

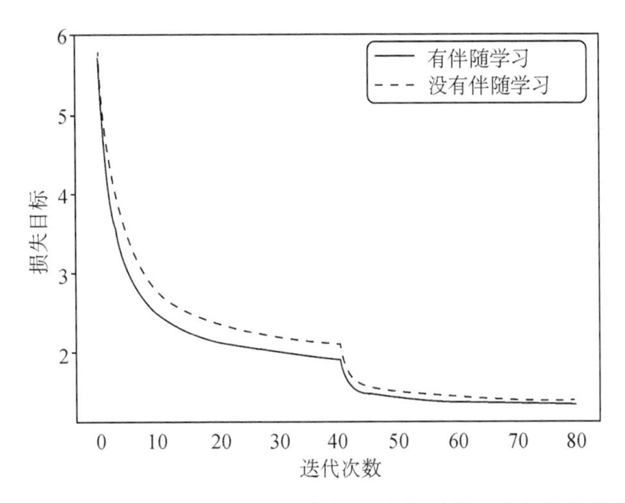

图 6-6 在 Market-1501 数据集上有伴随/没有伴随学习的嫁接网络收敛曲线

从表 6-2 可以发现，当 $g=8$ 时，嫁接网络将尺寸从 1.709 M 缩小到 0.218 M，参数量减少了数倍。同时，整体表现只有小幅度下降。因此，组卷积是压缩模型的有效策略，同时又能保持精度。

（4）接穗差异

为了用不同的轻量级网络评价接穗网络，在 MobileNetV2 和 ShuffleNetV2 的基础上设计了更小的接穗网络来评估其表现。因为根茎网络的输出通道数为 512，接穗的输入通道数也应该为 512。对于 MobileNetV2，本章设计了由 6 个 512 通道的反向残差块和 3 个 768 通道的反向残差块组成的相似接穗网络。反向残差块扩展了 6 倍的特征映射通道数，因此设计的基于 MobileNetV2 的接穗网络具有大量的参数和计算量。详见表 6-3。其中“Params”表示相应模型中的参数量，“FLOPs(floating-point operations per second)”表示测试中每个图像的浮点操作。

表 6-3 Market-1501 数据集上的内存和计算分析

方法	Rank-1	mAP	Params	FLOPs
SqueezeNet	85.04%	65.82%	1.05 M	0.51 G
ShuffleNetV2	88.15%	73.64%	2.75 M	0.49 G
MobileNetV2	90.62%	75.99%	1.09 M	0.19 G
ResNet-50(original)	91.83%	78.67%	24.23 M	6.08 G
ResNet-50(+PCB PF)	92.43%	80.13%	25.06 M	9.21 G
ResNet-50(+MF+PF)	94.18%	85.41%	25.81 M	9.21 G
GraftedNet(SqueezeNet)	93.02%	81.58%	4.60 M	3.63 G
GraftedNet(MobileNetV2)	92.87%	81.20%	39.03 M	11.30 G
GraftedNet(ShuffleNetV2)	91.81%	78.99%	3.82 M	3.62 G

对于 ShuffleNetV2，设计了由 6 个 512 通道的瓶颈块（bottleneck blocks）和 3 个 768 通道的瓶颈块组成的相似接穗网络。ShuffleNetV2 的瓶颈结构采用分组卷积和通道混合操作，压缩了参数的数量，但性能略有下降。具体结果见表 6-3。

6.4.5 内存和计算量分析

为了与目前存在的轻量级网络比较，如 SqueezeNet，MobileNetV2 和 ShuffleNetV2，在 Market-1501 数据集上对这些模型进行了微调训练，结果见表 6-3。此外，还给出了原始 ResNet-50 的性能。原始 ResNet-50 使用 ImageNet 预训练参数进行微调训练，没有采用多层级和局部的联合特征。同时，在原始 ResNet-50 中添加多层级和基于局部的联合特征（“＋MF＋PF”）作为水平对比。此外，我们复现了基于局部特征（“＋PCB PF”）的 ResNet-50 结果。对比实验在 16 核 Intel Xeon CPU（3.50 GHz）的工作站上实现。

从表 6-3 可以发现，嫁接网络与其他三个轻量级网络相比，以牺牲计算量和存储成本获得了更好的性能。但是与原始 ResNet-50 相比，嫁接网络以更少的参数量和更小的模型大小取得了更好的性能。值得注意的是，多层级和局部的联合特征可以提高性能，在 Market-1501 数据集上 mAP 和 Rank-1 分别达到了 85.41%和 94.18%。

在表 6-3 中，嫁接网络比 ResNet-50 少了将近 20 M 的参数量，然而测试过程中的浮点数仅是 ResNet-50 的一半。原因是计算成本不仅取决于参数的数量，还取决于输入特征图的大小。对于根茎网络，参数量虽然很少，但是由于输入的特征图尺寸较大，因此其浮点数更多。对于接穗网络，其参数量和特征图都很小，因此浮点数很少。由于根茎网络的浮点数占了整个嫁接网络的大部分，所以嫁接网络的整个浮点数只占 ResNet-50 的一半。

6.4.6 讨论

伴随学习看起来很像知识蒸馏[27]，因为伴随学习有相似的教师和学生网络。然而，它们是不同的。在嫁接网络中，学生是嫁接网络的接穗网络，而教师是由 ResNet-50 的第 4 阶段和第 5 阶段组成的伴随分支。缺乏经验的学生（参数随机初始化）向经验丰富的教师（由 ImageNet 预先训练的参数初始化）学习好的特征。在伴随学习的过程中，学生和教师共同分享嫁接网络的根茎网络。根茎网络中共同分享的参数可以通过教师和学生一起更新，并在下一次更新时再次互相影响。但是，在知识蒸馏中，教师和学生不共同分享模型，而是将教师的软目标传递给学生，监督学生的学习。因此，伴随学习和知识蒸馏由不同的方法来帮助学生。

为了进一步比较伴随学习和知识蒸馏，将 ResNet-50（＋PCB PF）作为教师网络，利用知识蒸馏分别评估作为学生网络的嫁接网络和 ShuffleNetV2。由于 ResNet-50（＋MF＋PF）和嫁接网络有着相似的网络结构，并比 ResNet-50（＋PCB PF）性能更好。我们也将 ResNet-50（＋MF＋PF）作为教师网络，利用知识蒸馏分别评估了作为学生网络的嫁接网络和 ShuffleNetV2。因为 ResNet-50（＋PCB PF）和 ResNet-50（＋MF＋PF）都有多重目标，首先训练教师网络，然后选择最好的 Rank-1 目标来产生软目标，以帮助学生网络学习。知识蒸馏的温度参数设定为 3，结果如表 6-4 所示。

表 6-4 Market-1501 数据集上知识蒸馏的结果

方法(学生网络)	教师网络	mAP	Rank-1	Rank-5	Rank-10	Rank-20
GraftedNet	—	78.28%	91.24%	96.62%	97.86%	98.52%
GraftedNet	ResNet-50(+PCB PF)	78.91%	91.62%	96.76%	98.04%	98.69%
GraftedNet	ResNet-50(+MF+PF)	79.25%	91.81%	97.00%	98.04%	98.78%
ShuffleNetV2	—	75.99%	90.62%	96.44%	98.04%	98.81%
ShuffleNetV2	ResNet-50(+PCB PF)	77.02%	90.79%	96.76%	97.68%	98.46%
ShuffleNetV2	ResNet-50(+MF+PF)	77.40%	90.86%	96.47%	98.07%	98.81%

从表 6-4 中可以发现,利用知识蒸馏的方法,嫁接网络和 ShuffleNetV2 都提高了性能。但是提高很少,特别是在 Rank-1 上。根据文献[27],知识蒸馏中的软目标可以被视为正则化,以防止过度拟合。在实验中,数据增强包括随机裁剪、水平翻转和随机擦除,具有很强的防止过度拟合的能力,因此软目标在知识蒸馏中的作用被削弱了。

在同一教师网络下,将嫁接网络与 ShuffleNetV2 进行比较,发现嫁接网络比 ShuffleNetV2 具有更好的性能。对于伴随学习的嫁接网络,其 mAP 达到 81.58%、Rank-1 达到 93.02%,这优于知识蒸馏的嫁接网络。原因可能是教师通过直接更新参数来帮助学生学习,而知识蒸馏中教师则是通过传递软目标来帮助学生学习,这是对更新参数的间接帮助。

6.5 小结

本章提出了一种新的轻量级高精度嫁接网络,其性能优于原 ResNet-50 模型,且参数仅为 4.6 M。同时,提出了一种基于多层级和局部部件的联合特征来描述每个行人的图像。为了训练网络,还提出了一个伴随的学习分支,并可以在测试中删除,以节省参数。此外,还评估了嫁接网络的有效性,并在公共数据集上对相关组件进行了比较和分析。与现有的轻量级网络相比,嫁接网络实现了更好的性能。此外,嫁接网络还可以添加注意力机制,如 Squeeze-and-Excitation(SE)模块[49],以进一步提高性能。

参考文献

[1] ZHENG L, YANG Y, HAUPTMANN A G. Person Re-identification: Past, Present and Future[J/OL]. CoRR, 2016.

[2] HERMANS A, BEYER L, LEIBE B. In Defense of the Triplet Loss for Person Re-Identification[J/OL]. CoRR, 2017.

[3] CHEN W H, CHEN X T, ZHANG J G, et al. Beyond Triplet Loss: A Deep Quadruplet Network for Person Re-identification[C]//2017 IEEE Conference on Computer Vision and Pattern Recognition, Honolulu, HI, USA, July 21-26, 2017. IEEE Computer Society, 2017: 1320-1329.

[4] SUN Y F, ZHENG L, YANG Y, et al. Beyond Part Models: Person Retrieval with Refined Part Pooling(and A Strong Convolutional Baseline)[C]//FERRARI V, HEBERT M, SMINCHISESCU C,

et al. Lecture Notes in Computer Science: Computer Vision — ECCV 2018 — 15th European Conference, Munich, Germany, September 8-14, 2018, Proceedings, Part Ⅳ: vol. 11208. Springer, 2018: 501-518.

[5] WANG G G, YUAN Y F, CHEN X, et al. Learning Discriminative Features with Multiple Granularities for Person Re-Identification[C]//BOLL S, LEE K M, LUO J, et al. 2018 ACM Multimedia Conference on Multimedia Conference, Seoul, Republic of Korea, October 22-26, 2018. ACM, 2018: 274-282.

[6] LI W, ZHU X, GONG S. Harmonious Attention Network for Person Re-Identification[C]//2018 IEEE Conference on Computer Vision and Pattern Recognition, Salt Lake City, UT, USA, June 18-22, 2018. IEEE Computer Society, 2018: 2285-2294.

[7] HE K, ZHANG X, REN S, et al. Deep Residual Learning for Image Recognition[C]//2016 IEEE Conference on Computer Vision and Pattern Recognition, Las Vegas, NV, USA, June 27-30, 2016. IEEE Computer Society, 2016: 770-778.

[8] IANDOLA F N, MOSKEWICZ M W, ASHRAF K, et al. SqueezeNet: AlexNet-level accuracy with 50x fewer parameters and <1MB model size[J/OL]. CoRR, 2016.

[9] HOWARD A G, ZHU M, CHEN B, et al. MobileNets: Efficient Convolutional Neural Networks for Mobile Vision Applications[J/OL]. CoRR, 2017.

[10] ZHANG X Y, ZHOU X Y, LIN M X, et al. ShuffleNet: An Extremely Efficient Convolutional Neural Network for Mobile Devices[C]//2018 IEEE Conference on Computer Vision and Pattern Recognition, Salt Lake City, UT, USA, June 18-23, 2018. IEEE Computer Society, 2018: 6848-6856.

[11] LI W, ZHU X T, GONG S G. Person Re-Identification by Deep Joint Learning of Multi-Loss Classification[C]//SIERRA C. Proceedings of the Twenty-Sixth International Joint Conference on Artificial Intelligence, Melbourne, Australia, August 19-25, 2017. IJCAI, 2017: 2194-2200.

[12] ZHAI Y, GUO X, LU Y, et al. In Defense of the Classification Loss for Person Re-Identification [C]//IEEE Conference on Computer Vision and Pattern Recognition Workshops, Long Beach, CA, USA, June 16-20, 2019. Computer Vision Foundation / IEEE, 2019: 1526-1535.

[13] ZHENG Z D, ZHENG L, YANG Y. A Discriminatively Learned CNN Embedding for Person Re-identification[J]. ACM Transactions on Multimedia Computing, Communications, and Applications 2018, 14(1): 1-20.

[14] VARIOR R R, HALOI M, WANG G. Gated Siamese Convolutional Neural Network Architecture for Human Re-identification[C]//LEIBE B, MATAS J, SEBE N, et al. Lecture Notes in Computer Science: Computer Vision — ECCV 2016 — 14th European Conference, Amsterdam, The Netherlands, October 11-14, 2016, Proceedings, Part Ⅷ: vol. 9912. Springer, 2016: 791-808.

[15] XIAO Q, LUO H, ZHANG C. Margin Sample Mining Loss: A Deep Learning Based Method for Person Re-identification[J/OL]. CoRR, 2017.

[16] WANG J B, LI Y, MIAO Z. Siamese Cosine Network Embedding for Person Re-identification[C]//YANG J, HU Q, CHENG M M, et al. Communications in Computer and Information Science: Computer Vision — Second CCF Chinese Conference, Tianjin, China, October 11 - 14, 2017, Proceedings, Part Ⅲ: vol. 773. Springer, 2017: 352-362.

[17] LUO H, JIANG W, GU Y Z, et al. A Strong Baseline and Batch Normalization Neck for Deep Person Re-identification[J/OL]. CoRR, 2019.

[18] WU D, ZHENG S J, BAO W, et al. A novel deep model with multi-loss and efficient training for person re-identification[J]. Neurocomputing, 2019, 324: 69-75.

[19] ZHENG L, HUANG Y J, LU H, et al. Pose-Invariant Embedding for Deep Person Re-Identification [J]. IEEE Trans. Image Process., 2019, 28(9): 4500-4509.

[20] ZHAO H, TIAN M, SUN S, et al. Spindle Net: Person Re-identification with Human Body Region Guided Feature Decomposition and Fusion[C]//2017 IEEE Conference on Computer Vision and Pattern Recognition, Honolulu, HI, USA, July 21-26, 2017. IEEE Computer Society, 2017: 907-915.

[21] XU J, ZHAO R, ZHU F, et al. Attention-Aware Compositional Network for Person Re-Identification [C]//2018 IEEE Conference on Computer Vision and Pattern Recognition, Salt Lake City, UT, USA, June 18-22, 2018. IEEE Computer Society, 2018: 2119-2128.

[22] YANG F, YAN K, LU S, et al. Attention driven person re-identification[J]. Pattern Recognition, 2019, 86: 143-155.

[23] SIMONYAN K, ZISSERMAN A. Very Deep Convolutional Networks for Large-Scale Image Recognition[C]//BENGIO Y, LECUN Y. 3rd International Conference on Learning Representations, San Diego, CA, USA, May 7-9, 2015. Conference Track Proceedings. 2015.

[24] KRIZHEVSKY A, SUTSKEVER I, HINTON G E. ImageNet Classification with Deep Convolutional Neural Networks[C]//BARTLETT P L, PEREIRA F C N, BURGES C J C, et al. Advances in Neural Information Processing Systems 25: 26th Annual Conference on Neural Information Processing Systems 2012. Proceedings of a meeting held December 3-6, 2012, Lake Tahoe, Nevada, United States. 2012: 1106-1114.

[25] SANDLER M, HOWARD A G, ZHU M L, et al. MobileNetV2: Inverted Residuals and Linear Bottlenecks[C]//2018 IEEE Conference on Computer Vision and Pattern Recognition, Salt Lake City, UT, USA, June 18-23, 2018. IEEE Computer Society, 2018: 4510-4520.

[26] MA N N, ZHANG X Y, ZHENG H T, et al. ShuffleNetV2: Practical Guidelines for Efficient CNN Architecture Design[C]//FERRARI V, HEBERT M, SMINCHISESCU C, et al. Lecture Notes in Computer Science: Computer Vision — ECCV 2018 — 15th European Conference, Munich, Germany, September 8-14, 2018, Proceedings, Part XIV: vol. 11218. Springer, 2018: 122-138.

[27] HINTON G E, VINYALS O, DEAN J. Distilling the Knowledge in a Neural Network[J/OL]. CoRR, 2015.

[28] ZHANG S F, LI J M, ZHANG B. Pairwise Teacher-Student Network for Semi-Supervised Hashing [C]//IEEE Conference on Computer Vision and Pattern Recognition Workshops, 2019, Long Beach, CA, USA, June 16-17, 2019. Computer Vision Foundation / IEEE, 2019: 730-737.

[29] ZHANG Y, XIANG T, HOSPEDALES T M, et al. Deep Mutual Learning[C]//2018 IEEE Conference on Computer Vision and Pattern Recognition, Salt Lake City, UT, USA, June 18-22, 2018. IEEE Computer Society, 2018: 4320-4328.

[30] SZEGEDY C, LIU W, JIA Y Q, et al. Going deeper with convolutions[C]//IEEE Conference on Computer Vision and Pattern Recognition, Boston, MA, USA, June 7-12, 2015. IEEE Computer Society, 2015: 1-9.

[31] ZHUO J, LAI J, CHEN P. A Novel Teacher-Student Learning Framework For Occluded Person Re-Identification[J/OL]. CoRR, 2019.

[32] ZHENG L, SHEN L Y, TIAN L, et al. Scalable Person Re-identification: A Benchmark[C]//2015 IEEE International Conference on Computer Vision, Santiago, Chile, December 7-13, 2015. IEEE Computer Society, 2015: 1116-1124.

[33] ZHENG Z D, ZHENG L, YANG Y. Unlabeled Samples Generated by GAN Improve the Person Re-identification Baseline in Vitro[C]//IEEE International Conference on Computer Vision, Venice, Italy, October 22-29, 2017. IEEE Computer Society, 2017: 3774-3782.

[34] LI W, ZHAO R, XIAO T, et al. DeepReID: Deep Filter Pairing Neural Network for Person Re-identification[C]//2014 IEEE Conference on Computer Vision and Pattern Recognition, Columbus, OH, USA, June 23-28, 2014. IEEE Computer Society, 2014: 152-159.

[35] ZHONG Z, ZHENG L, CAO D L, et al. Re-ranking Person Re-identification with k-Reciprocal Encoding[C]//2017 IEEE Conference on Computer Vision and Pattern Recognition, Honolulu, HI, USA, July 21-26, 2017. IEEE Computer Society, 2017: 3652-3661.

[36] ZHONG Z, ZHENG L, KANG G L, et al. Random Erasing Data Augmentation[C]//The Thirty-Fourth AAAI Conference on Artificial Intelligence, New York, NY, USA, February 7-12, 2020. AAAI Press, 2020: 13001-13008.

[37] WANG Y, WANG L Q, YOU Y R, et al. Resource Aware Person Re-Identification Across Multiple Resolutions[C]//2018 IEEE Conference on Computer Vision and Pattern Recognition, Salt Lake City, UT, USA, June 18-22, 2018. IEEE Computer Society, 2018: 8042-8051.

[38] AINAM J P, QIN K, LIU G. Self Attention Grid for Person Re-Identification[J/OL]. CoRR, 2018.

[39] CHANG X B, HOSPEDALES T M, XIANG T. Multi-Level Factorization Net for Person Re-Identification[C]//2018 IEEE Conference on Computer Vision and Pattern Recognition, Salt Lake City, UT, USA, June 18-23, 2018. IEEE Computer Society, 2018: 2109-2118.

[40] SI J L, ZHANG H G, LI C G, et al. Dual Attention Matching Network for Context-Aware Feature Sequence Based Person Re-Identification[C]//2018 IEEE Conference on Computer Vision and Pattern Recognition, Salt Lake City, UT, USA, June 18-22, 2018. IEEE Computer Society, 2018: 5363-5372.

[41] SUN Y F, XU Q, LI Y L, et al. Perceive Where to Focus: Learning Visibility-Aware Part-Level Features for Partial Person Re-Identification[C]//IEEE Conference on Computer Vision and Pattern Recognition, Long Beach, CA, USA, June 15-20, 2019. Computer Vision Foundation / IEEE, 2019: 393-402.

[42] TAY C P, ROY S, YAP K H. AANet: Attribute Attention Network for Person Re-Identifications[C]//IEEE Conference on Computer Vision and Pattern Recognition, Long Beach, CA, USA, June 15-20, 2019. Computer Vision Foundation / IEEE, 2019: 7127-7136.

[43] ZHENG M, KARANAM S, WU Z, et al. Re-Identification With Consistent Attentive Siamese Networks[C]//IEEE Conference on Computer Vision and Pattern Recognition, Long Beach, CA, USA, June 15-20, 2019. Computer Vision Foundation / IEEE, 2019: 5728-5737.

[44] FAN X, JIANG W, LUO H, et al. SphereReID: Deep hypersphere manifold embedding for person re-identification[J]. Journal of Visual Communication and Image Representation, 2019, 60: 51-58.

[45] HOU R B, MA B P, CHANG H, et al. Interaction-And-Aggregation Network for Person Re-Identification[C]//IEEE Conference on Computer Vision and Pattern Recognition, Long Beach, CA, USA, June 15-20, 2019. Computer Vision Foundation / IEEE, 2019: 9309-9318.

[46] KALAYEH M M, BASARAN E, GÖKMEN M, et al. Human Semantic Parsing for Person Re-Identification[C]//2018 IEEE Conference on Computer Vision and Pattern Recognition, Salt Lake City, UT, USA, June 18-23, 2018. IEEE Computer Society, 2018: 1062-1071.

[47] YANG W J, HUANG H J, ZHANG Z, et al. Towards Rich Feature Discovery With Class Activation Maps Augmentation for Person Re-Identification[C]//IEEE Conference on Computer Vision and Pattern Recognition, Long Beach, CA, USA, June 15-20, 2019. Computer Vision Foundation / IEEE, 2019: 1389-1398.

[48] Zheng Z D, Yang X D, Yu Z D, et al. Joint discriminative and generative learning for person re—identification[C]//IEEE Conference on Computer Vision and Pattern Recognition, June 15-20, 2019, Long Beach, CA, USA. Computer Vision Foundation / IEEE, 2019: 2138-2147.

[49] HU J, SHEN L, ALBANIE S, et al. Squeeze—and—excitation networks[C]//IEEE Conference on Computer Vision and Pattern Recognition June 18—22, 2018, Salt Lake City, UT, SA. IEEE Computer Society, 2018: 7132-7141.

第 7 章　时空注意力 ReID 方法

行人姿态变化、视角变化等会造成图像中的行人非刚性形变，为了更好地关注有区分性的细节信息，本章提出了软分割的像素级注意力机制，能够准确地定位图像中最具区分性的部位而不需要辅助标签。同时与目前大多数基于注意力机制的行人再识别方法只使用单一注意力机制不同，本章将粗粒度信息与细粒度信息互补结合，提出了将软分割的像素级注意力机制和硬分割的区域级注意力机制融合使用的新方法，有助于提高特征表示的鲁棒性。为了更好地提升该方法的性能，本章还提出了两种有效的训练策略，以提升识别的准确率。在多个数据集上的实验结果表明，与其他方法相比，该方法性能有明显提升。

7.1　研究动机

行人再识别任务的目的是通过匹配行人的图像来判断在其他非重叠的监控摄像机拍摄图像中是否存在该行人。行人再识别的关键步骤就是面对困难样本，如何挖掘行人图像中有区分性的信息。困难样本包括两种类型：一种是由于环境的改变造成的，比如：摄像机视角的变化、光照的变化、异物遮挡等；另一种是与行人本身的改变有关，比如行人姿态变化、不同行人外貌的相似性、同一位行人外貌的改变。图 7-1 具体展示了这些困难样本，前 3 列展示了由于环境变化导致的困难样本：a.摄像机视角变化；b.光照变化；c.异物遮挡。后 3 列展示了由于行人本身导致的困难样本：d.行人姿态变化；e.同一位行人外貌的改变；f.不同行人外貌的相似性。可以看出这两类困难样本均存在非刚性形变的情况。非刚性形变指的是在图像中行人的各个部分的相对距离发生了变化。在现实应用场景中，非刚性形变严重影响行人再识别的精度。

为了解决这一问题，一些最近的行人再识别研究关注的重点在如何提取更具有区分性的特征表示。一些 ReID 方法是将原图切分，切成水平条状[1]或者网格状[2]来提取局部特征。然而，这些深度方法只是简单地采用现有的深度体系结构，模型设计复杂度高，缺乏可解释性，并且默认检测的边界框(bounding boxes)是准确的。一些其他的 ReID 方法加入了先验知识来保证定位的准确性，比如加入姿态识别或者身体标记[3-5]。但是这些方法的性能很大程度上受到姿态识别和身体标记模型性能的影响。不准确的姿态估计和标记将会导致识别结果完全错误。因此，本章希望设计一个端到端(end-to-end)的行人再识别架构，它不仅可以有效地解决由于边界框不精确而造成的偏差，而且不需要额外的辅助标签。

本章提出了一个采用联合注意力机制的行人再识别方法时空注意力方法 JA-ReID，将软分割的像素级注意力机制和硬分割的区域级注意力机制相结合。基于显著性的软分割的像素级注意力机制能够动态选择有用的特征。通过将所有通道的像素值聚集到一张特征图

图 7-1　在 Market-1501 和 CUHK03 数据集中的一些困难样本举例

中可以得到最大连通区域,软分割的像素级注意力机制能够在特征中自动地定位最活跃的部分,是细粒度的特征表示。该方法的优点是不需要学习参数就可以去除背景噪声和图像中不太明显的部分,有利于解决行人再识别的背景干扰等问题。硬分割的区域级注意力机制是将特征图按照固定的分割方式分割成不同的部分。本章引入硬分割的区域级注意力机制是为了得到粗粒度的特征表示。这两种互补的注意力机制能够让模型提取的特征更鲁棒且有区分性。

另外,引入了两种很有效的策略来提高行人再识别的精度。首先,先将特征分割,分别对每个部分进行降维。实验结果表明,该方法比直接将特征整体降维再分割的效果好。其次,提出了一种改进的池化策略。均值池化能够感知包括背景在内的整个图像的信息。最大值池化更关注激活的部分,也就是特征中最具区分性的部分。本章将两种池化的结果级联,得到一个新的池化结果,这个结果在实验中比单独使用任一池化方法的性能都要好。

本章的核心工作如下:提出了软分割的像素级注意力机制,其能够基于显著性动态地提取特征中有效的部分而不需要额外的标注,得到细粒度的特征表示;提出了行人再识别的联合注意力特征增强方法 JA-ReID,将软分割的像素级注意力机制和硬分割的区域级注意力机制相结合,同时关注两种粒度的信息可以得到更鲁棒的特征表示。

7.2　相关工作

7.2.1　局部特征的行人再识别方法

基于深度学习的行人再识别方法在研究初期大多使用全局特征表示,这些方法将行人再识别视为一个匹配或者分类问题。匹配的方法采用孪生网络 Siamese network，输入一个图像对，根据其标签训练模型[1,6]。这种方法的缺点是待查行人(query)在输入到模型之前必须与图像库(gallery)中的所有图像构成图像对，这在大型数据集中是一个耗时的过程。分类的方法利用图像库中所有图像的标签，每个 ID 看成一个分类，这与 Siamese network 不同[7]。在大型数据集如 MARS[8] 和 PRW[9] 中，分类的方法不用将图像分成图像对训练就会取得较好的性能。然而，分类的方法精度高度依赖检测框的准确性，它们假设行人图像都是完好对齐的。在实际应用场景中，检测框的这种完美情况很少见，大部分都是困难样本，所以分类方法的性能并不能很好地发挥。

全局特征表示不受局部区域约束直接学习整个图像的特征表示。当人的检测/跟踪能够准确定位人体时，全局特征表示是很有区分性的。当人体图像受到背景干扰或严重遮挡时，局部特征表示学习通过挖掘身体区域可以获得更好的学习效果。为了解决全局特征表示方法的限制，很多研究将重点放在了局部特征表示方法上。局部特征表示方法更关注于区域信息，目前有三种类型。第一种类型是将特征分割成预先设定好的水平条状。文献[10]提出了 PCB 方法将特征水平分割成 6 条。文献[1]设置一个 SCNN 模块，特征水平分成 3 部分。第二种类型是将图像分割成网格。文献[11]不仅将对应位置的网格相匹配，为了提高准确率还将该位置周围的网格相匹配。第三种类型是基于先验知识的方法，比如姿态信息或者身体标记[5]来对齐不同图像的不同部位。文献[3]将姿态信息融入网络结构生成了改进的图像进行识别。这种类型方法的准确率高度依赖先验知识的正确性，而且增加了模型的复杂度。以上这些方法均有各自的优点，然而无论是基于分割还是基于人体姿态关键点，由于每个部分都是刚性分割，都可能会出现一些离群值，从而造成每个分割区域中特征的不一致性。

7.2.2 注意力机制

通过研究发现，在不同数据集上获得当前最优性能的方法通常会采用注意力机制，如 ConsAtt[12]、SCAL[13]、SONA[14]、ABD-Net[15]。注意力机制能够捕捉不同卷积通道、多个特征映射、不同层次特征、不同身体部位/区域，甚至多个图像之间的关系，因此其被广泛用于增强特征表示。文献[13]介绍了一种基于空间和通道注意的强化学习方法。文献[16]的 HA-CNN 模型提出了软注意力机制和硬注意力机制加强特征表示的鲁棒性。文献[17]采用了多尺度特征的学习和残差自注意力机制来提高模型性能。文献[18]设计了 MGCAM 模块减少背景噪声的影响。文献[19]设计了 FAB 模块调整通道上的特征响应，其能够被应用于各种 CNN 结构，提高特征表示的区分性。

7.3 时空注意力方法(JA-ReID)

7.3.1 方法框架

一些研究[20-22]认为行人再识别是一个交叉视角分类问题，即将行人从不同的摄像头角度中识别出来。因此从多视角空间中学习一个通用的特征表示能有效地解决这个问题。本章提出的 JA-ReID 能够减少非刚性形变的影响，提取出的特征表示更具区分性、鲁棒性。JA-ReID 从三个方面学习特征表示，全局特征、粗粒度特征（硬分割的区域级注意力机制）和细粒度特征（软分割的像素级注意力机制），图 7-2 从上到下分别展示了全局特征模块、硬分割的区域级注意力机制模块、软分割的像素级注意力机制模块。

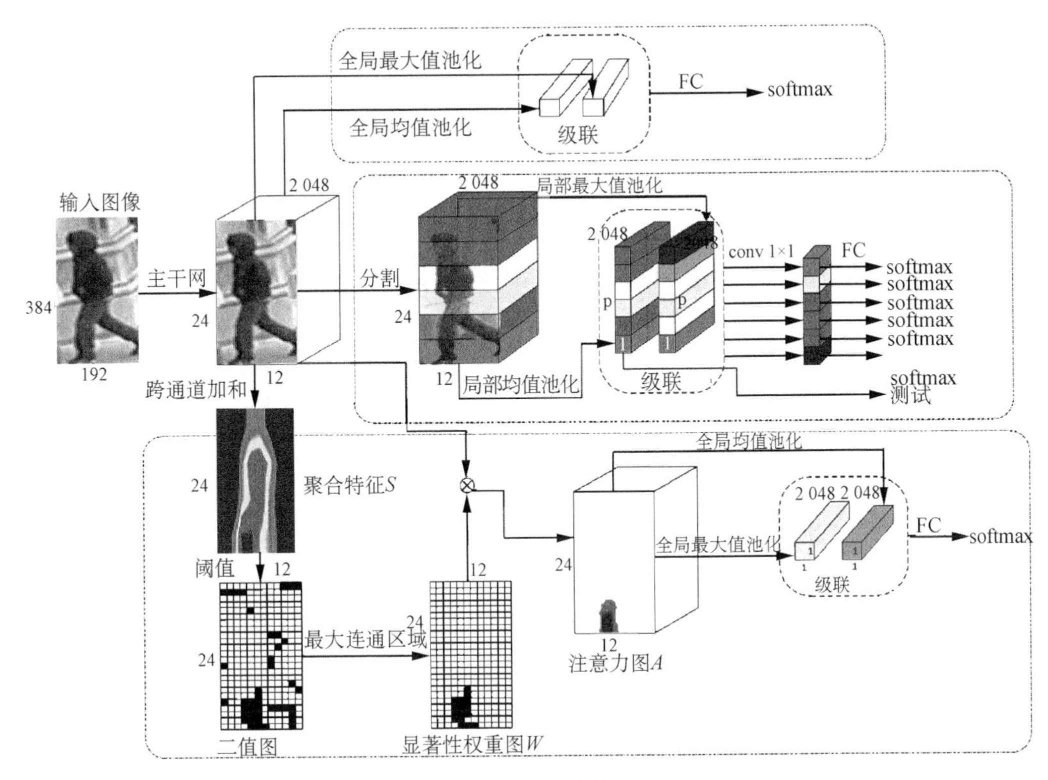

图 7-2　JA-ReID 结构示意图

硬分割的区域级注意力机制可能会受到每个分区中一些无用信息（即背景噪声）的干扰，使得每个区域特征不能完全表示人体的特征表示。软分割的像素级注意力机制可以定位出特征图中最具区分能力的部分，从而减少硬分割的区域级注意力机制误差的影响。互补注意力机制的设计是为了确定行人再识别问题的最佳视觉模式，它模拟了人脑的背侧和腹侧注意机制[23]。当视觉信息通过视网膜进入大脑皮层之后，两条并行通路来处理该信息，一是腹侧通路，用来处理物体的外部整体特征；一是背侧通路，用来处理其他细节空间信息。

为了更好地提高识别的准确性，本章还提出了两个策略。首先，在将特征分为 p 个部分之后，对每个部分单独进行降维，这种策略的效果比直接将特征整体降维再分割效果好。其次，本章提出了一种池化策略是将均值池化和最大值池化相结合，实验证明效果比单一使用一种池化方式效果好。

除了需要将主干网在 ImageNet 上进行预训练之外，本章的方法不需要任何预训练和多余标注。JA-ReID 可以使用 ResNet-50[24]，VGGNet[25]，GoogleNet[26] 或者其他类似的经典网络结构作为主干网。由于 ResNet-50 在分类上的性能表现更出色，本章 JA-ReID 采用其作为主干网，原网络架构中全局均值池化层（GAP）及其之后的部分被移除。下面分别对方法中三个模块进行详细描述。

（1）全局特征表示模块

该模块由一个全局均值池化层和一个全局最大值池化层组成。本章将两种池化的结果在宽度的方向级联成为一个特征表示，然后输入全连接层由 softmax loss 进行优化。一些研究认为只采用局部特征表示不考虑全局特征表示就能够达到很好的性能，如 PCB。但是本章认为全局特征包含了局部特征没有的信息，使用全局特征的可以学习不同摄像机视角下背景与人之间的关系，例如人体轮廓信息。仅仅采用局部特征方法分割背景，会丢失图像的完整信息。

（2）硬分割的区域级注意力机制模块

该模块将特征水平分割成多个部分，每个部分的特征分别送入一个局部均值池化层和局部最大值池化层。在得到两种池化结果之后，将其在宽度的方向上级联输入全连接层，然后采用 softmax loss 优化。

（3）软分割的像素级注意力机制模块

该模块更关注显著性信息，也就是图像中最具区分性的部分。在行人再识别的场景中，我们会对行人这个感兴趣区域投入更多关注而选择性地忽略如背景等不感兴趣的区域。在一些困难样本中，检测框是不准确的，不同的图像从硬分割得到的区域可能无法匹配。软分割的像素级注意力机制模块能够有效地减少这种未对准的影响。在该模块中图像可以生成一个显著性权重，通过张量乘法可以得到最具区分性的特征表示。

讨论 PCB 方法采用了局部区域特征表示，本章提出的 JA-ReID 与 PCB 方法主要有三点不同。①PCB 的性能取决于精确的检测框，否则预先定义的分区就不能很好地对齐。在实际的应用场景中，现有的检测模型不足以做到这一点。②PCB 性能的大幅度提升得益于作者提出的 RPP 后处理方法，这使得优化模型无法以端到端的方式进行训练。③全局信息是 ReID 验证和识别的重要线索，在 PCB 中完全被忽略。全局特性对于细微的视角变化和环境改变更鲁棒。本章提出的 JA-ReID 在以上三个方面都做了改进，从而得到了更好的性能。

7.3.2 软分割的像素级注意力机制模块

在 ResNet-50 的 res_conv5c 之后，输入图像 I 被表示为一个稀疏分布的三维张量 $\boldsymbol{T}$。软分割的像素级注意力机制模块生成一个与 $\boldsymbol{T}$ 大小相同的显著性权重图 $\boldsymbol{W}$。$\boldsymbol{W}$ 与 $\boldsymbol{T}$ 进行张量相乘，能够消除不重要的信息如背景噪声等，加强有区分性的特征部分。

首先，将大小为 $h \times w \times c$ 的特征 $\boldsymbol{T}$ 在通道方向上加和得到一个大小为 $h \times w$ 的二维聚合特征 $\boldsymbol{S}=\sum_{n=1}^{c} \boldsymbol{f}_n$。其中，$h,w,c$ 分别是在高、宽、通道方向上像素的个数。$\boldsymbol{f}_n$ 代表在特征 $\boldsymbol{T}$ 中第 n 个特征映射。这种在通道方向上的加和有两个作用。首先，从跨通道特征融合的角度出发，对于图像中的同一个位置，不同通道的激活是稀疏的，在大多数通道都被激活的信息说明是对判别可能有用的信息。因此，本章将在同一空间位置上的所有像素在通道方向上相加，突出包含最重要识别信息的最活跃位置。其次，从特征的空间分布来看，单通道最多包含一些弱语义信息，其中大部分是噪声，跨通道特征融合可以弱化这些噪声部分。

特征表示中响应强度越高的位置，越有可能是图像中行人所对应的部分。为了更好地区分出响应最高的特征，计算聚合特征 S 中所有位置的均值作为阈值 $\bar{S}$，高于阈值的部分保留，低于阈值的部分忽略：

$$M_{i,j}=\begin{cases}1, & \text{若 } S_{i,j}>\bar{S} \\ 0, & \text{否则}\end{cases} \tag{7-1}$$

其中，(i, j) 表示特征中特征值的位置，M 是大小与 S 相同的二值掩码。二值掩码 M 与原图像相比较，本章发现不仅仅在原图中间行人的区域被标记为 1，在一些边缘的噪声也被标记为 1。这些标记的边缘噪声范围大小比行人本身标记的范围要小，因此为了进一步压缩注意力机制的感兴趣区域，本章选择二值掩码的最大连通区域作为显著性权重 W。具体的步骤如表 7-1。

表 7-1 基于泛洪填充的最大连通区域算法

输入：	二值掩码 M
输出：	显著性权重 W
1：	While 存在未标记的像素 do
2：	$L=1$;
3：	选择一个未标注的像素将其标注为 L；
4：	$L_{num}=1$;
5：	If 存在一个与 L 相连的未标注像素 then
6：	将其标注为 L；
7：	$L_{num}=L_{num}+1$;
8：	End if
9：	$L=L+1$;
10：	选择下一个未被标记的像素标记其为 L；
11：	End while
12：	选择最大的 L_{num} 并且标记其中所有像素为 1；
13：	标记其他所有像素为 0；
14：	Return 显著性权重 W

最后，计算有效的软分割的特征表示 $\boldsymbol{A}=\boldsymbol{W}\times\boldsymbol{T}$，这意味着最具区分性的显著性特征被保留，其余的部分为 0。

7.3.3 硬分割的区域级注意力机制模块

软分割的像素级注意力机制模块关注细粒度的信息，而硬分割的区域级注意力机制模块更关注行人部件的区域特征，是粗粒度的信息。根据行人部件的分布，本章将特征 T 水平分割为 p 个部分。对于超参数 p 的选择本章参考了 PCB 方法，$p=6$ 已经在该方法中被验证是性能最好的选择。然后，将每个部分的特征分别输入局部均值池化层和局部最大值池化层，得到的两个特征在宽度方向上的级联。通过 1×1 的卷积层对 6 个特征分别降维。最终 6 个特征分别输入全连接层采用 softmax loss 优化。

讨论：对于如何分割和降维特征 $\boldsymbol{T}$，本章考虑了两种方法如图 7-3 所示。(a) 只采用 1 个 1×1 卷积层降维，其计算的参数更少，特征 $\boldsymbol{T}$ 首先通过 1×1 卷积层降维，然后再分割成 p 个部分。(b)采用 6 个不共享参数的 1×1 卷积层降维。首先将特征 T 分割成 p 个部分，然后采用 p 个不共享参数的 1×1 卷积层分别降维。JA-ReID 采用方法(b)，在 7.5 节的消融实验中会具体验证两种方法的性能差异。

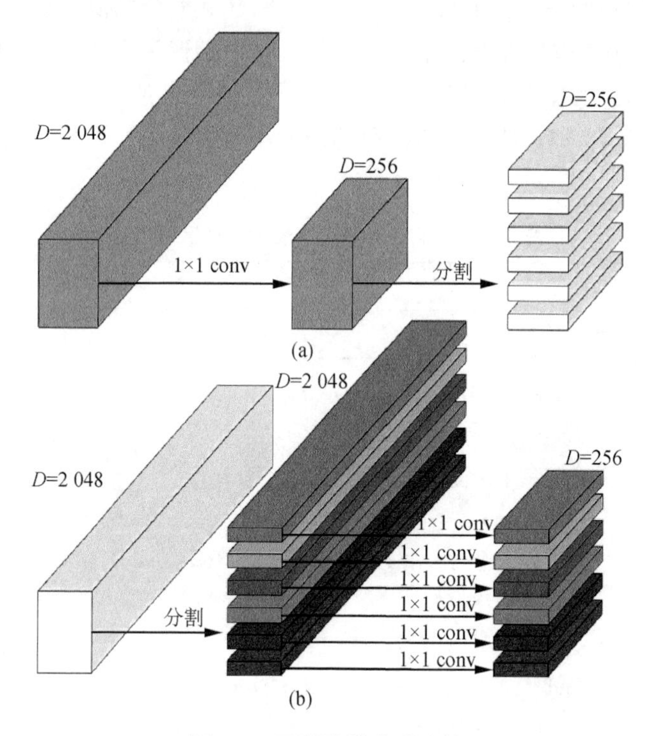

图 7-3 两种降维方式比较

7.3.4 改进的池化策略

均值池化在分类问题中有广泛的应用，因为它关注特征表示和类别之间存在对应关系。这种平均操作使图像的所有部分具有相同的权重和相同的处理。但是，当背景与行人相似时，均值池化可能会造成对行人组成部件和背景有相同的低响应从而导致忽略了行人信息。另一方面，最大值池化提取了最具鉴别能力的信息，但特征缺乏整个图像的全局相关性。

这两种池化策略各有优势。为了将这两个互补的性能结合起来得到更具区分性的特征表示，本章把均值池化和最大值池化得到的两个特征在宽度方向上级联起来，然后输入全连接层并采用 softmax loss 优化。

7.4 实验评测

7.4.1 数据集和评价标准

数据集：本章在三个主流数据集上测评了 JA-ReID 的性能，分别是 Market-1501，DukeMTMC-reID，CUHK03。CUHK03 数据集本身提供了人工标注行人框和 DPM 检测器划分的行人框两种情况，手工标注的检测框更准确，但是在实际应用中，DPM 检测器的行人框更接近真实的场景，因此本章的实验中采用检测器标注的检测框。

评价标准：行人再识别的评价标准采用平均精度均值(mAP)和 Rank-1 准确率。数据集和评价标准在之前章节已充分介绍，这里不再重复说明。

7.4.2 实验设置

实验框架选用 Pytorch，实验运行在一块英伟达 1080Ti GPU。主干网 ResNet-50 在 ImageNet 上预训练。训练图像大小统一处理为 384×192。每个训练批次(batch)包含 32 张图像。初始学习率为 3×10^{-4}，一共训练 50 代。本章的优化器选用 AMSGrad，参数分别设置为 $\beta_1=0.9$，$\beta_2=0.999$。本节所有实验设置均参照以上配置。在测试阶段，本章将经过局部均值池化的 6 个局部特征级联作为最终的特征表示。

7.4.3 实验结果与分析

本章将 JA-ReID 与性能最好的方法相比较。值得注意的是，本章没有使用旋转、缩放、颜色调整等数据增广方法，也没有采用其他如姿态识别等辅助模型和预训练。大部分的行人再识别方法会采用类似的操作提高准确率，但是这些方法会增加计算量并且识别的时间更长。为了更好地在同一个实验环境下对比性能，PCB[11] 作为同样使用局部信息的最相近的方法，本章复现了其结果。可能由于一些未在原文中提到的设置与本章的实验环境不同，复现的结果与文章中的结果有一定的差异，特别是 CUHK03 数据集上的结果。事实上，如果本章能够复现出 PCB 更好的结果，JA-ReID 也能够得到更好的性能。本节性能对比采用的是 PCB 复现的结果，其他方法的结果来自已经公布的原文。在表 7-2 中，PCB* 表示本章复现的结果，其他数据来自公开发表的论文。

表 7-2 实验结果对比

方法	Market-1501		DukeMTMC-reID		CUHK03	
	Rank-1	mAP	Rank-1	mAP	Rank-1	mAP
XQDA[29]	43.8%	22.2%	30.8%	17.0%	12.8%	11.5%
BoW+kissme[30]	44.4%	20.8%	25.1%	12.2%	6.4%	6.4%
SCS[31]	51.9%	26.3%	—	—	—	—
DNS[32]	61.0%	35.6%	—	—	—	—

（续表）

方法	Market-1501		DukeMTMC-reID		CUHK03	
	Rank-1	mAP	Rank-1	mAP	Rank-1	mAP
CRAFT[33]	68.7%	42.3%	—	—	—	—
CAN[34]	60.3%	35.9%	—	—	—	—
G-SCNN[35]	65.8%	39.5%	—	—	—	—
SOMAnet[36]	73.9%	47.9%	—	—	—	—
SVDNet[37]	82.3%	62.1%	—	—	—	—
PAN[38]	82.8%	63.4%	71.6%	51.5%	36.3%	34%
Transfer[39]	83.7%	65.5%	—	—	—	—
Triplet loss[10]	84.9%	69.1%	—	—	—	—
DML[40]	87.7%	68.8%	—	—	—	—
MultiRegion[41]	66.4%	41.2%	—	—	—	—
MSCAN[42]	80.3%	57.5%	—	—	—	—
PAR[43]	81.0%	63.4%	—	—	—	—
PDC[3]	84.1%	63.4%	—	—	—	—
JLML[44]	85.1%	65.5%	73.3%	56.4%	—	—
Camera style[27]	88.1%	68.7%	75.3%	53.5%	—	—
PartLoss[45]	88.2%	69.3%	—	—	—	—
Pose-transfer[46]	—	—	78.5%	56.9%	41.6%	38.7%
TriNet+Era[47]	—	—	73.0%	56.6%	55.5%	50.7%
AOS[48]	—	—	79.2%	62.1%	47.1%	43.3%
PCB*	89.9%	75.5%	79.5%	65.3%	56.1%	53.4%
MLFN[28]	90.0%	74.3%	81.0%	62.8%	52.8%	47.8%
HA-CNN[16]	91.2%	75.7%	80.5%	63.8%	41.7%	38.6%
JA-ReID	90.4%	76.1%	80.9%	65.7%	58.0%	56.5%

（1）在 Market-1501 数据集上的结果与分析

如表 7-2 所示，比较的方法可以分为三类。一类是基于手工特征的方法；一类是深度学习方法中采用全局特征的方法；一类是深度学习方法中采用局部特征的方法。本章提出的 JA-ReID 在 Rank-1 和 mAP 上均较以往的方法有较大提升，包括采用辅助标签来对齐部件的 PDC 方法。与 HA-CNN 相比，在 Rank-1 指标上 JA-ReID 稍有落后（−0.8%），但是在

mAP 指标上略有提升(+0.4%)。与较新的方法 Camera style[27] 和 MLFN[28] 相比,JA-ReID 性能也有明显的提升。与复现的 PCB 方法相比,本章的方法在 Rank-1 指标提高了 0.5%,mAP 指标提升了 0.6%。

(2) 在 DukeMTMC-reID 数据集上的结果与分析

DukeMTMC-reID 数据集的场景更丰富,比 Market-1501 数据集在光线和背景上更加复杂。如表 7-2 所示,本章的方法 JA-ReID 在 DukeMTMC-reID 数据集上也超过了大部分方法的性能。尽管在 Rank-1 指标上比 MLFN 方法有很微小的差距(-0.1%),但是在 mAP 指标上获得了非常大的提升(+2.9%)。与 HA-CNN 方法相比,JA-ReID 在该数据集上的 Rank-1 和 mAP 指标均有显著提升。与复现的 PCB 方法相比,JA-ReID 在 Rank-1 指标上提升非常明显(+1.4%)。

(3) 在 CUHK03 数据集上的结果与分析

如表 7-2 所示,本章的 JA-ReID 在 CUHK03 取得了最好的性能。尽管 TriNet+Era[4] 方法采用了数据增广,JA-ReID 的性能比 TriNet+Era 方法有了一定的提高,Rank-1 指标提升了 2.5%,mAP 指标提升了 5.8%。与 HA-CNN 方法相比,JA-ReID 的性能有大幅度的提高,Rank-1 指标提升了 16.3%,mAP 指标提升了 17.9%。与 MLFN 方法相比,JA-ReID 的性能有明显的提高,Rank-1 指标提升了 5.2%,mAP 指标提升了 8.7%。与 PCB 方法相比,JA-ReID 在 Rank-1 指标提升了 1.9%,mAP 指标提升了 3.1%。值得一提的是,在该数据集上,JA-ReID 的 mAP 指标比 PCB 文章中的 mAP 指标(54.2%)提高了 2.3%。

本章将 Market-1501 数据集的结果可视化,如图 7-4 所示,本章选择了三种不同类型的样本:视角变化(different views)、姿态变化(pose variations)和遮挡(occlusion)。识别正确,只有 2 处(Rank3 的第 2 幅、Rank5 的第 3 幅)识别错误。从图中可以看出,无论图像中的行人被遮挡,姿态变化,摄像机角度变化,JA-ReID 都能提取有区分性的特征表示得到较为准确的判别结果,也说明本章提出的方法能够有效地解决困难样本中行人躯干非刚性形变的问题。

7.5 消融性实验

7.5.1 软分割的像素级注意力机制有效性分析

为了更好地验证本章提出的软分割的像素级注意力机制的有效性,本章设置了四种对照实验:

global:采用全局特征模块训练,测试的时候将全局特征作为最终的特征表示。

global+soft:采用全局特征模块和软分割的像素级注意力机制模块训练,测试的时候将全局特征作为最终的特征表示。

global+hard:采用全局特征模块和硬分割的区域级注意力机制模块训练,测试的时候将局部特征级联作为最终的特征表示。

all:采用全局特征模块、硬分割的区域级注意力机制模块和软分割的像素级注意力机制模块共同训练,对应于本书中的 JA-ReID 方法。

图 7-4　Market-1501 数据集中部分排序结果可视化

本章在三个数据集上用相同的设置做了对照实验，如图 7-5 所示。可以看出，与单纯采用全局特征模块相比，增加了软分割的像素级注意力机制模块，在 Market-1501 数据集上 Rank-1 指标和 mAP 指标分别增加了 3%和 5.5%，在 DukeMTMC-reID 数据集上 Rank-1 指标和 mAP 指标分别增加了 1.3%和 4.2%，在 CUHK03 数据集上 Rank-1 指标和 mAP 指标分别增加了 3.8%和 5.5%。全局特征模块加上硬分割的区域级注意力机制模块比全局特征加上软分割的像素级注意力机制模块性能提高得多，这是因为硬分割的区域级信息级联比软分割的感兴趣区域的信息更丰富。但是如果仅加入硬分割的区域级注意力机制模块，其性能仍然低于 JA-ReID，在 Market-1501 数据集 Rank-1 指标上低了 0.4%，mAP 指标上低了 2.4%，在 DukeMTMC-reID 数据集 Rank-1 指标上低了 1.1%，mAP 指标上低了0.9%，在 CUHK03 数据集 Rank-1 指标上低了 0.9%，mAP 指标上低了 2.6%。这说明软分割的像素级注意力机制能够提供的信息虽然较少，但是有区分性，能一定程度上提高模型识别的准确率。

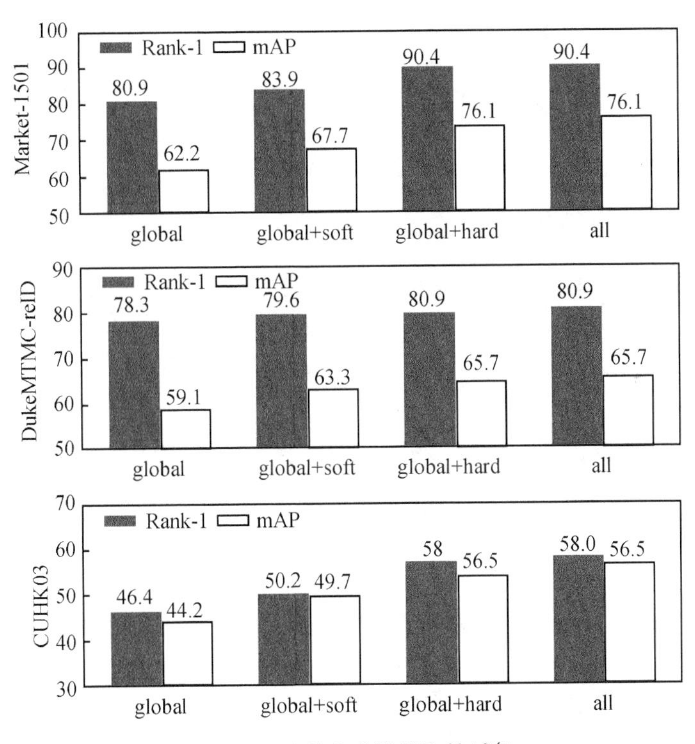

图 7-5　四种方法性能比较(%)

为了更好地分析软分割的像素级注意力机制的作用，本章将从软分割的像素级注意力机制模块提取的特征可视化，如图 7-6 所示。如图中第三个行人是部分被遮挡的，特征可视化后发现本章所提取的特征更关注于未被遮挡的行人的上半身，而不是按照人体分布将下半身被遮挡的部分也包括进去。这说明当图中的行人发生非刚性形变时，如姿态变化、视角变化(图中第一、二、四个人)，软分割的像素级注意力机制能够非常好地定位到有区分性的部位，不容易受到其他噪声的干扰。

图 7-6 软分割的像素级注意力机制模块提取的特征可视化

7.5.2 两种降维策略分析和比较

在硬分割的区域级注意力机制模块中,本章采用 1×1 卷积层降维,目的是减少计算复杂度。本章之前的小节里提出了两种降维方式,本小节验证一下哪种方式效果更好。第一种方法是先降维再分割,第二种方法是先分割再降维。值得注意的是,先分割再降维用的是 6 个不共享参数的 1×1 卷积层而非同一个。实验结果如表 7-3 所示。

表 7-3 在硬分割的区域级注意力机制模块中两种降维策略比较

方法	Market-1501		DukeMTMC-reID		CUHK03	
	Rank-1	mAP	Rank-1	mAP	Rank-1	mAP
先降维再分割	89.1%	73.6%	79.8%	64.9%	50.1%	48.4%
先分割再降维	90.4%	76.1%	80.9%	65.7%	58.0%	56.5%

从表 7-3 可以看出,先分割再降维,对每一个部分采用一个不共享参数的 1×1 卷积层能够提高模型的性能,与先降维再分割相比,在 Market-1501 数据集上 Rank-1 指标提升了 1.3%,mAP 指标提升了 2.5%;在 DukeMTMC-reID 数据集上 Rank-1 指标提升了 1.1%,mAP 指标提升了 0.8%;在 CUHK03 数据集上 Rank-1 指标提升了 7.9%,mAP 指标提升了 8.1%。这是因为先降维再分割只采用一个 1×1 卷积层,先分割再降维采用不共享参数的 1×1 卷积层能够更好地保留每个部分的特征。

7.5.3 不同池化策略分析和比较

本章提出了一种新的池化策略,即将均值池化和最大值池化的结果在宽度方向上级联,实验与只使用单一的池化方式做比较,其结果如表 7-4 所示。

表 7-4 在 JA-ReID 中采用不同池化策略的性能比较

方法	Market-1501		DukeMTMC-reID		CUHK03	
	Rank-1	mAP	Rank-1	mAP	Rank-1	mAP
均值池化	88.7%	72.5%	78.8%	63.2%	52.4%	50.3%
最大值池化	89.0%	73.9%	80.4%	65.1%	57.5%	55.9%
两种池化结果级联	90.4%	76.1%	80.9%	65.7%	58.0%	56.5%

从表 7-4 可以看出,最大值池化的 Rank-1 指标和 mAP 指标在三个数据集上均高于均值池化。这是因为最大值池化更关注特征有区分性的部分,均值池化对特征的所有位置都给予相同的权重,这导致如果背景与行人相似的时候很容易产生干扰。本章的方法是将两种池化方法得到的结果在宽度方向上级联,这样保留了各自的优点,得到更好的性能。

7.6 小结

本章提出了一种新型的联合注意力行人再识别方法 JA-ReID，它能够有效地解决在困难样本中的非刚性形变问题。与目前大多数基于注意力机制的行人再识别方法只使用一种注意力机制不同，JA-ReID 采用了两种注意力机制，分别是软分割的像素级注意力机制和硬分割的区域级注意力机制。两种注意力机制联合使用的优点是模型可以同时关注粗粒度信息和细粒度信息，这有助于提高特征表示的鲁棒性。本章提出的软分割的像素级注意力机制能够准确地定位图像中最具区分性的部位而不需要辅助标签和模型。此外，为了更好地提高 JA-ReID 的性能，本章提出了两种有效的策略训练模型。一是采用先分割再降维的方法，利用多个不共享参数的 1×1 卷积层，保留各部件的差异性；二是提出一种混合池化策略，发挥均值池化和最大值池化的优势互补。实验结果表明在 Market－1501 和 DukeMTMC-reID 数据集上 JA-ReID 都取得了很有竞争力的结果，在 CUHK03 数据集上，该方法的性能优于其他方法。

参考文献

[1] YI D, LEI Z, LIAO S C, et al. Deep Metric Learning for Person Re-identification[C]//22nd International Conference on Pattern Recognition, Stockholm, Sweden, August 24－28, 2014. IEEE Computer Society, 2014: 34-39.

[2] ZHANG Y, LI X, ZHAO L, et al. Semantics-Aware Deep Correspondence Structure Learning for Robust Person Re-Identification [C]//KAMBHAMPATI S. Proceedings of the Twenty-Fifth International Joint Conference on Artificial Intelligence, New York, NY, USA, 9－15 July 2016. IJCAI/AAAI Press, 2016: 3545-3551.

[3] SU C, LI J N, ZHANG S L, et al. Pose-Driven Deep Convolutional Model for Person Re-identification [C]//IEEE International Conference on Computer Vision, Venice, Italy, October 22-29, 2017. IEEE Computer Society, 2017: 3980-3989.

[4] WEI L, ZHANG S L, YAO H T, et al. GLAD: Global-Local-Alignment Descriptor for Pedestrian Retrieval[C]//LIU Q, LIENHART R, WANG H, et al. Proceedings of the 2017 ACM on Multimedia Conference, Mountain View, CA, USA, October 23-27, 2017. ACM, 2017: 420-428.

[5] ZHENG L, HUANG Y J, LU H C, et al. Pose-Invariant Embedding for Deep Person Re-Identification [J]. IEEE Transactions on Image Processing, 2019, 28(9): 4500-4509.

[6] HERMANS A, BEYER L, LEIBE B. In Defense of the Triplet Loss for Person Re-Identification[J/OL]. CoRR, 2017.

[7] RADENOVIC F, TOLIAS G, CHUM O. CNN Image Retrieval Learns from BoW: Unsupervised Fine-Tuning with Hard Examples[C]//LEIBE B, MATAS J, SEBE N, et al. Lecture Notes in Computer Science: Computer Vision — ECCV 2016 — 14th European Conference, Amsterdam, The Netherlands, October 11-14, 2016, Proceedings, Part Ⅰ: vol. 9905. Springer, 2016: 3-20.

[8] ZHENG L, BIE Z, SUN Y F, et al. MARS: A Video Benchmark for Large-Scale Person Re-Identification[C]//LEIBE B, MATAS J, SEBE N, et al. Lecture Notes in Computer Science: Computer Vision — ECCV 2016 — 14th European Conference, Amsterdam, The Netherlands,

October 11-14, 2016, Proceedings, Part Ⅵ: vol. 9910. Springer, 2016: 868-884.
[9] ZHENG L, ZHANG H H, SUN S Y, et al. Person Re-identification in the Wild[C]//2017 IEEE Conference on Computer Vision and Pattern Recognition, Honolulu, HI, USA, July 21-26, 2017. IEEE Computer Society, 2017: 3346-3355.
[10] SUN Y F, ZHENG L, YANG Y, et al. Beyond Part Models: Person Retrieval with Refined Part Pooling(and A Strong Convolutional Baseline)[C]//FERRARI V, HEBERT M, SMINCHISESCU C, et al. Lecture Notes in Computer Science: Computer Vision — ECCV 2018 — 15th European Conference, Munich, Germany, September 8-14, 2018, Proceedings, Part Ⅳ: vol. 11208. Springer, 2018: 501-518.
[11] AHMED E, JONES M J, MARKS T K. An improved deep learning architecture for person re-identification[C]//IEEE Conference on Computer Vision and Pattern Recognition, Boston, MA, USA, June 7-12, 2015. IEEE Computer Society, 2015: 3908-3916.
[12] ZHOU S P, WANG F, HUANG Z Y, et al. Discriminative Feature Learning With Consistent Attention Regularization for Person Re-Identification[C]//2019 IEEE/CVF International Conference on Computer Vision, Seoul, Korea(South), October 27 — November 2, 2019. IEEE, 2019: 8039-8048.
[13] CHEN G Y, LIN C Z, REN L L, et al. Self-Critical Attention Learning for Person Re-Identification [C]//2019 IEEE/CVF International Conference on Computer Vision, Seoul, Korea(South), October 27 — November 2, 2019. IEEE, 2019: 9636-9645.
[14] BRYAN B, GONG Y, ZHANG Y Z, et al. Second-Order Non-Local Attention Networks for Person Re-Identification[C]//2019 IEEE/CVF International Conference on Computer Vision, Seoul, Korea (South), October 27 — November 2, 2019. IEEE, 2019: 3759-3768.
[15] YE M, MA A J, ZHENG L, et al. Dynamic Label Graph Matching for Unsupervised Video Re-identification[C]//IEEE International Conference on Computer Vision, Venice, Italy, October 22-29, 2017. IEEE Computer Society, 2017: 5152-5160.
[16] LI W, ZHU X T, GONG S G. Harmonious Attention Network for Person Re-Identification[C]//2018 IEEE Conference on Computer Vision and Pattern Recognition, Salt Lake City, UT, USA, June 18-23, 2018. IEEE Computer Society, 2018: 2285-2294.
[17] SHEN Y T, XIAO T, LI H S, et al. End-to-End Deep Kronecker-Product Matching for Person Re-Identification[C]//2018 IEEE Conference on Computer Vision and Pattern Recognition, Salt Lake City, UT, USA, June 18-23, 2018. IEEE Computer Society, 2018: 6886-6895.
[18] SONG C F, HUANG Y, OUYANG W L, et al. Mask-Guided Contrastive Attention Model for Person Re-Identification[C]//2018 IEEE Conference on Computer Vision and Pattern Recognition, Salt Lake City, UT, USA, June 18-23, 2018. IEEE Computer Society, 2018: 1179-1188.
[19] WANG C, ZHANG Q, HUANG C, et al. Mancs: A Multi-task Attentional Network with Curriculum Sampling for Person Re-Identification[C]//FERRARI V, HEBERT M, SMINCHISESCU C, et al. Lecture Notes in Computer Science: Computer Vision — ECCV 2018 — 15th European Conference, Munich, Germany, September 8-14, 2018, Proceedings, Part Ⅳ: vol. 11208. Springer, 2018: 384-400.
[20] CAO G Q, IOSIFIDIS A, CHEN K, et al. Generalized Multi-View Embedding for Visual Recognition and Cross-Modal Retrieval[J]. IEEE Transactions on Cybernetics, 2018, 48(9): 2542-2555.

[21] YOU X G, XU J M, YUAN W, et al. Multi-view common component discriminant analysis for cross-view classification[J]. Pattern Recognition, 2019, 92: 37-51.

[22] ZHU X K, JING X Y, YOU X G, et al. Image to Video Person Re-Identification by Learning Heterogeneous Dictionary Pair With Feature Projection Matrix[J]. IEEE Transactions on Information Forensics and Security, 2018, 13(3): 717-732.

[23] VOSSEL S, GENG J J, FINK G R. Dorsal and ventral attention systems: distinct neural circuits but collaborative roles.[J]. The Neuroscientist : a review journal bringing neurobiology, neurology and psychiatry, 2014, 20(2): 150-159.

[24] HE K M, ZHANG X Y, REN S Q, et al. Deep Residual Learning for Image Recognition[C]//2016 IEEE Conference on Computer Vision and Pattern Recognition, Las Vegas, NV, USA, June 27-30, 2016. IEEE Computer Society, 2016: 770-778.

[25] SIMONYAN K, ZISSERMAN A. Very Deep Convolutional Networks for Large-Scale Image Recognition[C]//BENGIO Y, LECUN Y. 3rd International Conference on Learning Representations, San Diego, CA, USA, May 7-9, 2015, Conference Track Proceedings. 2015.

[26] SZEGEDY C, LIU W, JIA Y Q, et al. Going deeper with convolutions[C]//IEEE Conference on Computer Vision and Pattern Recognition, Boston, MA, USA, June 7-12, 2015. IEEE Computer Society, 2015: 1-9.

[27] ZHONG Z, ZHENG L, ZHENG Z D, et al. Camera Style Adaptation for Person Re-Identification [C]//2018 IEEE Conference on Computer Vision and Pattern Recognition, Salt Lake City, UT, USA, June 18-23, 2018. IEEE Computer Society, 2018: 5157-5166.

[28] CHEN Y B, ZHU X T, GONG S G. Person Re-identification by Deep Learning Multi-scale Representations[C]//2017 IEEE International Conference on Computer Vision Workshops, ICCV Workshops 2017, Venice, Italy, October 22-29, 2017. IEEE Computer Society, 2017: 2590-2600.

[29] LIAO S C, HU Y, ZHU X Y, et al. Person re-identification by Local Maximal Occurrence representation and metric learning [C]//IEEE Conference on Computer Vision and Pattern Recognition, Boston, MA, USA, June 7-12, 2015. IEEE Computer Society, 2015: 2197-2206.

[30] ZHENG L, SHEN L Y, TIAN L, et al. Scalable Person Re-identification: A Benchmark[C]//2015 IEEE International Conference on Computer Vision, Santiago, Chile, December 7-13, 2015. IEEE Computer Society, 2015: 1116-1124.

[31] CHEN D P, YUAN Z J, CHEN B D, et al. Similarity Learning with Spatial Constraints for Person Re-identification[C]//2016 IEEE Conference on Computer Vision and Pattern Recognition, Las Vegas, NV, USA, June 27-30, 2016. IEEE Computer Society, 2016: 1268-1277.

[32] ZHANG L, XIANG T, GONG S G. Learning a Discriminative Null Space for Person Re-identification [C]//2016 IEEE Conference on Computer Vision and Pattern Recognition, Las Vegas, NV, USA, June 27-30, 2016. IEEE Computer Society, 2016: 1239-1248.

[33] CHEN Y C, ZHU X T, ZHENG W S, et al. Person Re-Identification by Camera Correlation Aware Feature Augmentation[J]. IEEE Transactions on Pattern Analysis and Machine Intelligence, 2018, 40 (2): 392-408.

[34] LIU H, FENG J S, QI M B, et al. End-to-End Comparative Attention Networks for Person Re-Identification[J]. IEEE Transactions on Image Processing, 2017, 26(7): 3492-3506.

[35] VARIOR R R, SHUAI B, LU J, et al. A Siamese Long Short-Term Memory Architecture for Human

Re-identification[C]//LEIBE B, MATAS J, SEBE N, et al. Lecture Notes in Computer Science: Computer Vision — ECCV 2016 — 14th European Conference, Amsterdam, The Netherlands, October 11-14, 2016, Proceedings, Part Ⅶ: vol. 9911. Springer, 2016: 135-153.

[36] BARBOSA I B, CRISTANI M, CAPUTO B, et al. Looking beyond appearances: Synthetic training data for deep CNNs in re-identification[J]. Computer vision and Image Understanding, 2018, 167: 50-62.

[37] SUN Y E, ZHENG L, DENG W T, et al. SVDNet for Pedestrian Retrieval[C]//IEEE International Conference on Computer Vision, Venice, Italy, October 22-29, 2017. IEEE Computer Society, 2017: 3820-3828.

[38] ZHENG Z D, ZHENG L, YANG Y. Pedestrian Alignment Network for Large-scale Person Re-Identification[J]. IEEE Transactions on Circuits and Systems for Video Technology, 2019, 29(10): 3037-3045.

[39] CHEN H R, WANG Y W, SHI Y M, et al. Deep Transfer Learning for Person Re-Identification[C]// IEEE Fourth International Conference on Multimedia Big Data, Xi'an, China, September 13-16, 2018. IEEE, 2018: 1-5.

[40] ZHANG Y, XIANG T, HOSPEDALES T M, et al. Deep Mutual Learning[C]//2018 IEEE Conference on Computer Vision and Pattern Recognition, Salt Lake City, UT, USA, June 18-22, 2018. IEEE Computer Society, 2018: 4320-4328.

[41] USTINOVA E, GANIN Y, LEMPITSKY V S. Multi-Region bilinear convolutional neural networks for person re-identification[C]//14th IEEE International Conference on Advanced Video and Signal Based Surveillance, Lecce, Italy, August 29-September 1, 2017. IEEE Computer Society, 2017: 1-6.

[42] LI D W, CHEN X T, ZHANG Z, et al. Learning Deep Context-Aware Features over Body and Latent Parts for Person Re-identification[C]//2017 IEEE Conference on Computer Vision and Pattern Recognition, Honolulu, HI, USA, July 21-26, 2017. IEEE Computer Society, 2017: 7398-7407.

[43] ZHAO L M, LI X T, ZHUANG Y, et al. Deeply-Learned Part-Aligned Representations for Person Re-Identification[C]//IEEE International Conference on Computer Vision, Venice, Italy, October 22-29, 2017. IEEE Computer Society, 2017: 3239-3248.

[44] LI W, ZHU X T, GONG S G. Person Re-Identification by Deep Joint Learning of Multi-Loss Classification[C]//SIERRA C. Proceedings of the Twenty-Sixth International Joint Conference on Artificial Intelligence, Melbourne, Australia, August 19-25, 2017. IJCAI, 2017: 2194-2200.

[45] YAO H T, ZHANG S L, HONG R C, et al. Deep Re-presentation Learning With Part Loss for Person Re-Identification[J]. IEEE Transactions on Image Processing, 2019, 28(6): 2860-2871.

[46] LIU J X, NI B B, YAN Y C, et al. Pose Transferrable Person Re-Identification[C]//2018 IEEE Conference on Computer Vision and Pattern Recognition, Salt Lake City, UT, USA, June 18-23, 2018. IEEE Computer Society, 2018: 4099-4108.

[47] ZHONG Z, ZHENG L, KANG G L, et al. Random Erasing Data Augmentation[C]//Fourth AAAI Conference on Artificial Intelligence, AAAI 2020, The Thirty-Second Innovative Applications of Artificial Intelligence Conference, New York, NY, USA, February 7-12, 2020. AAAI Press, 2020: 13001-13008.

[48] HUANG H J, LI D W, ZHANG Z, et al. Adversarially Occluded Samples for Person Re-Identification [C]//2018 IEEE Conference on Computer Vision and Pattern Recognition, Salt Lake City, UT, USA, June 18-23, 2018. IEEE Computer Society, 2018: 5098-5107.

第 8 章　多特征注意力融合 ReID 方法

注意力机制是模仿人类视觉的重要手段，在图像分类、检测、分割等任务中得到了较好的发展，在前一章中，时空注意力机制从像素级注意力和区域级注意力两个方面进行了注意力的融合研究。为了更有效地表征行人，本章借助注意力机制来融合不同分辨率的图像特征，提出了一种多分辨率特征注意力融合的行人再识别方法。该方法基于高分辨率网络 HRNet (High-Resolution Network)实现多分辨率行人图像特征的提取，利用注意力机制加权融合不同分辨率的特征。在 Market-1501、DukeMTMC-ReID 和 CUHK03 数据集上验证了所提方法的有效性。所提方法可以得到强有力的行人特征表示，有效提升行人再识别的 mAP。

8.1　研究动机

当前，基于深度学习的行人再识别方法几乎都是利用 ImageNet 预训练模型进行改进和重训完成，根据网络模型发展过程，VGG-Net[1]、GoogleNet[2]、ResNet[3]、DenseNet[4]等都被作为行人再识别模型的骨干网络进行研究。受预训练模型参数的良好初始化结果，模型在收敛速度和优化效果上都有着非常好的效果。因此，这种基于预训练模型进行行人再识别模型的改进是非常值得深入研究的。这些经典网络模型在被作为骨干网络提取特征时，网络对图像的处理通过不断地降低分辨率，实现了对图像特征由低级颜色、纹理到高级语义概念的抽象，如图 8-1(左)所示。但是，这种抽象使得最终提取的高级语义概念在特征描述上忽视了不同层级特征对行人的描述能力，因此文献[5]通过组合不同位置网络层输出特征实现了更好的再识别效果。由此可见，不同位置的网络输出特征具有一定的互补性，融合这些特征可以增强行人再识别的特征表示。

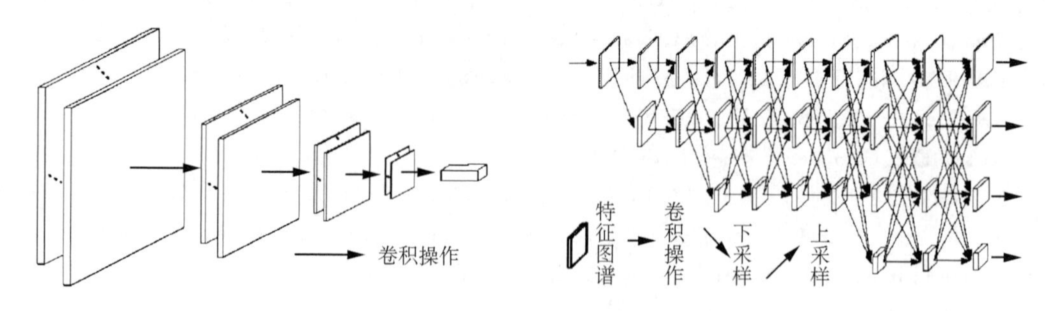

图 8-1　传统网络与 HRNet 结构对比

2018 年，在人体姿态估计领域中出现了一种新的网络——HRNet[6]。该网络不同于经典网络逐步降低分辨率的特征提取，由于姿态估计需要更细粒度特征描述以实现对具有空间位置信息的姿态进行估计，故网络在进行降分辨率的同时，对同一分辨率的特征通过更多的卷积来提取高层语义且维持分辨率不变，这种对同一分辨率维持不变的操作直接构成了网络的一条分支，其结构如图 8-1(右)所示。值得注意的是，该网络在维持多个不同分辨率分支的同时，通过交错卷积使得某一分辨率的支路可以获得其他分辨率支路的特征，以实现更全面的信息融合和特征提取。与经典网络结构相比，HRNet 网络不同分支不再随网络深度的增加而减小，实现了在提取高层语义同时维持具有空间位置等细粒度信息的高分辨率特征图，该方法有效提升了人体姿态估计的效果。

现阶段，行人再识别的特征提取开始从全局特征向局部特征及全局与局部结合的特征发展，其中 Lin 等人[7]提出了基于属性标签的局部特征来提升模型的局部特征描述能力，Sun 等人[8]提出的部件卷积基础(Part-based Convolutional Baseline，PCB)方法将行人划分为多个水平块的局部特征描述，较好地提升了行人再识别的效果，Wang 等人[9]提出的多粒度网络(Multiple Granularity Network，MGN)方法采用多个分支的层次分块来提取局部和全局特征，得到了很好的性能提升；Tian 等人[10]采用人体姿态估计和人体解析来精确定位行人部件，实现行人语义部件的划分和特征提取，也得到了较好的结果。上述方法的设计通常认为全局特征对行人的描述粒度较粗，很难区分差异很小的两个不同行人，而局部特征从更小的区域对行人细节信息进行描述，增加了相似行人间的特征差异描述。但上述方法通常设计了较为复杂的部件划分和特征提取，且部件划分大多位于最后的高级语义特征图，在描述特征多样性上不够充分。为了得到细粒度的细节信息描述，借鉴 HRNet 提取多分辨率特征的启发，本章探索将 HRNet 作为骨干网络，通过融合不同分辨率上不同粒度的特征来提升行人再识别的效果。

由于 HRNet 输出不同分辨率的特征图，如何融合这些特征图获得更有效的特征成为本章的主要问题。为了解决该问题，本章引入注意力机制进行特征的加权融合。由自然语言处理任务[11]产生的注意力机制在被引入计算机视觉[12]领域后，得到了较好的发展。基于通道注意力机制的 SENet[13]、基于空间注意力机制和通道注意力机制的“瓶颈”注意力模块(Bottleneck Attention Module，BAM[14])，以及改进版卷积块注意力模块(Convolutional Block Attention Module，CBAM[15])，都是成功应用注意力机制的典型代表。其中，SENet 通过多次全连接映射，构建了通道注意力的显示描述模型，且可以通过训练过程来学习注意力的操作参数，有效实现了对通道特征的不同加权。在 SENet 的基础上，SKNet[16]提出采用不同大小的卷积核实现对特征进行卷积操作，然后将特征进行融合后采用 SENet 中的计算通道权重的方法得到权重，再对特征进行加权融合操作。借鉴上述注意力机制对不同尺度特征的融合方式，本章采用类似的方式来解决 HRNet 不同分辨率特征图的融合。

本章主要贡献是将行人姿态估计网络 HRNet 引入行人再识别任务，利用该网络作为骨干网络，提取不同分辨率的特征，实现对不同粒度特征的提取。由于高分辨率图像可以保留更好的空间位置等细节信息，故不同分辨率特征图可以从不同的方面来刻画同一个行人，实现特征的互补。在不同分辨率特征图的基础上，借鉴注意力机制来设计不同分辨率特征图的融合方法，最后通过大量实验验证了本文方法的有效性及各功能部分对性能的影响。

8.2 多特征注意力融合方法

本章所提方法基于 HRNet 实现。为了更好地理解本章所提方法,下面对 HRNet 结构进行简要介绍。HRNet 存在 4 个不同分支,各分支输出具有不同分辨率、不同通道数的特征图。为了便于阐述,对 HRNet 中的 4 个分支按分辨率由大到小分别命名为第 1、2、3、4 分支。若给定一幅分辨率大小为 256×128 的输入图像,则各分支输出的通道数和特征图分辨率如表 8-1 所示。本章所提方法都是基于 HRNet 这 4 个分支输出的 4 个特征图进行的。

表 8-1 HRNet 的 4 个输出分支的通道数与分辨率

分支	通道数/个	分辨率/像素
第 1 分支	32	64×32
第 2 分支	64	32×16
第 3 分支	128	16×8
第 4 分支	256	8×4

8.2.1 不同分辨率特征分析

在人体姿态估计应用中,由于高分辨率的特征图更利于姿态的高精度估计,因此 HRNet 仅使用了最高分辨率特征图。但是对于行人再识别任务,有待进行不同分辨率特征效果的评测。为了更好地理解 HRNet 各分支输出特征的效果及差异,本小节分别对各分支输出特征进行行人再识别的性能评测。具体地,基于各分支输出特征图,设计了针对单个分支的评测网络,具体结构见图 8-2。

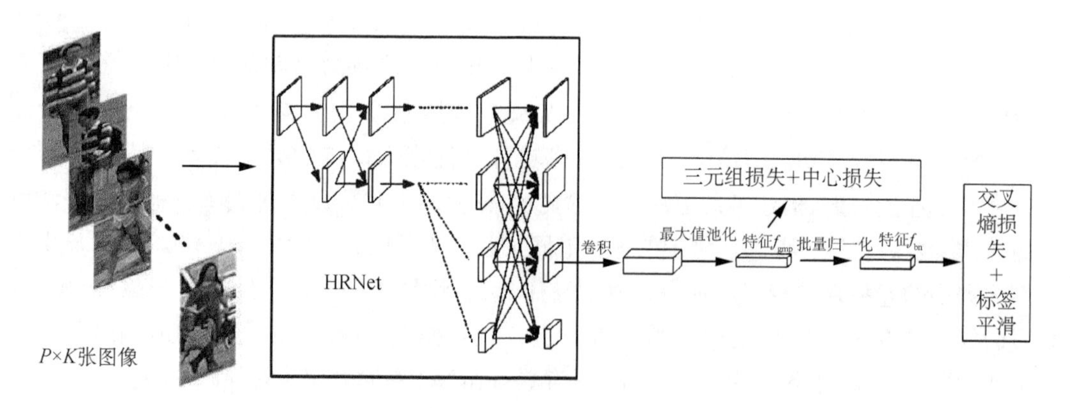

图 8-2 基于 HRNet 的单个分支行人再识别评测网络

图 8-2 中,评测网络采用三元组损失、中心损失及标签平滑损失进行特征网络学习。网络输入时,每个批量随机选择 P 个行人,每个行人随机选择 K 张图像。对于某一分支的输出特征图,首先通过一个 1×1 的卷积将特征图通道数增加到 2 048,然后通过一个全局最大值池化(Global Max Pooling, GMP)操作得到一维特征 f_{gmp},该特征用于计算三元组损失

和中心损失，同时一维特征再通过一个批量归一化操作(Batch Normalization, BN)，得到特征 f_{bn}，该特征用于 softmax 分类损失进行有监督分类。

为了度量各分支的评测性能，采用 Rank-1 和 mAP 作为评测性能指标，评测结果如表 8-2 所示。由表 8-2 结果可以发现，在 3 个公开数据集(Market-1501、DukeMTMC-ReID 和 CUHK03)上，不同分支的输出特征图在行人再识别上的表现存在一定的差异性。对于数据集 Market-1501 与 DukeMTMC-ReID，第 3 分支表现出最好的效果；而对于数据集 CUHK03，则第 4 分支表现最好。总的来说，低分辨率特征较高分辨率特征具有相对较好的性能，主要原因可能是特征分辨率低，则语义抽象度高，能更好地描述行人。

表 8-2 评测 HRNet 各分支性能

分支	Market-1501		DukeMTMC-ReID		CUHK03	
	Rank-1	mAP	Rank-1	mAP	Rank-1	mAP
第 1 分支	94.6%	87.7%	89.4%	80.4%	67.9%	65.5%
第 2 分支	94.8%	87.9%	89.7%	80.8%	67.6%	65.7%
第 3 分支	94.9%	88.1%	89.9%	80.4%	67.6%	66.1%
第 4 分支	94.3%	87.5%	88.6%	79.5%	70.1%	67.0%

为了深入地理解各分支输出特征图之间的差异，采用基于梯度的类激活图[17] (Gradient-based — Class Activation Mapping, Grad-CAM)对特征图进行可视化。Grad-CAM 能够对网络某一层的输出特征进行可视化，展示特征在原图像上不同位置的响应强度，反映出特征利用原图像不同位置像素对任务效果所做出的贡献。图 8-3 展示了 Market-1501 数据集中一个行人图像经 HRNet 网络 4 个分支输出特征的热力图(Grad-CAM 图)。

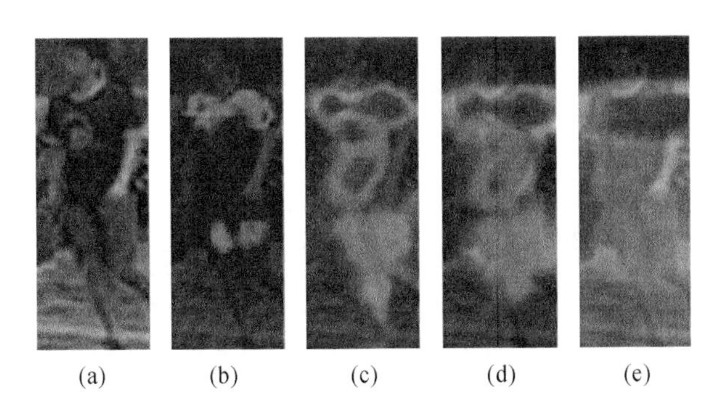

图 8-3 HRNet 的原图及 4 个分支输出的热力图

图 8-3 中，(a)、(b)、(c)、(d)和(e)分别代表原始图像和第 1、2、3、4 分支的热力图，观察可以发现从第 1 至第 4 分支，分辨率不断降低、通道数不断增加，对应热力图中关注的区域也在不断的扩展，可见高分辨率特征图关注于局部细节，而低分辨率特征图关注于大范围行人整体信息。

8.2.2　多分辨率特征注意力融合网络

由表 8-2 和图 8-3 可知，HRNet 输出的不同分辨率的特征图在不同数据集上的表现并不一致，且高、低分辨率特征图关注点不同，因此本章借鉴注意力机制，设计了一个注意力特征融合模块，并构建了对不同分辨率特征图进行注意力加权的融合方法。多分辨率特征注意力融合网络结构如图 8-4 所示。其中，注意力融合模块是所提方法的核心。

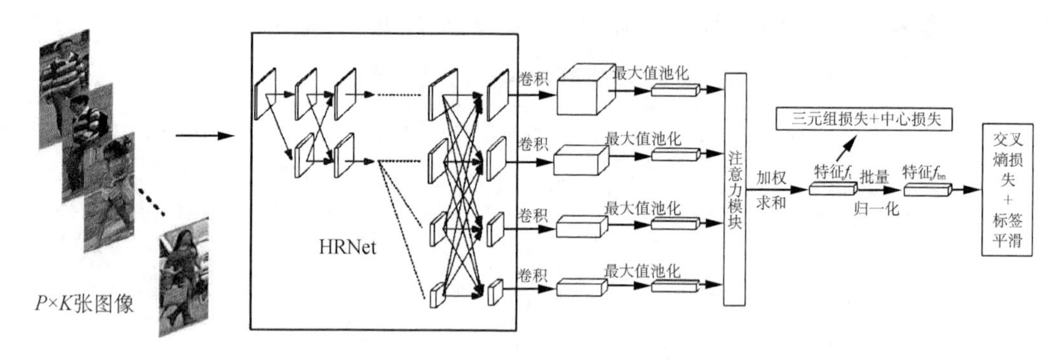

图 8-4　多分辨率注意力融合网络结构

具体实施时，注意力融合模块之前会先进行各分支特征统一，再通过注意力融合模块构建可自学习的加权参数再实现特征加权融合。

（1）分支特征统一

假设第 $i(i=1, 2, 3, 4)$ 个分支输出的特征图为 $\boldsymbol{f}^i_{\mathrm{src}}$，则该特征图经过一个核大小 1×1 的卷积操作将特征通道数扩张至 2 048 维，以实现特征的丰富和增强；然后，经过一个全局最大值池化操作，将特征图转化为特征 $\boldsymbol{f}^i_{\mathrm{gmp}}$。形式化表示上述过程：

$$\boldsymbol{f}^i_{\mathrm{gmp}} = GMP(\boldsymbol{f}^i_{\mathrm{src}} \otimes \boldsymbol{W}^i_1) \tag{8-1}$$

其中，$\otimes$ 为卷积操作，W^i_1 为对应卷积参数；$GMP(\cdot)$ 为全局最大值池化操作。

经过上述过程，具有不同尺度和不同通道数的各分支输出特征图被统一表示为一个长度为 2 048 维的特征向量（本质还是张量，但只有一个维度是 2 048，其他都是 1）。

（2）注意力融合模块

注意力融合模块结构如图 8-5 所示。

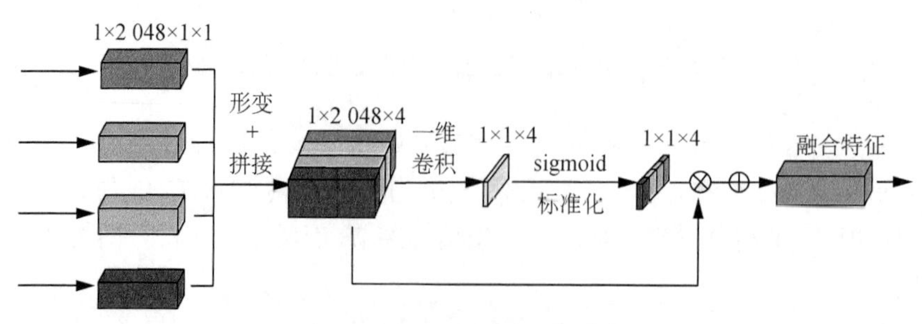

图 8-5　注意力融合模块结构

给定一幅图像,对应输出特征 $f_{\text{gmp}}^{i} \in \mathbf{R}^{1\times 2\,048\times 1\times 1}$ 为一个张量,首先采用形变操作将张量转化为 2 048 维的向量,然后将各向量进行拼接生成特征矩阵 $f_{w} \in \mathbf{R}^{1\times 2\,048\times 4}$,形式化过程如下:

$$f_{w}=cat(s(f_{\text{gmp}}^{1}),s(f_{\text{gmp}}^{2}),s(f_{\text{gmp}}^{3}),s(f_{\text{gmp}}^{4})) \tag{8-2}$$

其中,$s(\cdot)$ 表示形变操作,将输入特征 f_{gmp}^{i} 的维度由 $1\times 2\,048\times 1\times 1$ 变换为 $1\times 2\,048\times 1$;$cat(\cdot)$ 表示拼接操作,将变换的特征在第 3 个维度上进行拼接,得到 $f_{w} \in \mathbf{R}^{1\times 2\,048\times 4}$。

该拼接特征将用于生成各分支特征的加权权重,首先采用一个一维卷积,将 2 048 维的通道数降维 1;然后对该特征进行特征映射,将数值映射至区间[0, 1];对映射后的数值进行归一化。整个过程形式化为:

$$w=N(\sigma(f_{w} \otimes \mathbf{W}_{2})) \tag{8-3}$$

其中,$\otimes$ 为卷积操作,$\mathbf{W}_{2}$ 为对应卷积参数;$\sigma(\cdot)$ 为 sigmoid 函数;$N(\cdot)$ 为归一化函数。

经过上述过程,输出权重 $w \in \mathbf{R}^{1\times 1\times 4}$,经形变可转化为一个向量,4 个数值分别对应 HRNet 中 4 个分支输出特征的加权权重。接着,对各分支的特征进行加权求和,得到最终行人的特征表示:

$$f_{final}=\sum_{i=1}^{4} f_{gmp}^{i} \times w_{i} \tag{8-4}$$

8.3 实验评测

为了验证本章所提方法的有效性,也为了与现有方法进行公平的对比分析,实验采用 Luo 等人[18]的实验配置和训练策略。具体包括:在训练阶段,对训练数据实施概率为 0.5 的随机擦除,以增广数据的多样性;采用标签平滑的 softmax 损失增强模型学习的泛化能力,采用中心损失约束类内特征分布,采用三元组损失对类内和类间特征进行度量学习,同时采用预热(WarmUp)的热启动训练策略,保障网络参数学习更好的收敛;为了解决 softmax 交叉熵损失与 triplet 三元组损失存在的度量不一致,引入批量归一化“瓶颈”(Batch Normalization Neck, BNNeck),对特征进行归一化避免冲突。同时,所有实验均重复 3 次并取均值,以保证结果的准确性与客观性。

8.3.1 实验设置

输入图像统一缩放至 256×128 像素大小,批量样本的图像个数为 64(随机选取 16 个人,每个人再随机选取 4 幅图像),主要用于三元组损失的构建,三元组损失的间隔(margin)参数设置为 0.3。同时,还使用了标签平滑的交叉熵损失、中心损失,以及三元组损失的联合优化目标如下:

$$L=L_{\text{softmax}}+L_{\text{triplet}}+\beta L_{\text{center}} \tag{8-5}$$

其中，β 为中心损失加权权重，统一设置为 0.0005。实验采用 Adam 优化器，学习率变化如图 8-6 所示，其中前 10 代为热启动过程，第 40 代和第 70 代分别将学习率降低一个数量级，训练共迭代 120 代。

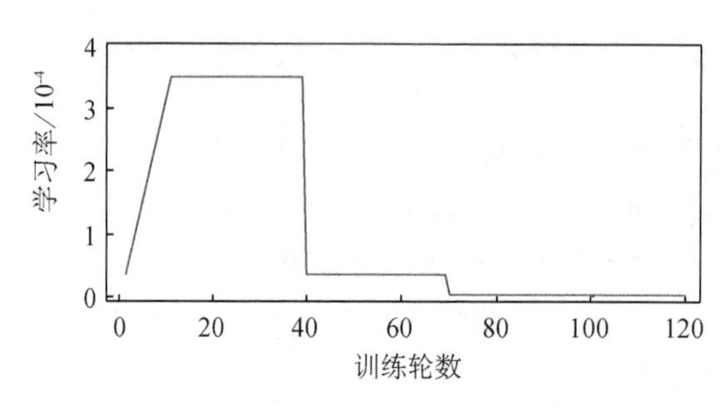

图 8-6　学习率变化

8.3.2　实验结果与分析

实验在 Market-1501、DukeMTMC-ReID 和 CUHK03 数据集上进行，对 CUHK03 中的人工标注行人和由检测器提取行人两种数据，选取更具挑战的检测器提取行人数据集，实验结果见表 8-3。其中，所提方法在重排序(re-ranking)[19]策略下的结果一并给出。

从表 8-3 可以发现，所提方法在 Market-1501 数据集上的 mAP 达到了 89.2%，Rank-1 达到了 95.3%；在 DukeMTMC-ReID 数据集上，Rank-1 为 90.5%，mAP 为 81.5%，在 CUHK03 数据集上，Rank-1 为 72.8%，mAP 为 70.4%。对比来说，在 Market-1501 和 DukeMTMC-ReID 数据集上达到了较好的水平，在 CUHK03 数据集上则要弱于 Pyramid 方法[20]，主要是因为 Pyramid 方法构建了 21 个不同局部特征的分类器指导训练，实现了很好的性能，而所提方法仅在单个分类器指导下进行学习。在 re-ranking 策略条件下，所提法的 Rank-1 和 mAP 指标均为最优。

表 8-3　实验结果对比

方法	Market-1501		DukeMTMC-ReID		CUHK03	
	Rank-1	mAP	Rank-1	mAP	Rank-1	mAP
PCB[8]	93.8%	81.6%	83.3%	69.2%	—	—
BFE(Batch Feature Erasing)[21]	94.5%	85.0%	88.7%	75.8%	74.4%	70.8%
Baseline[18]	94.5%	85.9%	86.4%	76.4%	—	—
MGN[9]	95.7%	86.9%	88.7%	78.4%	68.0%	66.0%
Pyramid[20]	95.7%	88.2%	89.0%	79.0%	78.9%	74.8%
所提方法	95.3%	89.2%	90.5%	81.5%	72.8%	70.4%
所提方法(re-ranking)	96.0%	94.8%	91.5%	91.5%	80.1%	82.5%

8.3.3 消融性分析

（1）特征维度的影响评测

由于 HRNet 网络 4 个分支的输出通道数分别为 32、64、128、256，为了统一特征并验证不同的通道数量性能的影响，将 8.2.2 节分支特征统一的维度分别设置为 256、512、1 024、2 048、4 096，在 8.2.1 节的第 3 分支设置上进行多组实验测试，结果见表 8-4。

表 8-4 不同的特征统一维度对性能的影响

特征统一维度	Market-1501		DukeMTMC-ReID	
	Rank-1	mAP	Rank-1	mAP
256	93.9%	85.1%	88.7%	77.3%
512	94.1%	86.4%	89.4%	78.9%
1 024	95.0%	87.6%	89.9%	80.0%
2 048	95.1%	88.1%	90.0%	80.6%
4 096	95.2%	88.6%	90.1%	81.3%

由表 8-4 可以发现，随着特征统一的维度增加，行人再识别的 Rank-1 和 mAP 性能也在不断提升。虽然特征维度的增加提升了效果，但是对应特征的计算耗费和存储耗费也一并增加。考虑到当特征维度增加到 4 096 时，效果提升幅度较小，但计算耗费大大增加，因此折中选择特征维度为 2 048。

（2）注意力融合模块有效性评测

注意力融合模块是所提方法的核心模块，为验证其有效性，将通过注意力融合模块的方法，与使用单一分支的最好结果，以及 4 个分支等权重（各权重置为 0.25）进行特征加权融合的方法进行对比，结果如表 8-5 所示。

表 8-5 注意力模块实验结果

方法	Market-1501		DukeMTMC-ReID	
	Rank-1	mAP	Rank-1	mAP
单一分支最好结果	94.9%	88.1%	89.7%	80.8%
4 分支等权重加权融合	95.2%	88.9%	89.6%	81.2%
注意力融合模块	95.3%	89.2%	90.5%	81.5%

由表 8-5 可以发现，在 Market-1501 和 DukeMTMC-ReID 数据集上，注意力融合模块的结果，与单一分支的最好结果相比，Rank-1 分别提升了 0.4%、0.8%；mAP 分别提升了 1.1%、0.7%；与等权重融合的结果相比，Rank-1 分别提升了 0.1%、0.9%；mAP 分别提升了 0.3%、0.3%。可见所提出的注意力融合模块是有效的。同时，4 分支等权重加权融合的结果总体上好于单一分支，该结果也表明等权重融合多个分支也是有效的，只是提升效果要弱

于注意力融合。

注意力融合模块克服了需要人工经验来设置分支特征权重的困难。由于不同图像自身提取的特征不同，其 4 个分支的权重分配也会存在差异。通过引入注意力模块，自动让网络根据每幅图像的特征来学习加权权重，可以实现最优的特征融合。相对而言，等权重设置无法适应每幅图像的差异，缺乏自适应能力。

图 8-7 给出了两幅不同图像经网络学习得到的分支特征加权权重，从图中可以发现，不同图像的各分支权重总体上相似，但存在差异，说明注意力融合模块可以学习到适应每幅图像的加权权重。

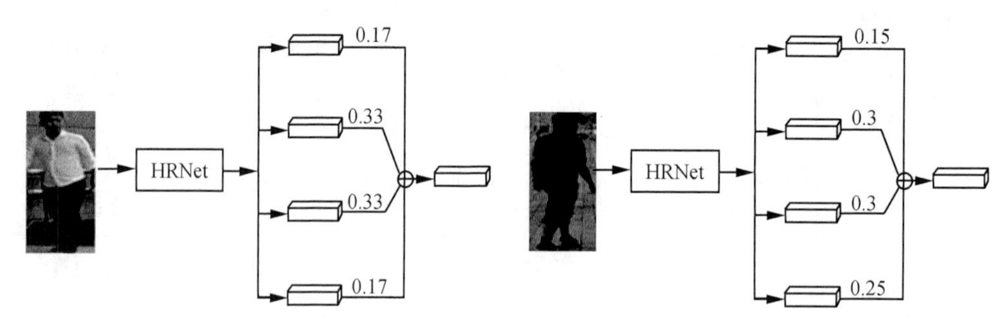

图 8-7　不同图像学习到的权重也不相同

(3) 注意力融合模块的位置影响评测

注意力融合模块可以置于不同的位置进行特征融合，主要有前置注意力和后置注意力两种融合方式，如图 8-8 所示。前者将 HRNet 网络的第 1、2、4 分支通过卷积操作，使输出通道数和分辨率与第 3 分支相同，再通过 GMP 操作将各个分支的输出大小变换至 1×128×1×1，经注意力融合模块后，通过 1×1 卷积操作将通道数变为 2 048；后者将各个分支的通道数先通过 1×1 卷积变为 2 048，再接注意力融合模块。两者的区别在于注意力融合模块与 1×1 的卷积操作的位置先后关系。

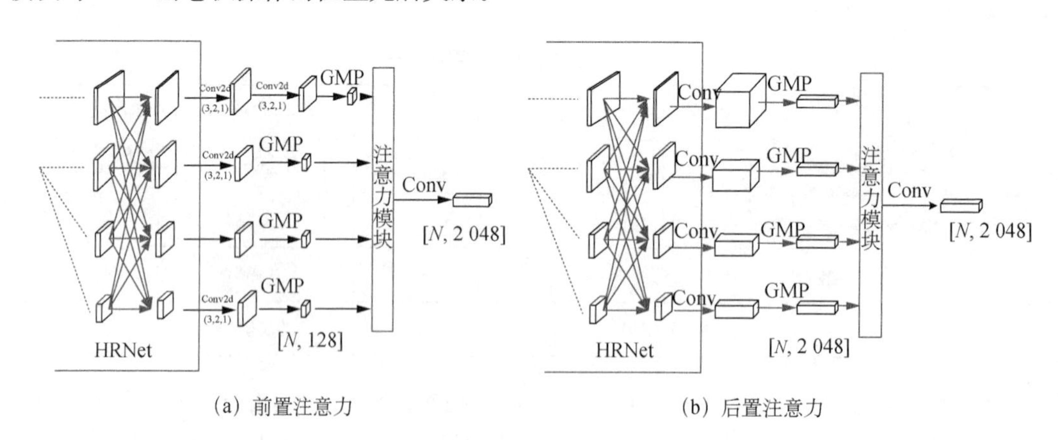

(a) 前置注意力　　(b) 后置注意力

图 8-8　两种注意力机制

在 Market-1501 和 DukeMTMC-ReID 数据集上，测试结果见表 8-6。由表 8-6 可以发现，后置注意力机制较前置注意力的效果更好。因为后置注意力先将 4 个分支的输出特征进行通道数的上采样，可以获得更丰富的特征信息，再用于注意力特征融合；而前置注意力先进行低维融合，已经损失了信息，故后置注意力机制较前置注意力的效果更好。

表 8-6 不同位置的注意力融合模块结果

位置	Market-1501		DukeMTMC-ReID	
	Rank-1	mAP	Rank-1	mAP
前置注意力(平均)	95.1%	88.6%	89.7%	80.5%
前置注意力(最好)	95.2%	88.7%	90.0%	80.6%
后置注意力(平均)	95.2%	88.9%	90.3%	81.5%
后置注意力(最好)	95.3%	89.2%	90.5%	81.7%

(4) 图像分辨率的影响

为了研究不同输入图像分辨率对结果的影响，在 Market-1501 和 DukeMTMC-ReID 数据集上，选择后置注意力进行实验。其中，卷积输出通道数设置为 2 048，实验结果如表 8-7 所示。由表 8-7 可以发现，图像分辨率对评测结果影响较小。

表 8-7 图像分辨率对结果的影响

分辨率/像素	Market-1501		DukeMTMC-ReID	
	Rank-1	mAP	Rank-1	mAP
256×128	95.3%	89.2%	90.5%	81.5%
224×224	95.1%	88.4%	90.0%	80.7%
384×128	95.1%	89.1%	90.3%	81.4%
384×192	95.1%	89.2%	90.4%	82.0%

8.4 小结

本章提出了一种多分辨率特征注意力融合的行人再识别方法。基于 HRNet 网络输出多分辨率的特征，借助注意力机制，提出了一个注意力融合模块，实现对各分支特征的融合，有效提升了行人再识别性能。在 Market-1501、DukeMTMC-ReID 和 CUHK03 数据集上，实验验证了所提方法的有效性，同时对方法中各影响因素进行了分析和评测，提供了最佳的参数配置。

本章方法是基于 HRNet 进行的改进，缺少对 HRNet 网络本身的研究，考虑到该网络中所提出的交错卷积的优势，未来可尝试改进网络结构，探索不同分支、不同数量的模块对网络性能的影响。

参考文献

[1] SIMONYAN K, ZISSERMAN A. Very Deep Convolutional Networks for Large-Scale Image Recognition[C]//BENGIO Y, LECUN Y. 3rd International Conference on Learning Representations, San Diego, CA, USA, May 7-9, 2015, Conference Track Proceedings. 2015.

[2] SZEGEDY C, LIU W, JIA Y Q, et al. Going deeper with convolutions[C]//IEEE Conference on Computer Vision and Pattern Recognition, Boston, MA, USA, June 7-12, 2015. IEEE Computer Society, 2015: 1-9.

[3] HE K M, ZHANG X Y, REN S Q, et al. Deep Residual Learning for Image Recognition[C]//IEEE Conference on Computer Vision and Pattern Recognition, Las Vegas, NV, USA, June 27-30, 2016. IEEE Computer Society, 2016: 770-778.

[4] HUANG G, LIU Z, van der MAATEN L, et al. Densely Connected Convolutional Networks[C]//IEEE Conference on Computer Vision and Pattern Recognition, Honolulu, HI, USA, July 21-26, 2017. IEEE Computer Society, 2017: 2261-2269.

[5] FU X Y, QI Q, HUANG Y, et al. A Deep Tree-Structured Fusion Model for Single Image Deraining[J/OL]. CoRR, 2018.

[6] SUN K, XIAO B, LIU D, et al. Deep High-Resolution Representation Learning for Human Pose Estimation[C]//IEEE Conference on Computer Vision and Pattern Recognition, Long Beach, CA, USA, June 15-20, 2019. Computer Vision Foundation / IEEE, 2019: 5686-5696.

[7] LIN Y T, ZHENG L, ZHENG Z D, et al. Improving person re-identification by attribute and identity learning[J]. Pattern Recognition, 2019, 95: 151-161.

[8] SUN Y, ZHENG L, YANG Y, et al. Beyond Part Models: Person Retrieval with Refined Part Pooling (and A Strong Convolutional Baseline)[C]//FERRARI V, HEBERT M, SMINCHISESCU C, et al. Lecture Notes in Computer Science: Computer Vision — ECCV 2018 — 15th European Conference, Munich, Germany, September 8-14, 2018, Proceedings, Part Ⅳ: vol. 11208. Springer, 2018: 501-518.

[9] WANG G S, YUAN Y F, CHEN X, et al. Learning Discriminative Features with Multiple Granularities for Person Re-Identification[C]//BOLL S, LEE K M, LUO J, et al. 2018 ACM Multimedia Conference on Multimedia Conference, Seoul, Republic of Korea, October 22-26, 2018. ACM, 2018: 274-282.

[10] TIAN M Q, YI S, LI H S, et al. Eliminating Background-Bias for Robust Person Re-Identification [C]//IEEE Conference on Computer Vision and Pattern Recognition, Salt Lake City, UT, USA, June 18-22, 2018. IEEE Computer Society, 2018: 5794-5803.

[11] VASWANI A, SHAZEER N, PARMAR N, et al. Attention is All you Need[C]//GUYON I, von LUXBURG U, BENGIO S, et al. Advances in Neural Information Processing Systems 30: Annual Conference on Neural Information Processing Systems 2017, 4-9 December 2017, Long Beach, CA, USA. 2017: 5998-6008.

[12] XU K, BA J, KIROS R, et al. Show, Attend and Tell: Neural Image Caption Generation with Visual Attention[C]//BACH F R, BLEI D M. JMLR Workshop and Conference Proceedings: Proceedings of the 32nd International Conference on Machine Learning, Lille, France, 6-11 July 2015: vol. 37. JMLR.org, 2015: 2048-2057.

[13] HU J, SHEN L, SUN G. Squeeze-and-Excitation Networks[C]//IEEE Conference on Computer Vision and Pattern Recognition, Salt Lake City, UT, USA, June 18 - 22, 2018. IEEE Computer Society, 2018: 7132-7141.

[14] PARK J, WOO S, LEE J Y, et al. BAM: Bottleneck Attention Module[C]//British Machine Vision Conference 2018, Newcastle, UK, September 3-6, 2018. BMVA Press, 2018: 147.

[15] WOO S, PARK J, LEE J Y, et al. CBAM: Convolutional Block Attention Module[C]//FERRARI V, HEBERT M, SMINCHISESCU C, et al. Lecture Notes in Computer Science: Computer Vision — ECCV 2018 — 15th European Conference, Munich, Germany, September 8-14, 2018, Proceedings, Part Ⅶ: vol. 11211. Springer, 2018: 3-19.

[16] LI X, WANG W H, HU X L, et al. Selective Kernel Networks[C]//IEEE Conference on Computer Vision and Pattern Recognition, Long Beach, CA, USA, June 16 - 20, 2019. Computer Vision Foundation / IEEE, 2019: 510-519.

[17] SELVARAJU R R, COGSWELL M, DAS A, et al. Grad-CAM: Visual Explanations from Deep Networks via Gradient-Based Localization[C]//IEEE International Conference on Computer Vision, Venice, Italy, October 22-29, 2017. IEEE Computer Society, 2017: 618-626.

[18] LUO H, GU Y, LIAO X, et al. Bag of Tricks and a Strong Baseline for Deep Person Re-Identification [C]//IEEE Conference on Computer Vision and Pattern Recognition Workshops, Long Beach, CA, USA, June 16-20, 2019. Computer Vision Foundation / IEEE, 2019: 1487-1495.

[19] ZHONG Z, ZHENG L, CAO D L, et al. Re-ranking Person Re-identification with k-Reciprocal Encoding[C]// IEEE Conference on Computer Vision and Pattern Recognition, Honolulu, HI, USA, July 21-26, 2017. IEEE Computer Society, 2017: 3652-3661.

[20] ZHENG F, DENG C, SUN X, et al. Pyramidal Person Re-Identification via Multi-Loss Dynamic Training[C]//IEEE Conference on Computer Vision and Pattern Recognition, Long Beach, CA, USA, June 15-20, 2019. Computer Vision Foundation / IEEE, 2019: 8514-8522.

[21] DAI Z Z, CHEN M Q, GU X D, et al. Batch DropBlock Network for Person Re-Identification and Beyond[C]//IEEE/CVF International Conference on Computer Vision, Seoul, Korea (South), October 27-November 2, 2019. IEEE, 2019: 3690-3700.

第 9 章 分类哈希 ReID 方法

行人再识别作为通过监控视频维护公共安全的重要手段，越来越受到研究者的关注。但是，随着监控设备的普及，其所摄录的视频数据呈现指数级增长趋势，如何提高行人再识别的特征表示和匹配识别效果也变得越来越重要。当前，大型数据库都采用了高效的计算和存储技术，如散列哈希技术。本章探索在深度学习的卷积神经网络模型中引入一种新的二值化近似层，提出了一种新的深度分类哈希网络。该网络输出的特征数值逼近 0 和 1 的属性，极易被量化成二值的哈希码，以实现特征的高效哈希匹配。在 CUHK03 和 Market-1501 数据集上，实验验证了所提出的深度哈希方法的有效性。

9.1 研究动机

近年来，卷积神经网络在分类任务中极大地改进了分类精度，同时由深度网络提取的特征也被广泛应用于图像检索、人脸识别、对象跟踪等应用中[1-3]。在行人再识别中，通过在行人数据集上微调 ImageNet 预训练 CNN 模型，实现了利用所学模型提取特征进行行人匹配识别[4-5]。然而，由 CNN 模型提取的特征通常是实值高维向量，如果直接计算这两个高维向量之间的相似度，则在大规模数据集上效率会很低。为了提高特征的计算效率和存储成本，目前广泛使用的特征压缩方法主要有两种，一种是降维技术，如主成分分析[6]；另一种是散列技术，它采用低维二值向量表示特征。其中，降维技术虽然可以一定程度上解决计算与存储效率，但是它将端到端的特征提取过程分为两个阶段，在现实中会降低效率。因此，本章探索第二种方法中的散列哈希技术。

目前，在各种哈希技术中，深度监督哈希方法取得了较好的突破性进展。典型的深度哈希方法有基于卷积神经网络的哈希方法（CNNH）[7]，基于 NIN（network in network）网络的哈希方法（NINH）[8]，基于深度学习语义排序的哈希方法（DSRH）[9]，基于深度学习正则化相似度比较的哈希方法（DRSCH）[10]，基于深度成对哈希方法（DPSH）[11]，三元组监督的哈希方法（DTSH）[12]，基于结构化深度学习的哈希方法（StructDH）[13]。这些方法采用 ImageNet 预训练的 CNN 模型（VGG-Net[14]）作为骨干网络，在目标域数据集上对网络中的参数进行微调。为了度量相似性，网络一般输入成对图像或三元组图像，通过网络计算输出它们的关系（相同或不相同）及其对应的哈希码。这些方法利用数据标签构造成对或三元组输入以学习数据之间的相似度关系，即将问题视为特征相似度比较任务，但是这种相似度比较的学习，在 ImageNet 预训练的 CNN 模型上训练会面临着收敛速度慢或收敛困难问题。在行人再识别中，由于行人标签是给定的，每个标签对应一个特定行人，故该问题也可以作为一个分类任务来处理。

在行人再识别任务中，虽然行人数量很多，但是每个行人的图像实际是非常有限的，通常只有几十张、甚至几张，这就使得行人再识别的分类任务比普通的分类问题要更难。受文献[15]的启发，本章提出一个新的二值化近似层，并通过对 ImageNet 预训练的 CNN 模型进行微调，来直接学习生成哈希近似特征。这些哈希近似特征可以很容易地量化为哈希码，用于二值化汉明距离的相似度比较。此外，由于每个类的样本很少，网络中还添加了一个丢弃(Dropout)层来抑制过拟合。本章提出了一种基于深度 ResNet[16] 的鲁棒分类哈希网络结构。实验结果验证了所提出的深度哈希方法能够生成鲁棒高效的哈希特征。

9.2 深度分类哈希(DCH)

9.2.1 网络架构

本章所提出的深度分类哈希网络(简称 DCH)的架构如图 9-1 所示，具体包括一个 ImageNet 预训练的骨干网络，两个全连接层(FC_b 和 FC_c)，一个二值化近似(BA)层，一个丢弃(Dropout)层和一个 softmax 层。采用 ResNet-50 作为 ImageNet 预训练的骨干网络，也可以用其他网络模型代替，如 AlexNet、VGGNet 等。该主干通过一系列卷积、池化和 ReLU 操作，将输入图像经“pool5”层转换为 2 048 维的特征。FC_b 层负责将 2 048 维的高维特征映射到 K 维的低维特征，该维度对应哈希码的长度。例如：哈希的维数是 128，则 FC_b 的卷积核大小为 1×1×2 048×128。在此基础上，本章提出了新的 BA 层，将均匀分布实值特征映射到 0/1 二值。在训练过程中，Dropout 层用于抑制过拟合，BA 层和 Dropout 层具有相同的输出尺寸。其后，使用 FC_c 层将特征映射到输出类别的个数进行分类。最后，使用 softmax 损失作为优化目标监督网络学习。

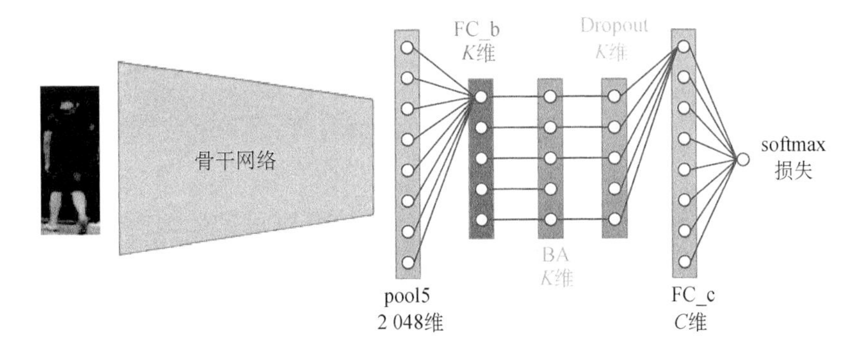

图 9-1 DCH 网络架构

9.2.2 二值化近似层

经典的分类 CNN 模型提取的特征一般是实值的向量，不适合直接生成二值化的哈希码。同时，如果在网络中直接加入符号激活函数生成二值化的哈希特征，那么训练过程将面临非光滑函数的消失梯度问题。因此，本章提出一个新的自适应层，称为二值化近似层(BA)，以实现近似二值的平滑激活函数。该层输入来自 FC_b 层的 K 维向量，对特征进行映射，使特征逼近{−1, 1}。受文献[17]的启发，所提出的自适应映射函数如下：

$$g(x;\alpha)=2\sigma(x;\alpha)-1 \tag{9-1}$$

其中，$\sigma(x;\alpha)=1/(1+e^{-\alpha x})$ 是具有超参数的S形函数，α 用来控制变换的带宽。为了进行反向传播，需要得到 g 关于 x 的梯度，则有：

$$\frac{\partial g}{\partial x}=\alpha y(1-y) \tag{9-2}$$

其中，$y=g(x;\alpha)$ 是自适应映射函数的输出。注意，当梯度为0时，具有较大 α 的 sigmoid 函数 $\sigma(x;\alpha)$ 会有较大的饱和区。为了实现更有效的反向传播，需要一个较小的值，而不是一个较大的值。然而，注意到：

$$\lim_{\alpha\to+\infty} g(x;\alpha)=\mathrm{sgn}(x) \tag{9-3}$$

该式表明，如果增加 α 的值，它将回到原来的符号激活函数，如图9-2所示。为了平衡上述冲突和矛盾，在实验中简化设置 $\alpha=1$，除非另有说明。

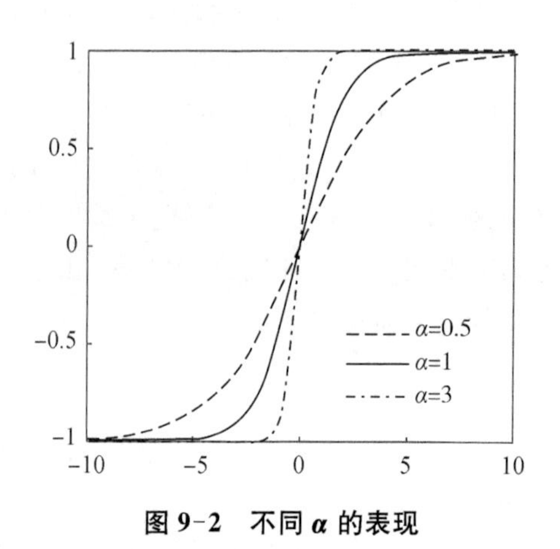

图9-2 不同 α 的表现

9.2.3 生成哈希码

对于新特性，首先将输入图像编码到BA层的 K 维特征向量 $\boldsymbol{f}$ 中，然后可以通过符号函数 sgn(•) 获得一个 K 维的哈希码。对于 $k=1, 2, \cdots, K$，如果 $\boldsymbol{f}_k>0$，$\mathrm{sgn}(\boldsymbol{f}_k)=1$，否则 $\mathrm{sgn}(\boldsymbol{f}_k)=0$。在测试过程中，我们只激活模型中的BA层来提取特征向量。得到查询集和图库集的哈希码后，利用查询集和图库集之间的汉明距离进行排序，得到评测结果。

9.3 实验评测

9.3.1 数据集简介

在CUHK03和Market-1501两个大规模的行人再识别数据集，对本章所提方法进行有效性验证。CUHK03 是在校园内收集的 1 467 个行人的 13 164 张图像组成，训练集包含 1 367个行人，测试集包含 100 个行人。由于默认评测的 20 次随机划分耗时太大，本章的验证仅选择 20 个分割中的第一个分割来进行实验。在评估中，随机从另一个摄像机下的 100 个行人中选择 100 张图片。Market-1501 数据集包含 1 501 行人的有 32 668 张图片。根据默认设置，751 个行人的 12 936 张图像用于训练，另外 750 个行人的 19 732 张图像用于测试。其他设置按照默认设置。

9.3.2 实验设置

实验采用 MatConvNet 包[18]进行训练和测试，采用小批量随机梯度下降法对网络参数进行更新。训练迭代总次数为 25，小批量的样本大小设置为 64 个。初始化学习率为 0.01，经过 20 次迭代置为 0.001，最后一次迭代置为 0.0001。Dropout 率设置为 0.5。除非另有说明，否则参数 α 设置为 1。每批训练图像都是随机采样，所有的训练图像缩放到 256×256 以保证一致性，且减去所有训练图像的平均值。为了匹配 ResNet-50 的输入，将图像随机裁剪为 224×224；同时，训练图像还增加了水平随机翻转。

实验采用平均精度均值(mAP)和累积匹配特征(CMC)排序精度进行评价。

9.3.3 实验结果与分析

首先，将所提出的 DCH 方法与基准方法进行对比，其中基准方法与 DCH 具有相同的架构，区别仅在于没有 BA 层。同时，实验结果还报告了不进行二值化操作产生的实值特征所取得的性能。在此，采用(b)表示二值化的哈希特征结果，(f)表示实值特征结果。表 9-1 中报告的哈希结果是使用 128 位哈希码并按照汉明距离排序得到的，对应的实值特征维度也是 128 维。其中最好的结果用粗体突出显示。从表 9-1 可以发现，在 CUHK03 数据集上，DCH 的结果总体上优于基准方法；在 Market-1501 上，基准方法(f)的结果总是优于 DCH(f)，而基准方法(b)的 mAP 总是低于 DCH(b)，主要原因可能是原始的特征分布可以通过 BA 层转换成另一个分布进行哈希，使得哈希结果得到了改进。

表 9-1 DCH 与基准方法的比较结果

方法	CUHK03				Market-1501			
	Single-shot		Multiple-shot		Single-query		Multiple-query	
	mAP	Rank-1	mAP	Rank-1	mAP	Rank-1	mAP	Rank-1
DCH(b)	**74.43%**	**77.94%**	**79.13%**	**70.69%**	**46.53%**	67.96%	**55.01%**	75.53%
Baseline(b)	65.81%	65.97%	74.89%	63.24%	44.74%	**69.42%**	54.88%	**77.79%**
DCH(f)	**78.41%**	**79.63%**	**83.38%**	**76.51%**	53.05%	74.11%	62.67%	82.36%
Baseline(f)	75.03%	74.16%	81.97%	73.11%	**57.79%**	**79.48%**	**67.49%**	**85.10%**

按照文献[13]设置，将 DCH 方法与最新方法进行了比较，其中所有的 CMC 排名值都是 CUHK03 上的单次查询结果，而在 Market-1501 上是多次查询结果。结果展示在表 9-2 中，其中排名列表基于具有 128 位哈希码的汉明距离。DRSCH、DSRH、NINH、CNNH 的

结果直接来源于文献[13]。最好的和次好的结果分别用粗体和下划线突出显示。从表 9-2 可以发现,DCH 方法性能优于所有对比的方法,验证了本章方法的有效性。

表 9-2 DCH 与最新方法的比较结果

方法	CUHK03				Market-1501			
	mAP	Rank-1	Rank-5	Rank-10	mAP	Rank-1	Rank-5	Rank-10
DCH(b)	**74.4%**	**77.94%**	**90.34%**	**93.91%**	**55.0%**	**75.53%**	**90.88%**	**94.48%**
StructDH[13]	<u>60.1%</u>	<u>37.41%</u>	<u>61.28%</u>	<u>77.46%</u>	<u>48.2%</u>	<u>48.06%</u>	<u>61.23%</u>	75.67%
DRSCH[10]	42.1%	20.84%	49.39%	72.66%	44.7%	41.25%	58.98%	<u>76.04%</u>
DSRH[9]	40.3%	9.75%	28.10%	47.82%	42.3%	34.33%	59.82%	71.27%
NINH[8]	36.5%	12.38%	30.52%	49.34%	37.8%	37.74%	59.09%	74.25%
CNNH[7]	30.5%	8.27%	22.53%	45.09%	34.5%	16.46%	39.95%	51.24%

9.3.4 消融性分析

本小节评估不同参数、不同哈希编码长度和 Dropout 策略的性能。为了测试这些因素的影响,具体配置与第 9.3.2 节相同,并在 CUHK03 数据集进行实验。

图 9-3(a)显示了不同参数下 mAP 和 Rank-1 的性能。从图中可以发现,参数 α 在很大的范围内都具有很好的性能。当然,如果变得太大或太小,性能也会大大幅下降。建议在[0.05,2]范围内选择一个合适的值。图 9-3(b)展示了不同哈希编码长度的 mAP 和 Rank-1 性能。从图中可以发现,哈希编码长度越长,对应获得的性能越好,但是编码越长,对应的存储和计算时耗也会增加,故需综合考虑。最后,图 9-3(c)展示了在训练中的 Dropout 策略,具体给出了采用或不采用 Dropout 策略条件下,不同哈希编码的 mAP,其中 Dropout 率设置为 0.5。从图中可以发现,Dropout 策略是一个重要的操作,可以抑制过拟合,提高性能。

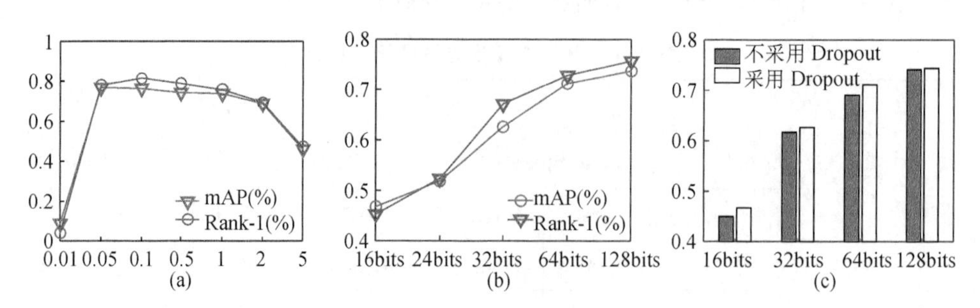

图 9-3 三个因素的评估:(a)参数,(b)哈希数,(c)Dropout 策略

9.4 小结

本章提出了一种新的深度分类哈希网络,提出了一个新的 BA 层。实验结果表明,深度

哈希方法能够在公共 CUHK03 和 Market-1501 数据集上具有很好的性能。此外，还分析了提出的 BA 层和增加的 Dropout 层的性能和影响，给出了不同编码比特和参数的性能，以指导实际应用。

参考文献

[1] GORDO A, ALMAZÁN J, REVAUD J, et al. Deep Image Retrieval: Learning Global Representations for Image Search[C]//LEIBE B, MATAS J, SEBE N, et al. Lecture Notes in Computer Science: Computer Vision — ECCV 2016 — 14th European Conference, Amsterdam, The Netherlands, October 11-14, 2016, Proceedings, Part Ⅵ: vol. 9910. Springer, 2016: 241-257.

[2] WEN Y D, ZHANG K P, LI Z F, et al. A Discriminative Feature Learning Approach for Deep Face Recognition[C]//LEIBE B, MATAS J, SEBE N, et al. Lecture Notes in Computer Science: Computer Vision — ECCV 2016 — 14th European Conference, Amsterdam, The Netherlands, October 11-14, 2016, Proceedings, Part Ⅶ: vol. 9911. Springer, 2016: 499-515.

[3] BERTINETTO L, VALMADRE J, HENRIQUES J F, et al. Fully-Convolutional Siamese Networks for Object Tracking[C]//HUA G, JÉGOU H. Lecture Notes in Computer Science: Computer Vision — ECCV 2016 Workshops — Amsterdam, The Netherlands, October 8-10 and 15-16, 2016, Proceedings, Part Ⅱ: vol. 9914. 2016: 850-865.

[4] VARIOR R R, HALOI M, WANG G. Gated Siamese Convolutional Neural Network Architecture for Human Re-identification[C]//LEIBE B, MATAS J, SEBE N, et al. Lecture Notes in Computer Science: Computer Vision — ECCV 2016 — 14th European Conference, Amsterdam, The Netherlands, October 11-14, 2016, Proceedings, Part Ⅷ: vol. 9912. Springer, 2016: 791-808.

[5] LIU J, ZHA Z J, TIAN Q I, et al. Multi-Scale Triplet CNN for Person Re-Identification[C]//HANJALIC A, SNOEK C, WORRING M, et al. Proceedings of the 2016 ACM Conference on Multimedia Conference, Amsterdam, The Netherlands, October 15-19, 2016. ACM, 2016: 192-196.

[6] BABENKO A, SLESAREV A, CHIGORIN A, et al. Neural Codes for Image Retrieval[C]//FLEET D J, PAJDLA T, SCHIELE B, et al. Lecture Notes in Computer Science: Computer Vision — ECCV 2014 — 13th European Conference, Zurich, Switzerland, September 6-12, 2014, Proceedings, Part Ⅰ: vol. 8689. Springer, 2014: 584-599.

[7] XIA R, PAN Y, LAI H, et al. Supervised Hashing for Image Retrieval via Image Representation Learning[C]//BRODLEY C E, STONE P. Proceedings of the Twenty-Eighth AAAI Conference on Artificial Intelligence, July 27-31, 2014, Québec City, Quebec, Canada. AAAI Press, 2014: 2156-2162.

[8] LAI H J, PAN Y, YEL, et al. Simultaneous feature learning and hash coding with deep neural networks[C]//IEEE Conference on Computer Vision and Pattern Recognition, Boston, MA, USA, June 7-12, 2015. IEEE Computer Society, 2015: 3270-3278.

[9] ZHAO F, HUANG Y Z, WANG L, et al. Deep semantic ranking based hashing for multi-label image retrieval[C]//IEEE Conference on Computer Vision and Pattern Recognition, Boston, MA, USA, June 7-12, 2015. IEEE Computer Society, 2015: 1556-1564.

[10] ZHANG R M, LIN L, ZHANG R, et al. Bit-Scalable Deep Hashing With Regularized Similarity Learning for Image Retrieval and Person Re-Identification[J]. IEEE Transactions on Image Processing, 2015, 24(12): 4766-4779.

[11] LI W J, WANG S, KANG W C. Feature Learning Based Deep Supervised Hashing with Pairwise Labels[C]//KAMBHAMPATI S. Proceedings of the Twenty-Fifth International Joint Conference on Artificial Intelligence, New York, NY, USA, 9-15 July 2016. IJCAI/AAAI Press, 2016: 1711-1717.

[12] WANG X F, SHI Y, KITANI K M. Deep Supervised Hashing with Triplet Labels[C]//LAI S H, LEPETIT V, NISHINO K, et al. Lecture Notes in Computer Science: Computer Vision — ACCV 2016 — 13th Asian Conference on Computer Vision, Taipei, Taiwan, November 20-24, 2016, Revised Selected Papers, Part Ⅰ: vol. 10111. Springer, 2016: 70-84.

[13] WU L, WANG Y, GE Z Y, et al. Structured deep hashing with convolutional neural networks for fast person re-identification[J]. Computer Visim and Image Understanding., 2018, 167: 63-73.

[14] RUSSAKOVSKY O, DENG J, SU H, et al. ImageNet Large Scale Visual Recognition Challenge[J]. International Journal of Computer Vision, 2015, 115(3): 211-252.

[15] LIN K, YANG H F, HSIAO J H, et al. Deep learning of binary hash codes for fast image retrieval [C]// IEEE Conference on Computer Vision and Pattern Recognition Workshops, Boston, MA, USA, June 7-12, 2015. IEEE Computer Society, 2015: 27-35.

[16] HE K M, ZHANG X Y, REN S Q, et al. Deep Residual Learning for Image Recognition[C]//IEEE Conference on Computer Vision and Pattern Recognition, Las Vegas, NV, USA, June 27-30, 2016. IEEE Computer Society, 2016: 770-778.

[17] CAO Z J, LONG M S, WANG J M, et al. HashNet: Deep Learning to Hash by Continuation[C]// IEEE International Conference on Computer Vision, Venice, Italy, October 22-29, 2017. IEEE Computer Society, 2017: 5609-5618.

[18] VEDALDI A, LENC K. MatConvNet: Convolutional Neural Networks for MATLAB[C]//ZHOU X, SMEATON A F, TIAN Q, et al. Proceedings of the 23rd Annual ACM Conference on Multimedia Conference, Brisbane, Australia, October 26-30, 2015. ACM, 2015: 689-692.

第10章　比特哈希的 ReID 方法

监控设备的广泛使用及视频数据的成倍增长，使得视频中行人的检索和识别变得越来越重要[1-3]。行人再识别作为跨摄像机识别行人的主要技术，成为解决多个摄像机搜索追踪感兴趣行人问题的关键技术。由于视频数据的数量庞大，在大规模数据集上如何解决内存成本和查询速度，成为推动行动再识别由研究走向应用的主要问题。本章探索了利用标签信息进行深度监督哈希的可能性，提出了一种成对比特损失来度量两幅类内图像特征之间的差异。同时，设计了一个孪生网络架构，通过组合成对比特损失和分类损失来生成哈希特征。最后，通过实验验证了本章所提方法的有效性。

10.1　研究动机

近年来，基于学习的哈希方法(L2H)[4]进步很大，主要可分为两类[4-6]：无监督学习方法和有监督学习方法。无监督学习方法仅在训练中使用特征(属性)信息，而没有任何监督(标签)信息，代表性的无监督方法包括基于谱分析的哈希(SH)[7]、迭代量化(ITQ)方法[8]、基于各向同性的哈希方法(ISOHash)[4]、基于离散图技术的哈希方法(DGH)[9]、基于可伸缩图的哈希方法(SGH)[10]等。

与无监督学习方法不同的是，有监督学习方法既利用了特征信息又利用了监督(标签)信息，可进一步分类为基于手工特征的哈希方法和基于深度学习特征的哈希方法。基于手工特征的哈希方法的代表包括有监督离散哈希方法(SDH)[11]、基于序列投影学习的哈希方法(SPLH)[12]、基于核的有监督哈希方法(KSK)[13]、快速的有监督学习哈希方法(FastH)[14]、基于潜在因子的哈希方法(LFH)[15]；基于深度学习特征的哈希方法包括基于卷积神经网络的哈希方法(CNNH)[16]、基于 NIN(network in network)网络的哈希方法(NINH)[17]、基于深度学习语义排序的哈希方法(DSRH)[18]、基于深度学习正则化相似度比较的哈希方法(DRSCH)[1]、基于深度成对哈希方法(DPSH)[6]、三元组监督的哈希方法(DTSH)[19]和基于结构化深度学习的哈希方法(StructDH)[3]。与基于手工特征的哈希方法相比，基于深度学习特征的哈希方法表现出更好的性能。

总结对比上述方法，本章对下述问题进行深度分析：

问题1：是否可以通过挖掘标签信息来提升哈希性能？

深度特征哈希方法通常是通过比对所给定的标签(类别)信息是否相同来学习哈希码[6,18,19]。此类方法将哈希视为一个验证问题(相同/不相同)，而不是识别问题。但是，在实例检索和行人再识别中，标签信息已经给出，故也可以用于提升学习哈希性能。近来，相关学者已经证明在人脸识别[20]和行人再识别[2,21]任务中结合相同/不相同的比对关系和标签信息，可以大大提高精度。因此，深入挖掘标签（类别）信息是提高哈希性能的一种途径。

问题2：直接将CNN所提取的特征进行符号映射得到哈希码，所得性能如何？

为了回答该问题，通过实验评测了直接哈希CNN所学习特征的性能。具体方法是，在CIFAR10数据集[22]上，采用VGG-F网络[23]进行微调，用10个输出类替换最后一个完全连接层，然后直接对所提取特征进行符号映射来生成哈希码。当使用Dropout策略来防止在小规模训练数据集上过度拟合，实验结果达到很好的性能。该结果表明CNN特征易于量化以用于生成哈希码。此外，通过符号映射来生成哈希码，在文献[6,16,18]中，均使用约束条件 $||\boldsymbol{u}-\boldsymbol{b}||^2$，其中 $\boldsymbol{u}$ 和 $\boldsymbol{b}$ 代表特征及其量化哈希码，但是该过程仅考虑根据符号来生成哈希码而没有涉及数值大小。

问题3：直接通过符号映射CNN特征生成哈希码是否存在问题？

仅使用分类损失的CNN方法提取的特征通常均匀分布并填充整个特征空间，如图10-1(a)显示三个类别的特征分布情况，可以发现，绝大多数类内特征位于一个象限中，但是每个类中也有少数特征位于另一个象限[图10-1(a)中的矩形部分]，这些特征在采用符号映射时会被编码为不同的比特码，进而影响相似度比较的性能。为了解决该问题，本章提出一种新的成对比特损失函数，以限制类内特征仅位于一个象限中，以提高哈希性能。图10-1(b)显示了同时使用成对比特损失与分类损失所提取特征分布的效果。

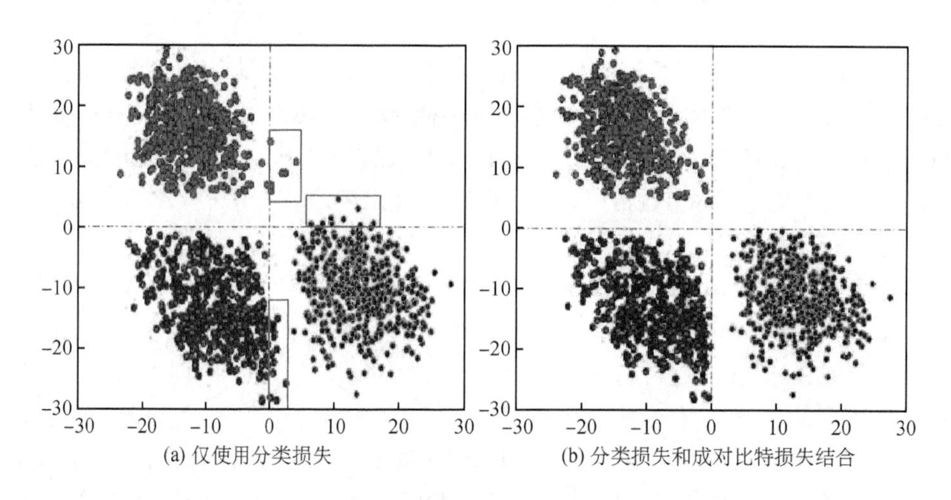

图10-1 VGG-F网络在CIFAR10数据集上学习的二维特征分布图

本章所提出的方法不仅关注于相似度比较，而且还利用了标签（类别）信息，主要贡献包括：

提出了一种成对比特损失函数，以度量CNN网络从两个类内图像中提取的特征的符号距离，它取决于两个特征的元素点乘所得出的向量的元素符号，它对负值敏感，意味着两个元素具有不同的符号，并且它们将具有不同的比特量化值。

提出了一种新的基于有监督深度学习的哈希方法，称为成对比特损失的深度监督哈希(Deep Supervised Hashing with Pairwise Bit Loss, DSH-PBL)，通过将分类损失和成对比特损失相结合来生成深度特征哈希编码。分类损失用于分离类间特征，成对比特损失用于维持类内特征具有相同的符号。

实验结果表明 DSH-PBL 是一种有效的哈希方法，在图像检索和行人再识别方面具有很好的性能。

10.2 成对比特损失的深度监督哈希(DSH-PBL)

本节主要介绍基于成对比特损失的深度学习有监督哈希方法 DSH-PBL。

10.2.1 网络架构

特征学习和哈希编码的目的是找到图像映射函数 $f=\varphi(I)$ 和特征编码函数 $g(\varphi(I))$，其中 I 表示原始图像。为了实现有效的匹配识别，网络输入成对类内图像，经图像映射函数和特征编码函数应维持成对输入图像 I_i^a、I_i^b 的语义一致性，即 $f_i^a=\varphi(I_i^a)$、$f_i^b=\varphi(I_i^b)$ 应该彼此靠近，且 $g(f_i^a)$、$g(f_i^b)$ 也应具有近的汉明距离。本章使用端到端的深度学习网络来构建图像特征映射函数和特征编码函数。该网络输入成对图像 I_i^a、I_i^b，输出高级语义特征 f_i^a、f_i^b，以进行相似度比较，特征编码函数 $g(\cdot)$ 使用符号函数。

DSH-PBL 框架基于 Siamese 框架[2]进行优化，以成对图像作为输入，并通过端到端的网络来学习特征。图 10-2 给出了 DSH-PBL 的网络架构，由两个分类损失和一个成对比特损失组成。DSH-PBL 使用 ImageNet 预训练的 CNN 模型作为骨干网络，该网络输入成对图像，输出两个低维特征，这些特征可以通过符号运算直接映射为哈希码。

对于 ImageNet 预训练的 CNN 模型，删除了最后一个 FC 层和 softmax 损失层，添加一个新的、大小为 $1\times1\times p\times q$ 的 FC 层，以将 p 维的高维特征降为 q 维的低维特征，进而用于量化。输出的维度 q 由哈希编码所需的位数确定。接下来，添加丢弃率为 0.5 的 Dropout 层，以抑制过拟合使模型具有更好的泛化性能。此外，添加另一个 FC 层以将 q 维的特征映射到训练数据集中的 C 类输出。例如，在 Market-1501 数据集上[24]，如果需要 128 位特征，先对 VGG-F 网络[22]输出的特征图使用 $1\times1\times4\ 096\times128$ 的滤波器进行降维，然后使用 $1\times1\times128\times751$ 的滤波器实现分类映射。最后，添加 softmax 损失层作为目标函数。整个网络接受分类损失和成对比特损失两种不同类型损失共同监督。如图 10-2 所示，下面将重点介绍提出的新的成对比特损失。

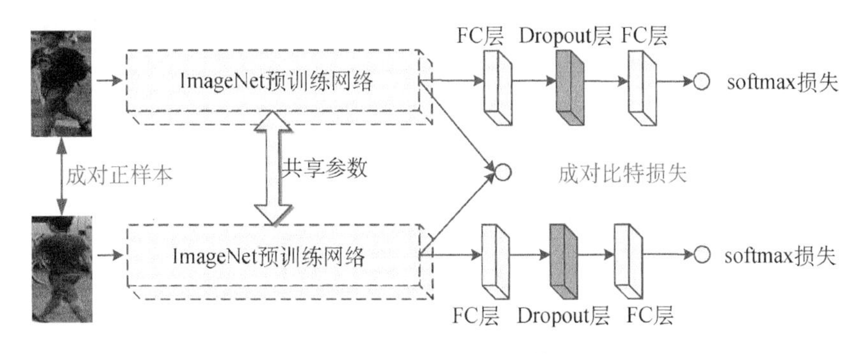

图 10-2 DSH-PBL 网络架构图

10.2.2 成对比特损失函数

分类损失可以监督类间特征分离以实现分类，但是当类内特征跨越两个或多个象限时，同类特征可能会产生不同的哈希码，故采用符号函数对特征进行哈希编码是不合适的。如果两个类内特征在同一个维度上具有不同的符号，则将为这两个相似的特征产生不同的比特码。图 10-3 展示出两个类内特征 $\boldsymbol{f}_i^a$ 和 $\boldsymbol{f}_i^b$ 的量化损失，$\boldsymbol{b}_i^a$ 和 $\boldsymbol{b}_i^b$ 是通过符号运算对应的哈希码，哈希码在第三个维度具有不同的符号，则对应会影响着这两个类内特征之间的汉明距离。为了改善这个问题，本章拟构建成对比特损失对相同维度上的不同符号进行惩罚。

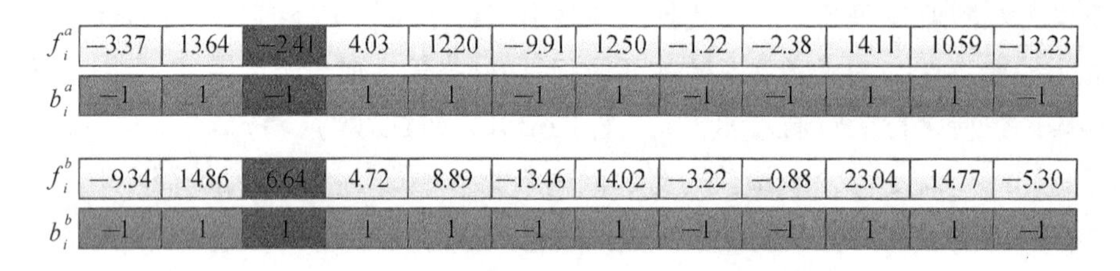

图 10-3 两个类内特征的哈希量化差异

由于哈希码是二进制的，因此目标是不连续且不可导的，很难通过梯度下降进行优化。为了解决这个问题，在没有进行哈希的特征空间中定义成对比特损失，以间接最小化相应哈希编码的汉明距离。首先，通过将两个特征 $\boldsymbol{f}_i^a$、$\boldsymbol{f}_i^b$ 进行对应元素点乘产生一个新的向量。如果该向量的第 j 维权值为正，则无需对特征进行优化；否则，将给予惩罚以更改特征值使它们具有相同的符号。直观上，上述惩罚维持了所学习得到的哈希码，保留了标签语义之间的相似关系。

给定成对类内特征，成对比特损失函数定义如下：

$$L_{\mathrm{b}}=\sum_{i=1}^{N}\sum_{k=1}^{d}\max(0,\ -\boldsymbol{f}_{i,k}^{a}\boldsymbol{f}_{i,k}^{b}) \tag{10-1}$$

其中，特征向量 $\boldsymbol{f}_i^a$ 的第 k 维权值执行点乘运算；如果 $-\boldsymbol{f}_{i,k}^{a}\boldsymbol{f}_{i,k}^{b}$ 为负值，则使用 max 运算抑制其影响。

针对成对比特损失，专门设计一个网络层，输入成对类内特征，输出成对比特损失，该层不存在待学习的参数。在训练中，前向计算损失、反向传播梯度，完成对网络参数的优化学习。

10.2.3 联合损失函数

在 DSH-PBL 中，使用 softmax 对数损失函数作为分类损失函数，如下：

$$L_{\mathrm{s}}=\sum_{i=1}^{N}-\log\frac{\exp((\boldsymbol{W}^{y_i})^{\mathrm{T}}\boldsymbol{f}_i)}{\sum_{k=1}^{C}\exp((\boldsymbol{W}^{k})^{\mathrm{T}}\boldsymbol{f}_i)} \tag{10-2}$$

其中，y_i 表示输入图像$\boldsymbol{I}_i$ 的标签，$\boldsymbol{W}^k$ 表示最后一个全连接层权值参数$\boldsymbol{W}$ 的第k 列元素，C 表示类别个数，而 N 表示输入成对图像的数量。

为学习到好的哈希编码，本章将成对比特损失函数和分类损失函数融合，两个损失的联合目标函数如下：

$$L = L_s + \lambda L_b \tag{10-3}$$

其中，超参数 λ 用来平衡损失之间的差异。当 $\lambda = 0$ 时，该联合目标函数等于仅采用分类损失函数。

由于分类损失可以将类内特征分开并生成良好分布的初始特征，因此提出了两阶段算法来训练网络。第一阶段设置 $\lambda = 0$ 训练网络参数；第二阶段，添加成对比特损失调优网络参数。

10.2.4 测试过程

DSH-PBL 测试过程可以概括为：首先输入图像获得图像特征向量 $\boldsymbol{f} = \varphi(\boldsymbol{I})$；然后，可以通过 $\boldsymbol{b} = \mathrm{sgn}(\boldsymbol{f})$ 进行哈希量化，获得 q 维二进制哈希码。其中，sgn(•) 作为特征向量的符号映射函数，当 $f_i > 0$ 时，$\mathrm{sgn}(f_i) = 1$，否则 $\mathrm{sgn}(f_i) = 0$，$i = 1, 2, \cdots, q$。实际中，仅激活孪生网络中的一条路径即可提取特征。一旦获得查询和库图像的特征哈希码，那么就可以计算查询和库两个特征集合之间的汉明距离，并计算评测指标。

10.3 实验评测

10.3.1 在 CIFAR10 上的结果与分析

CIFAR10 数据集[23]包含 60 000 个大小为 32×32 的彩色图像，这些图像分为 10 类，每类 6 000 幅图像。每幅图像属于 10 个类别中的一个。在训练和测试中，将图像像素统一缩放至 224×224 以适应网络的输入，然后减去所有训练图像的像素均值。按照文献[16,17]中的设置，随机选择每类 100 张图像（总共 1 000 张图像）作为查询集，其余图像用作图库集。对于无监督方法，图库集中的所有图像都用作训练集。对于有监督方法，从图库集中随机选择每类 500 张图像（总共 5 000 张图像）作为训练集。

将所提方法与几种新的基于学习的哈希方法进行比较，具体包括：①基于手工特征的传统无监督哈希方法，包括 SH[7] 和 ITQ[8]；②基于手工特征的传统有监督哈希方法，包括 SPLH[12]、KSH[13]、FastH[14]、LFH[15] 和 SDH[11]；③深度特征哈希方法，包括 CNNH[16]、NINH[17]、DPSH[6] 和 DTSH[19]。CNNH、DPSH 使用成对标签进行哈希学习，而其他使用三元组标签进行哈希学习。对于使用人工设计特征的传统哈希方法，将提取 512 维 GIST 向量来表示图像。

采用 MatconvNet[25] 软件包训练和测试，使用 VGG-F 网络[22]初始化 DSH-PBL 框架的骨干网络，采用小批量随机梯度下降算法调优训练网络，批大小设置为 64 对。迭代数设置为 25。初始学习率为 0.001，在 20 次迭代后置为 0.000 1，最后 1 次迭代置为 0.000 01。网络中三个损失函数目标具有不同的权重，其中两个分类损失的权值设置为 0.5，成对比特损失设置为 1。超参数 λ 设置为 0.1。表 10-1 展示对应方法的测试结果，其中 DSH-PBL 是本章所提方法的结果。

表 10-1 在 CIFAR10 数据集上的结果

方法	Rank-1	Rank-5	Rank-10	Rank-20
DSH-PBL	77.6%	81.7%	82.1%	82.6%
DTSH[19]	71.0%	75.0%	76.5%	77.4%
DPSH[6]	71.3%	72.7%	74.4%	75.7%
NINH[17]	55.2%	56.6%	55.8%	58.1%
CNNH[16]	43.9%	51.1%	50.9%	52.2%
FastH[14]	30.5%	34.9%	36.9%	38.4%
SDH[11]	28.5%	32.9%	34.1%	35.6%
KSH[13]	30.3%	33.7%	34.6%	35.6%
LFH[15]	17.6%	23.1%	21.1%	25.3%
SPLH[12]	17.1%	17.3%	17.8%	18.4%
ITQ[8]	16.2%	16.9%	17.2%	17.5%
SH[7]	12.7%	12.8%	12.6%	12.9%

从表 10-1 可以发现，DSH-PBL 明显优于基于手工特征的传统无监督哈希方法、基于手工特征的传统有监督哈希方法，及深度特征哈希方法。与深度特征哈希方法相比，DSH-PBL 使用 VGG-F 网络作为骨干，与 DTSH、DPSH、NINH 和 CNNH 配置相同，因此比较结果是合理的。

10.3.2 在 Market-1501 上的结果与分析

Market-1501 数据集是一个大规模行人再识别数据集，其中包含 1 501 个行人的 32 668 幅行人图像。每个行人最多被六个摄像机捕获，并且人的标注框是由可变形部件模型(DPM)[26]检测器获得。其中，12 936 幅图像用于训练，19 732 幅图像用于测试，分别对应 751 个和 750 个行人。每个行人最多具有 6 个查询，共有 3 368 个查询图像。Market-1501 数据集比 CIFAR10 数据集更具挑战性，因为测试集中的行人不在训练集中，是一个极具难度的非闭集合识别问题。

训练中，将图像像素统一缩放至 256×256 以适应网络的输入，然后减去所有训练图像的像素均值。为了适应网络的输入，随机裁剪 224×224 的图像块作为输入，训练图像增加随机水平翻转。对于小批量训练中的孪生网络输入对，随机获取一批训练图像，并在线采样另一个相同的标签图像，以构成一个类内输入对。初始学习率为 0.01，并在 20 次迭代后置为 0.001，最后 1 次迭代置为 0.000 1。其他配置与 CIFAR10 相同。测试中，将图像像素统一缩放至 224×224 以适应网络的输入，然后减去所有训练图像的像素均值，然后直接将结果作为输入。

与 StructDH[3]，DRSCH[1]，DSRH[18]，NINH[17] 和 CNNH[16] 进行比较，采用累积匹

配特性(CMC)做评价指标。以 VGG-F 网络[22]作为骨干,并输出了多次命中的结果以与文献[3]的工作进行比较。表 10-2 展示了对应测试结果,其中 DSH-PBL(b)和 DSH-PBL(f)对应为 128 位哈希码和实值特征计算的结果。比较 DSH-PBL(b)和 DSH-PBL(f)的结果,可以获得哈希产生的量化损失。从表 10-2 中,可以发现所提方法优于所有对比方法。与 DSH-PBL(f)相比,DSH-PBL(b)由符号映射引起了较大的量化损失。

表 10-2 在 Market-1501 数据集上的结果

方法	Rank-1	Rank-5	Rank-10	Rank-20
DSH-PBL(b)	52.73%	76.43%	84.38%	90.65%
DSH-PBL(f)	68.32%	86.02%	90.94%	94.45%
StructDH[3]	48.06%	61.23%	75.67%	87.06%
DRSCH[1]	41.25%	58.98%	76.04%	85.33%
DSRH[18]	34.33%	59.82%	71.27%	86.09%
NINH[17]	37.74%	59.09%	74.25%	86.52%
CNNH[16]	16.46%	39.95%	51.24%	71.23%

10.3.3 消融性分析

在 CIFAR10 数据集上进行 Dropout 策略的消融性分析。骨干网络为 VGG-F 网络,其中具有 Dropout 策略的方法表示为“VGG+Dropout”,而没有 Dropout 策略的方法表示为 VGG。图 10-4 呈现了对应的测试结果。从图 10-4 中可以发现,具有 Dropout 策略的网络可以大幅提高性能。

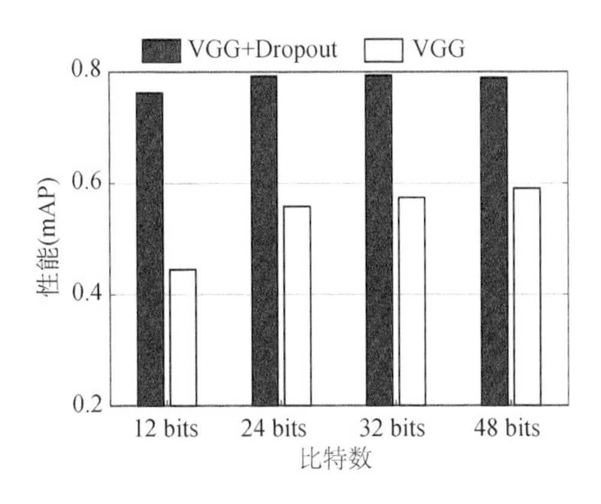

图 10-4 Dropout 策略消融性分析结果

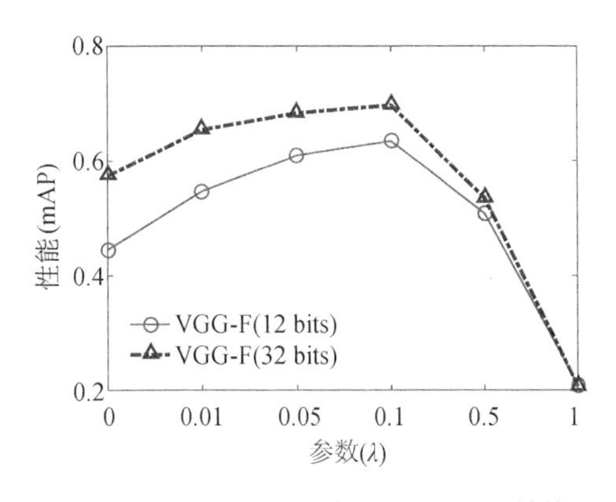

图 10-5 不同大小超参数 λ 下 mAP 性能

超参数 λ 决定了 softmax 损失和成对比特损失之间的平衡,因此对于 DSH-PBL 来说至关重要。因此,实验研究了参数 λ 在 CIFAR10 数据集上的敏感性。图 10-5 展示了不同参数的 mAP 性能。从图中可以发现,适当大小的 λ 可以使网络达到最佳性能。在 CIFAR10 数据集上,当 $\lambda=0.1$ 时,可获得最好的性能。

10.4 小结

本章探索了利用标签信息进行深度监督哈希的可能性，提出了一种成对比特损失来度量两幅类内图像特征之间的差异。同时，设计了一个孪生网络架构，通过组合成对比特损失和分类损失来生成哈希特征。最后，在 CIFAR10 数据集和 Market-1501 数据集上通过实验验证了本章所提方法的有效性。该方法不仅适用于行人再识别，也适用于图像检索等任务。

参考文献

[1] ZHANG R M, LIN L, ZHANG R, et al. Bit-Scalable Deep Hashing With Regularized Similarity Learning for Image Retrieval and Person Re-Identification [J]. IEEE Transactions on Image Processing, 2015, 24(12): 4766-4779.

[2] ZHENG Z D, ZHENG L, YANG Y. A Discriminatively Learned CNN Embedding for Person Re-identification[J]. ACM Transactions on Multimedia Computing, Communications, and Applications, 2018, 14(1): 1-20.

[3] WU L, WANG Y, GE Z Y, et al. Structured deep hashing with convolutional neural networks for fast person re-identification[J]. Computer Vision and Image Understanding., 2018, 167: 63-73.

[4] KONG W, LI W J. Isotropic Hashing[C]//BARTLETT P L, PEREIRA F C N, BURGES C J C, et al. Advances in Neural Information Processing Systems 25: 26th Annual Conference on Neural Information Processing Systems 2012. Proceedings of a meeting held December 3 - 6, 2012, Lake Tahoe, Nevada, United States. 2012: 1655-1663.

[5] KANG W C, LI W J, ZHOU Z H. Column Sampling Based Discrete Supervised Hashing[C]//SCHUURMANS D, WELLMAN M P. Proceedings of the Thirtieth AAAI Conference on Artificial Intelligence, February 12-17, 2016, Phoenix, Arizona, USA. AAAI Press, 2016: 1230-1236.

[6] LI W J, WANG S, KANG W C. Feature Learning Based Deep Supervised Hashing with Pairwise Labels[C]//KAMBHAMPATI S. Proceedings of the Twenty-Fifth International Joint Conference on Artificial Intelligence, New York, NY, USA, 9-15 July 2016. IJCAI/AAAI Press, 2016: 1711-1717.

[7] WEISS Y, TORRALBA A, FERGUS R. Spectral Hashing[C]//KOLLER D, SCHUURMANS D, BENGIO Y, et al. Advances in Neural Information Processing Systems 21, Proceedings of the Twenty-Second Annual Conference on Neural Information Processing Systems, Vancouver, British Columbia, Canada, December 8-11, 2008. Curran Associates, Inc., 2008: 1753-1760.

[8] GONG Y C, LAZEBNIK S, GORDO A, et al. Iterative Quantization: A Procrustean Approach to Learning Binary Codes for Large-Scale Image Retrieval[J]. IEEE Transactions on Pattern Analysis and Machine Intelligence, 2013, 35(12): 2916-2929.

[9] LIU W, MU C, KUMAR S, et al. Discrete Graph Hashing[C]//GHAHRAMANI Z, WELLING M, CORTES C, et al. Advances in Neural Information Processing Systems 27: Annual Conference on Neural Information Processing Systems 2014, December 8 - 13 2014, Montreal, Québec, Canada. 2014: 3419-3427.

[10] JIANG Q Y, LI W J. Scalable Graph Hashing with Feature Transformation[C]//YANG Q, WOOLDRIDGE M J. Proceedings of the Twenty-Fourth International Joint Conference on Artificial Intelligence, Buenos Aires, Argentina, July 25-31, 2015. AAAI Press, 2015: 2248-2254.

[11] SHEN F M, SHEN C H, LIU W, et al. Supervised Discrete Hashing[C]//IEEE Conference on Computer Vision and Pattern Recognition, Boston, MA, USA, June 7-12, 2015. IEEE Computer Society, 2015: 37-45.

[12] WANG J, KUMAR S, CHANG S F. Sequential Projection Learning for Hashing with Compact Codes [C]//FÜRNKRANZ J, JOACHIMS T. Proceedings of the 27th International Conference on Machine Learning(ICML-10), Haifa, Israel,June 21-24, 2010. Omnipress, 2010: 1127-1134.

[13] LIU W, WANG J, JI R R, et al. Supervised hashing with kernels[C]//IEEE Conference on Computer Vision and Pattern Recognition, Providence, RI, USA, June 16-21, 2012. IEEE Computer Society, 2012: 2074-2081.

[14] LIN G S, SHEN C H, SHI Q F, et al. Fast Supervised Hashing with Decision Trees for High-Dimensional Data[C]//IEEE Conference on Computer Vision and Pattern Recognition, Columbus, OH, USA, June 23-28, 2014. IEEE Computer Society, 2014: 1971-1978.

[15] ZHANG P, ZHANG W, LI W J, et al. Supervised hashing with latent factor models[C]//GEVA S, TROTMAN A, BRUZA P, et al. The 37th International ACM SIGIR Conference on Research and Development in Information Retrieval, SIGIR '14, Gold Coast , QLD, Australia — July 06-11, 2014. ACM, 2014: 173-182.

[16] XIA R, PAN Y, LAI H, et al. Supervised Hashing for Image Retrieval via Image Representation Learning[C]//BRODLEY C E, STONE P. Proceedings of the Twenty-Eighth AAAI Conference on Artificial Intelligence, Quebec City, Québec, Canada, July 27-31, 2014. AAAI Press, 2014: 2156-2162.

[17] LAI H J, PAN Y, YE L, et al. Simultaneous feature learning and hash coding with deep neural networks[C]//IEEE Conference on Computer Vision and Pattern Recognition, Boston, MA, USA, June 7-12, 2015. IEEE Computer Society, 2015: 3270-3278.

[18] ZHAO F, HUANG Y Z, WANG L, et al. Deep semantic ranking based hashing for multi-label image retrieval[C]//IEEE Conference on Computer Vision and Pattern Recognition, Boston, MA, USA, June 7-12, 2015. IEEE Computer Society, 2015: 1556-1564.

[19] WANG X F, SHI Y, KITANI K M. Deep Supervised Hashing with Triplet Labels[C]//LAI S H, LEPETIT V, NISHINO K, et al. Lecture Notes in Computer Science: Computer Vision — ACCV 2016 — 13th Asian Conference on Computer Vision, Taipei, Taiwan, November 20-24, 2016. Revised Selected Papers, Part Ⅰ: vol. 10111. Springer, 2016: 70-84.

[20] SUN Y, CHEN Y, WANG X, et al. Deep Learning Face Representation by Joint Identification-Verification[C]//GHAHRAMANI Z, WELLING M, CORTES C, et al. Advances in Neural Information Processing Systems 27: Annual Conference on Neural Information Processing Systems 2014, Montreal, Quebec, Canada, December 8-13 2014. 2014: 1988-1996.

[21] CHEN H R, WANG Y W, SHI Y M, et al. Deep Transfer Learning for Person Re-Identification[C]// Fourth IEEE International Conference on Multimedia Big Data, BigMM 2018, Xi'an, China, September 13-16, 2018. IEEE, 2018: 1-5.

[23] RUSSAKOVSKY O, DENG J, SU H, et al. ImageNet Large Scale Visual Recognition Challenge[J]. International Journal of Computer Vision, 2015, 115(3): 211-252.

[22] KRIZHEVSKY A. Learning multiple layers of features from tiny images[R]. University of Toronto, 2009.

[24] ZHENG L, SHEN L Y, TIAN L, et al. Scalable Person Re-identification: A Benchmark[C]//IEEE International Conference on Computer Vision, Santiago, Chile, December 7 - 13, 2015. IEEE Computer Society, 2015: 1116-1124.

[25] VEDALDI A, LENC K. MatConvNet: Convolutional Neural Networks for MATLAB[C]//ZHOU X, SMEATON A F, TIAN Q, et al. Proceedings of the 23rd Annual ACM Conference on Multimedia Conference, Brisbane, Australia, October 26-30, 2015. ACM, 2015: 689-692.

[26] FELZENSZWALB P F, GIRSHICK R B, MCALLESTER D A, et al. Object Detection with Discriminatively Trained Part-Based Models[J]. IEEE Transactions on Pattern Analysis and Machine Intelligence, 2010, 32(9): 1627-1645.

第 11 章 多尺度哈希的 ReID 方法

现有行人再识别的高维实值特征虽然在精度上取得了好的结果，但是其高昂的存储、计算成本却限制了其实际的应用。当前，哈希技术逐渐成为行人再识别的高效特征表示方法。然而，哈希技术对存储和计算的提升则是以降低精度为代价。为了提升哈希特征的表示能力，通过保持哈希特征和高维实值特征的分布一致性是一种较为直接的思路，因此本章提出一种哈希互惠结构（Hashing Mutualism Structure, HMS），用以将高维实值特征转化为二值哈希特征，同时基于 HRNet 提出一种多尺度特征融合（Multi-scale Feature Fusion, MFF）的行人再识别哈希方法 MFF-HMS。在多个行人再识别数据集上验证了本章所提方法及结构的有效性。

11.1 研究动机

受人群计数[1, 2]、多目标跟踪[3, 4]、群体行为分析[5, 6]等视觉应用的需求，行人再识别越来越受到人们的关注。当前，行人再识别的重点集中于克服诸如遮挡、低分辨率、光照变化等困难，提高再识别精度。随着深度学习技术的发展，基于高维实值特征的行人再识别已经初步具有了较好的精度[7]。但是，受实际任务在存储和计算上的需求限制，高维实值特征很难在实际任务中进行部署运行。为了降低存储和计算消耗，研究者希望借助哈希技术来减少存储空间、提升计算速度。目前，基于哈希技术的行人再识别方法虽然在精度上不断提高，但是仍然无法满足实际应用的需求。特别地，低维二值的哈希码很难维持与高维实值特征一样的精度。因此，本章致力于维持低维二值哈希码与高维实值特征的语义一致性来实现更高精度的哈希特征表示。为了实现哈希特征与实值特征的语义一致性，一种较为直接的思路是维持两者特征的分布一致性，进而将问题转化为对哈希特征和实值特征的共同学习问题。

当前，基于哈希技术的行人再识别方法大多基于单尺度的图像特征表示[8-10]。单尺度特征表示虽然处理简单，但是在表示能力上是有所欠缺的。现有行人再识别方法采用跨层连接（skip connection）将底层大尺度特征和高层小尺度特征进行级联[11,12]，已经被证明可以提升特征表示能力。但是，由于底层特征和高层特征所包含的是不同层次的抽象信息，这种特征级联融合所带来的提升通常也是有限的，故探索将相同抽象信息级别的不同尺度特征进行融合是一个有待研究的方向。

本章在探索多尺度特征融合的基础上，提出一种哈希互惠结构，该结构用于维持低维哈希特征与高维实值特征的语义一致性。在此基础上，构建了一种多尺度特征融合的行人再识别哈希方法 MFF-HMS。该方法的核心集中于多尺度特征融合与哈希互惠结构，其中前者主要用于提升行人再识别的实值特征表示能力，而后者主要用于保持哈希特征与实值特征的语义一致性，共同实现低维二值特征的高精度特征表示。实验结果表明本章所提方法可有效提升哈希特征的精度，对于行人再识别的实际应用具有重要价值。

11.2 相关工作

11.2.1 哈希 ReID 方法

近年来，低存储、少计算的应用需求使得行人再识别技术和哈希技术有了交集，行人再识别的哈希特征表示方法也逐步增多[8-10, 13-16]，但是哈希特征与实值特征之间在精度上还存在着较大的鸿沟。文献[13]提出一种基于正则化三元组比较的哈希学习方法 DRSCH，使得哈希特征可以根据不同比特的权重产生高效的哈希码，且哈希码长度灵活可变。文献[14]提出学习跨视角的二值化对象实体，通过同时最小化汉明空间中的距离来进行学习，实现了快速的行人再识别。文献[15]提出一种跨摄像机的语义二值转换方法，将原始高危特征编码为压缩的二值特征，且尽量保持特征相似性。文献[8]提出了一种基于深层对抗学习的二值转化策略，称为对抗二进制编码(ABC)，其中对抗的判别网络接收采样的二值码作为正样本，提取实值作为负样本，在沃瑟斯坦(Wasserstein)损失下与特征提取器网络进行联合学习，迫使特征提取器生成二值化特征。文献[16]通过将行人划分为水平的部件块，提出了一种集成空间信息的深度哈希特征学习框架 PDH。文献[9]提出了一种新的深度多索引哈希方法 DMIH，该多索引哈希与多分支的网络相结合，用于提升行人再识别的效率和精度。文献[10]设计了一种新的结构进行哈希学习，采用 softmax 分类损失与改进的三元组损失联合指导高维特征和哈希特征，该方法(CPDH)通过噪声一致性损失和拓扑一致性损失来保持哈希码和高维特征的一致性。上述方法通过哈希技术在保持速度的同时逐步提高了行人再识别的精度，但与非哈希的行人再识别方法相比，哈希方法的精度仍存在较大的差距。

11.2.2 多尺度特征融合方法

当前，多尺度特征融合方法已经被较为广泛地使用，大致可分为两类：第一类单网络多层特征融合方法[17,18]，第二类是多网络特征融合方法[19-21]。已有研究验证了将网络不同层特征进行融合可以有效提升特征表示能力，这种表示能力的提升主要是因为不同层的特征具有不同的抽象信息[22-24]，如高层特征包含了更多的抽象语义信息，而底层特征包含了更多的空间信息。将不同层特征融合实现了特征的互补。

文献[18]将网络中不同层的卷积特征进行融合，有效提升了图像目标显著性检测的性能。文献[17]认为高层语义特征对姿态、光照、位置等信息不敏感，缺乏局部位置信息，因此提出了超列(HyperColumn)，即对应像素的网络所有节点的激活串联作为特征，特征来自中间层和全连接的分类层，实现更精确的目标分割任务。文献[25]同样提出将中间层特征与高层特征进行融合的 MLFN 方法，该方法由多个堆叠块组成，每个块拥有一个因子模块建模特定级别的隐含因子，再通过因子选择模块动态选择因子模块进行融合，实现了较好的行人特征表示。

2018 年，文献[26]提出了人体姿态估计网络 HRNet，该网络不同于现有的单路径网络，通过多个分支分别进行不同分辨率图像的特征提取，且分支间可以交互信息，实现了同一语义级别提取不同分辨率特征的能力。该网络中的 4 个分支可以输出具有相同语义层次的特征，但是特征图分辨率不同。与单尺度网络相比，HRNet 的多尺度特征可以保持不同尺度的特征，更有利于提取不同粒度的空间信息，提升行人再识别的特征表示能力。本章以 HRNet 作为主干网，通过多尺度特征融合 MFF 模块将同一语义层次的不同尺度特征进行融合。

11.3 多尺度特征融合的互惠哈希(MFF-HMS)

图 11-1 展示了 MFF-HMS 完整的行人再识别框架及流程。其中网络框架由 HRNet、MFF、HMS 三部分组成，HRNet 主要负责提取多尺度特征，MFF 主要负责进行多尺度特征融合，通过融合获得具有判别力的高维实值特征，HMS 是哈希互惠结构，用于将高维实值特征转化为二值哈希特征。该方法流程主要包括训练和测试两个过程。训练阶段，对高维实值特征和二值哈希特征进行联合训练，保持特征分布一致性；测试阶段，提取查询图像和库图像的二值哈希特征后，即可根据二值哈希特征计算汉明距离获得相似性排序，得到最终的识别结果。

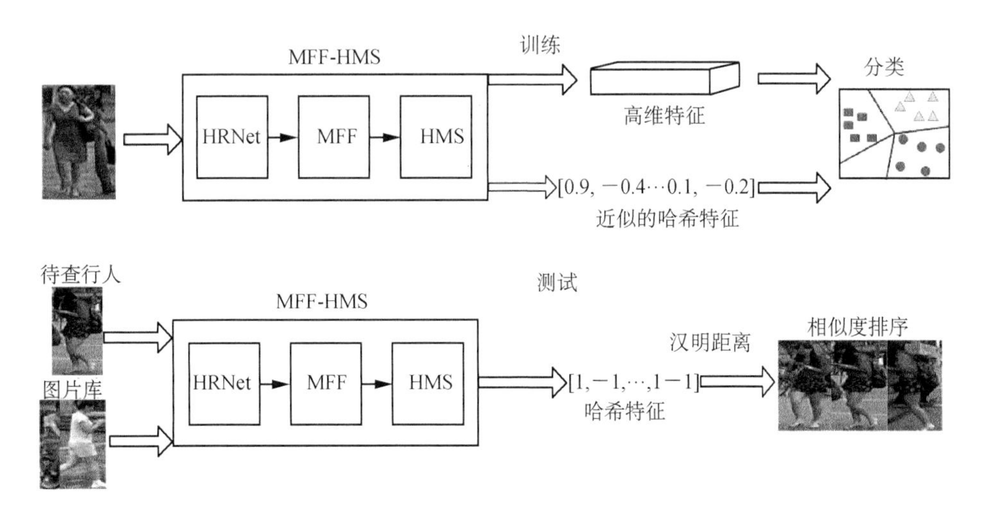

图 11-1 MFF-HMS 行人再识别框架及流程

11.3.1 骨干网络结构(HRNet)

当前，行人再识别方法的主干网大都采用的是 ResNet[27]、VGGNet[28]、GoogleNet[29]和 DenseNet[30]，这些经典网络输出特征的尺度会随着网络的深入而降低，在经过多次下采样池化操作后的网络，网络输出的高层特征通常仅保留最高级语义信息，大量地丢失了原始图像中的空间结构等细节信息。由于行人再识别任务本身是一个细粒度的行人辨识任务，图像空间结构等细节信息对于区分相似的行人是非常有用的。因此，本章引入多支路网络 HRNet[26]，由于 HRNet 每个支路内部没有下采样池化操作，使得每条支路的特征图尺度始终保持不变，有效维持了行人的空间结构信息；同时不同支路具有不同的分辨率，融合不同支路特征可以实现不同尺度特征的融合。图 11-2 展示了 HRNet 的骨干网络结构，包含 4 个网络支路，每个支路尺度不变，具有维持同一尺度特征的提取能力；在不同尺度之间采用上采样和下采样进行特征交互，实现不同支路信息的交换和共享。

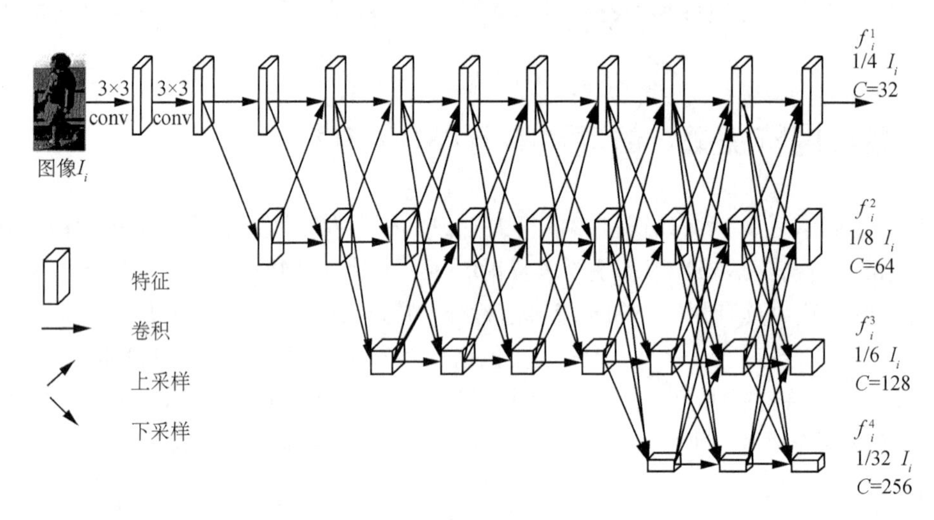

图 11-2 HRNet 骨干结构

假设训练集 $\Phi=\{I_i, y_i\}_{i=1}^N$，$y_i \in \{1, 2, \cdots, M\}$ 是图像 I_i 的标签，N 是 Φ 中图像的总数，M 是类别数。输入一幅大小为 256×128、通道数为 3 的图像 I_i，则 HRNet 对应输出 4 个特征为 $\{\boldsymbol{f}_i^j\}_{j=1}^4$，特征 $\boldsymbol{f}_i^j \in \mathbf{R}^{H_j\times W_j\times C_j}$，其中 $H_j=64/2^{(j-1)}$，$W_j=32/2^{(j-1)}$，$C_j=32\times2^{(j-1)}$ 分别表示特征 $\boldsymbol{f}_i^j$ 的高、宽和通道数。代入数值，可以得到特征 $\boldsymbol{f}_i^1\in\mathbf{R}^{64\times32\times32}$，$\boldsymbol{f}_i^2\in\mathbf{R}^{32\times16\times64}$，$\boldsymbol{f}_i^3\in\mathbf{R}^{16\times8\times128}$，$\boldsymbol{f}_i^4\in\mathbf{R}^{8\times4\times256}$。HRNet[26]最初的设计仅使用特征 $\boldsymbol{f}_i^1$ 进行姿态估计，本章将 4 种不同尺度的特征$\{\boldsymbol{f}_i^j\}_{j=1}^4$ 融合，构建更有效的行人特征表示。

11.3.2 多尺度特征融合(MFF)

图 11-3 为采用基于梯度的类激活图(Gradient-weighted Class Activation Mapping，Grad-CAM)[31]对 HRNet 的 4 个不同尺度的输出特征进行可视化的结果。图中，第 1 列为原始图像，第 2～5 列对应于 Grad-CAM 图，高亮部分为特征在原始图上的类激活梯度权重，对应原始图像中像素对所分类的类别所起作用的大小，可见红色高亮区域反映了对应像素对分类起到了积极作用。从图 11-3 可以发现，第 1 个分支输出特征 $\boldsymbol{f}_i^1$ 在原图上的响应区域仅占行人很小的局部区域，第 2、第 3 分支输出的特征 $\boldsymbol{f}_i^2$，$\boldsymbol{f}_i^3$ 在原图上的响应区域逐渐变大，但是并没有完全覆盖行人整体，第 4 个分支输出特征 $\boldsymbol{f}_i^4$ 在原图上的响应区域近乎覆盖了行人整体。对比可以发现，第 1 个分支有效分类的像素位于很小的局部区域上，其中很多有效的行人局部区域并没有对分类发挥作用；第 4 个分支有效分类的像素位于行人整体，同时部分背景也被识别为分类目标的有效像素。

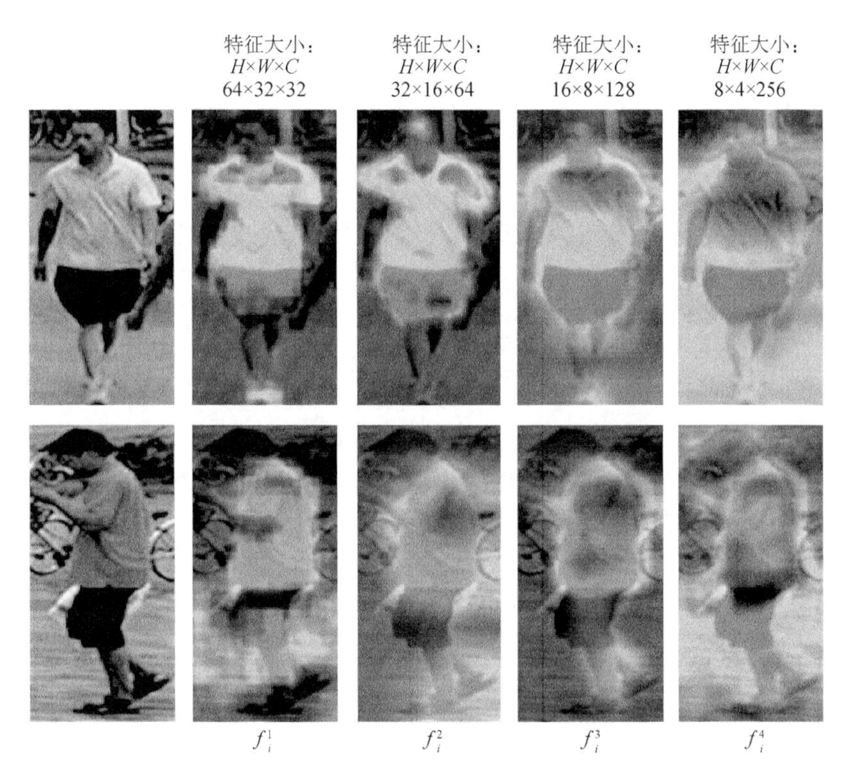

图 11-3　HRNet 4 个分支输出的特征可视化

为了充分利用 4 个分支的特征进行互补，本章提出一个多尺度特征融合(MFF)模块。图 11-4 展示了该模块对 HRNet 输出的 4 个特征的融合过程。由于 HRNet 输出的每个分支特征 $\boldsymbol{f}_i^j$，$j=1, 2, 3, 4$ 拥有不同的尺度和通道数，为了融合这些特征，分别从通道数和尺度两个不同的方面对特征进行统一。具体过程如下：

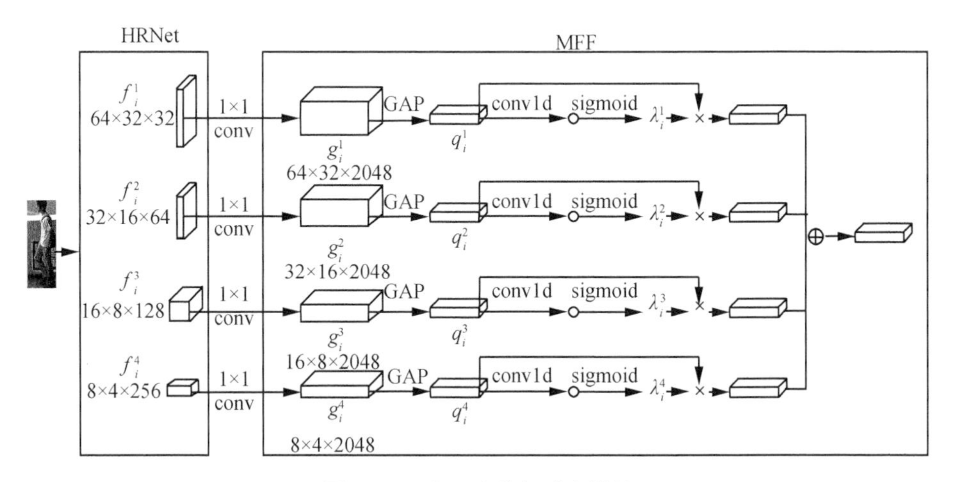

图 11-4　多尺度特征融合模块

(1) 统一通道数

给定 $\boldsymbol{f}_i^j$，$j=1, 2, 3, 4$，统一通道的操作过程如下：

$$\boldsymbol{g}_i^j=\boldsymbol{f}_i^j \otimes \boldsymbol{\omega}_{1,i}^j \tag{11-1}$$

其中，$\boldsymbol{\omega}_{1,i}^j \in \mathbf{R}^{1\times1\times C_j\times2\,048}$ 是转换参数，$\otimes$ 是卷积操作，该计算过程表示通过一个 1×1 的卷积将特征 $\boldsymbol{f}_i^j$ 映射为特征 $\boldsymbol{g}_i^j$，其中 $\boldsymbol{g}_i^j$ 的通道数固定为 2 048。

(2) 统一尺度

由于 4 个特征 $\{\boldsymbol{g}_i^j\}_{j=1}^4$ 有不同的尺度，采用全局均值池化层(Global Average Pooling, GAP)进行尺度统一，具体操作如下：

$$\boldsymbol{q}_i^j(c)=\frac{1}{H_j\times W_j}\sum_h\sum_w \boldsymbol{g}_i^j(h,w,c),\ c=1,2,\cdots,2\,048 \tag{11-2}$$

其中，$\boldsymbol{g}_i^j(h,w,c)$ 表示 g_i^j 在位置(h,w,c)处的值，h，w，c 分别代表高、宽、通道的索引，输出 $\boldsymbol{q}_i^j \in \mathbf{R}^{1\times1\times2\,048}$ 是一个 2 048 维的特征，该过程将不同尺度的特征图进行全局均值池化，统一了尺度。

(3) 特征融合

为了融合 4 个已经统一的尺度和通道的特征，采用下式计算 4 个特征的融合权重：

$$\boldsymbol{\lambda}_i^j=\sigma(\boldsymbol{q}_i^j \otimes \boldsymbol{\omega}_{2,i}^j) \tag{11-3}$$

其中，$\boldsymbol{\omega}_{2,i}^j \in \mathbf{R}^{1\times1\times2\,048}$ 表示参数，$\otimes$ 是卷积操作，σ 代表 sigmoid 函数，输出 $\boldsymbol{\lambda}_i^j$ 表示 $\boldsymbol{q}_i^j$ 对应的权重。该式通过一个可学习的卷积操作来自动学习权值。

最后，按照学习的权重对特征进行加权融合：

$$\boldsymbol{F}(I_i)=\sum_{j=1}^4 \boldsymbol{\lambda}_i^j \boldsymbol{q}_i^j \tag{11-4}$$

式其中，$\boldsymbol{F}(I_i) \in \mathbf{R}^{1\times1\times2\,048}$ 即为图像 I_i 的高维实值特征表示。

11.3.3 哈希互惠结构(HMS)

图 11-5(a)展示的是深度学习中的哈希方法通常采用的级联哈希结构，该结构主要目的是从模型中间接提取逼近 0—1 的近似二值低维实值特征，以便生成二值哈希特征。为了更有效地学习到保持实值特征分布一致性的近似二值特征，本章提出一个哈希互惠结构(Hashing Mutualism Structure, HMS)，以维持低维近似二值特征与高维实值特征的语义一致性。图 11-5(b)展示了哈希互惠结构，该结构将高维实值特征和近似二值特征同时进行监督优化，实现高维实值特征与近似二值特征维持分布一致性。其中，L_s 表示 softmax 函数，$\boldsymbol{F}(I_i)$ 和 $\boldsymbol{h}(I_i)$ 分别表示高维实值特征和二值哈希特征。

哈希互惠结构中，高维实值特征 $\boldsymbol{F}(I_i)$ 会经过一个降维层，将 2 048 维特征降至与二值哈希特征位数一致：

$$\boldsymbol{F}_r(I_i)=\boldsymbol{F}(I_i)\otimes \boldsymbol{\omega}_{3,i} \tag{11-5}$$

其中，$\boldsymbol{\omega}_{3,i} \in \mathbf{R}^{1\times1\times2\,048\times B}$ 是降维的参数，$\otimes$ 是卷积操作，$\boldsymbol{F}_r(I_i) \in \mathbf{R}^{1\times1\times B}$ 是降维之后的实值特征，B 表示哈希特征的比特长度。

训练过程中，近似二值特征由 tanh 函数进行逼近：

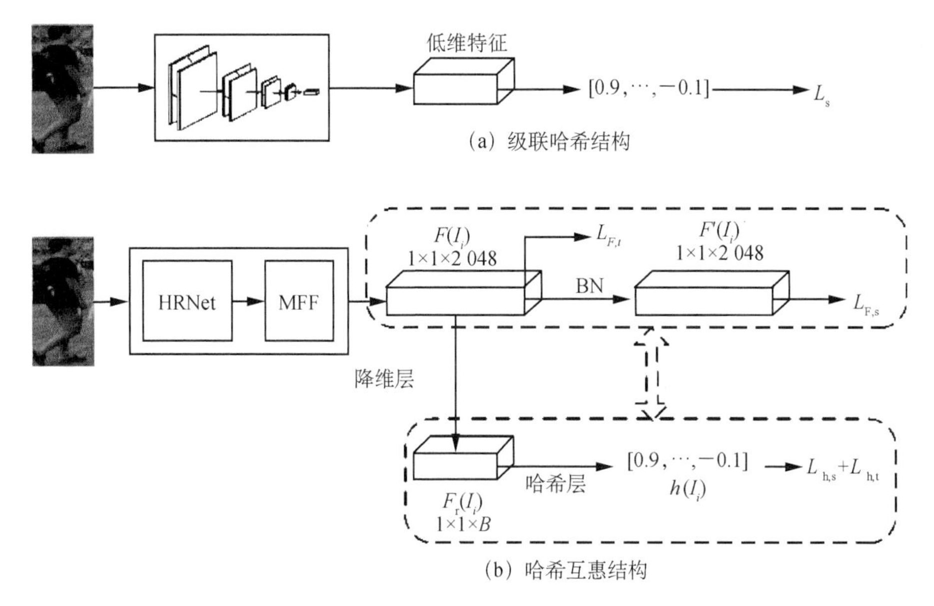

图 11-5　级联哈希结构与哈希互惠结构

$$\boldsymbol{h}(I_i)=\tanh(\boldsymbol{F}_r(I_i)) \tag{11-6}$$

为了得到更鲁棒的二值特征表示用于行人再识别，HMS 通过损失函数指导网络学习实值特征之间的拓扑关系和哈希特征之间的拓扑关系，具体采用 softmax 损失和三元组损失共同监督学习高维实值特征 $\boldsymbol{F}_{\mathrm{r}}(I_i)$ 和哈希特征 $\boldsymbol{h}(I_i)$。softmax 损失通过标签分类来学习类别语义信息，三元组损失通过距离排序保持特征之间的相似度关系。对于实值特征 $\boldsymbol{F}(I_i)$，采用一个 BN 层对其进行标准化，得到标准化的实值特征 $\boldsymbol{F}'(I_i)$，该过程可以抑制特征在 softmax 损失和三元组损失的冲突。对于哈希特征 $\boldsymbol{h}(I_i)$，直接采用两种损失函数进行共同监督学习。最终的损失函数是实值特征分支的损失函数与哈希特征分支的损失函数相加：

$$\boldsymbol{L}=\alpha(\boldsymbol{L}_{\mathrm{F,s}}+\boldsymbol{L}_{\mathrm{h,s}})+(\boldsymbol{L}_{\mathrm{F,t}}+\boldsymbol{L}_{\mathrm{h,t}}) \tag{11-7}$$

其中，参数 α 用于调节 softmax 损失和三元组损失的比重，具有：

$$\boldsymbol{L}_{\mathrm{F,s}}=\sum_{i=1}^{P\times K}\boldsymbol{l}_{\mathrm{F,s}}(\boldsymbol{\omega}_{\mathrm{F}},\ \boldsymbol{F}'(I_i),\boldsymbol{y}_i) \tag{11-8}$$

$$\boldsymbol{L}_{\mathrm{h,s}}=\sum_{i=1}^{P\times K}\boldsymbol{l}_{\mathrm{h,s}}(\boldsymbol{\omega}_{\mathrm{h}},\ \boldsymbol{h}(I_i),\boldsymbol{y}_i) \tag{11-9}$$

其中，$\boldsymbol{L}_{\mathrm{F,s}}$ 和 $\boldsymbol{L}_{\mathrm{h,s}}$ 是在一个批次(batch)中高维实值特征和哈希特征的 softmax 损失。P 和 K 代表每一个批次中采样类别数和每个类别的图像数量。$l_{\mathrm{F,s}}$ 和 $l_{\mathrm{h,s}}$ 分别是高维实值特征 $\boldsymbol{F}'(I_i)$ 和哈希特征 $\boldsymbol{h}(I_i)$ 的 softmax 损失。$\boldsymbol{\omega}_{\mathrm{F}}$ 是 BN 层和分类层之间的权重矩阵，$\boldsymbol{\omega}_{\mathrm{h}}$ 是哈希层和分类层之间的权重矩阵。

$$\boldsymbol{L}_{\mathrm{F,t}}=\sum_{i=1}^{P\times K}\left[\max_{\substack{p=1,\cdots,P\times K\\ y_i=y_p}}D(\boldsymbol{F}(I_a),\boldsymbol{F}(I_p))+m-\min_{\substack{n=1,\cdots,P\times K\\ y_i\neq y_n}}D(\boldsymbol{F}(I_a),\boldsymbol{F}(I_n))\right]_+ \tag{11-10}$$

$$L_{h,t}=\sum_{i=1}^{P\times K}\left[\max_{\substack{p=1,\cdots,P\times K\\ y_i=y_p}}D(h(I_a),h(I_p))+m-\min_{\substack{n=1,\cdots,P\times K\\ y_i\neq y_n}}D(h(I_a),h(I_n))\right]_+ \tag{11-11}$$

其中，I_a、I_p、I_n 为输入的三元组图像，I_a 为一个批次中的任一图像，I_p 为与 I_a 同类的任一图像，I_n 为与 I_a 不同类的任一图像，$L_{F,t}$ 和 $L_{h,t}$ 分别是每一个批次中高维实值特征和哈希特征的三元组损失，$D(\cdot)$ 表示特征的欧氏距离度量，m 表示三元组损失中的边界参数。

测试过程中，二值化的哈希特征 $H(I_i)$ 可以通过下式计算：

$$H(I_i)=\mathrm{sgn}(h(I_i)) \tag{11-12}$$

$$\mathrm{sgn}(x)=\begin{cases}1, & x\geqslant 0\\ -1, & x<0\end{cases} \tag{11-13}$$

与级联哈希结构相比，哈希互惠结构的优点是近似二值特征的学习不仅受到自身损失函数的监督指导，且受到实值特征损失函数的监督指导，这是因为近似二值特征是由高维实值特征降维得到的。

11.4 实验评测

本节主要介绍实验设置，及在 3 个主流数据集上的性能及结果的分析。

11.4.1 数据集简介

采用 Market-1501、DukeMTMC-reID 和 CUHK03 主流的行人再识别数据集，数据集的统计信息见表 11-1。

表 11-1 数据集统计信息

数据集	Train IDs	Test IDs	Images	Cameras
Market-1501	751	750	36 032	6
DukeMTMC-reID	702	702	36 411	8
CUHK03	767	700	14 097	2

11.4.2 实验设置

MFF-HMS 模型基于 Pytorch 框架实现，采用了单块英伟达 1080Ti GPU 加速训练。主干网的参数采用 HRNet 在 ImageNet 上的预训练参数，图像大小统一为 256×128。每个训练批次随机选取 $P=16$ 个行人，每个行人选取 $K=4$ 张图像，故每个训练批次共计 64 幅图像。超参数 $\alpha=0.6$。训练采用 Adam 优化器，总迭代次数为 120，初始学习率 3×10^{-4}，在第 40 次和第 70 次迭代后学习率衰减为 3×10^{-5} 和 3×10^{-6}。测试阶段，采用二值化的哈希特征计算汉明距离后排序，计算行人再识别的评价标准：平均精度均值(mAP)和 Rank-1 准确率。

11.4.3 实验结果与分析

将 MFF-HMS 方法与同类的哈希方法进行比较，包括：PDH(基于部件的深度哈希方法)[16]、ABC(对抗二值编码方法)[8]、DMIH(深度多索引哈希方法)[9]、CPDH(一致性保持深度哈希方法)[10]、HashNet(哈希网络方法)[32]和 DPSH(基于深度成对哈希方法)[33],其中 ABC,PDH,DMIH,CPDH 是针对行人再识别任务的方法。

(1) 在 Market-1501 数据集上的结果与分析

表 11-2 给出了 MFF-HMS 与相关方法的比较结果。从表 11-2 可以发现,MFF-HMS 方法的不同比特位(bits)长度的特征性能均超过排名当前最佳方法 CPDH。与 CPDH 相比,在 mAP 指标上,分别提升了 7.5%(64 bits),8.3%(128 bits),7.8%(256 bits),6.9%(512 bits);在 Rank-1 指标上,分别提升了 6.7%(64 bits),5.9%(128 bits),4%(256 bits),3.3%(512 bits)。值得注意的是,当特征比特位数较少时,MFF-HMS 性提升幅度更大,这说明 MFF-HMS 提取的特征具有更强的判别能力。

表 11-2 在 Market-1501 数据集上不同方法的比较 单位:%

方法	64 bits		96 bits		128 bits		256 bits		512 bits	
	mAP	Rank-1	mAP	Rank-1	mAP	Rank-1	mAP	Rank-1	mAP	Rank-1
HashNet	22.2	—	25.5	—	26.3	—	—	—	—	—
DPSH	20.3	—	24.7	—	29.4	—	—	—	—	—
ABC	—	37.1	—	—	—	44.5	—	49.6	43.8	59.3
PDH	—	—	—	—	19.6	36.3	22.4	42.1	24.3	44.6
DMIH	49.8	—	58.1	—	62.2	—	—	—	—	—
CPDH	58.2	75.5	—	—	67.2	83.1	71.8	86.2	74.9	88.4
MFF-HMS	65.7	82.2	71.6	85.7	75.5	89	79.6	90.2	81.8	91.7

(2) 在 DukeMTMC-reID 数据集上的结果与分析

表 11-3 给出了 MFF-HMS 与相关方法的比较结果。从表 11-3 可以发现,MFF-HMS 方法的不同比特位(bits)长度的特征性能均超过排名当前最佳方法 ABC。与 ABC 相比,在 Rank-1 指标上,分别提升了 25%(64 bits),20.3%(128 bits),21.2%(256 bits),21.3%(512 bits)。与排名第三的 CPDH 相比,在 mAP 指标上,MFF-HMS 性能平均提升幅度超过了 8%。由于 DukeMTMC-reID 数据集的场景比 Market-1501 和 CUHK03 数据集更复杂,MFF-HMS 在该数据集性能的大幅度提升验证了 MFF-HMS 的有效性。

表 11-3 在 DukeMTMC-reID 数据集上不同方法的比较 单位:%

方法	64 bits		96 bits		128 bits		256 bits		512 bits	
	mAP	Rank-1	mAP	Rank-1	mAP	Rank-1	mAP	Rank-1	mAP	Rank-1
HashNet	13.5	—	15.7	—	18.4	—	—	—	—	—
DPSH	20.0	—	26.5	—	29.4	—	—	—	—	—
ABC	—	48.8	—	—	—	60.3	—	63.5	—	65.5
DMIH	40.9	—	47.7	—	52.3	—	—	—	—	—
CPDH	48.2	48.2	—	—	56.9	56.9	61.9	61.9	65.3	65.3
MFF-HMS	54.2	73.8	61.5	78.6	65.4	80.6	70.4	84.7	73.7	86.8

(3) 在 CUHK03 数据集上的结果与分析

表 11-4 给出了 MFF-HMS 与相关方法的比较结果。从表 11-4 可以发现,MFF-HMS 方法的不同比特位(bits)长度的特征性能均超过排名第二的模型 CPDH。在 mAP 指标上,分别提升了 4.9%(64 bits),7.8%(128 bits),10%(256 bits),8%(512 bits)。在 Rank-1 指标上,分别提升了 3.1%(64 bits),6.8%(128 bits),9.1%(256 bits),6.7%(512 bits)。本实验选取的是 DPM 检测器自动划分的行人框,这比手工划分的行人框难度更大,但是从表 11-4 可以发现,现有方法在该数据集上表现都不太好,但是 MFF-HMS 的性能却有着大幅度的提升。

表 11-4 在 CUHK03 数据集上不同方法的比较 单位:%

方法	64 bits		96 bits		128 bits		256 bits		512 bits	
	mAP	Rank-1	mAP	Rank-1	mAP	Rank-1	mAP	Rank-1	mAP	Rank-1
HashNet	16.4	—	17.8	—	18.3	—	—	—	—	—
DPSH	16.1	—	19.7	—	20.8	—	—	—	—	—
DMIH	40.3	—	44.8	—	48.8	—	—	—	—	—
CPDH	44.1	49.5	—	—	52.0	56.6	55.7	61.4	58.7	63.2
MFF-HMS	49.0	52.6	55.3	58.6	59.8	63.4	65.7	70.5	66.7	69.9

综合表 11-2 至表 11-4 结果可以发现,专门针对行人再识别问题设计的方法(ABC, PDH, DMIH, CPDH)性能比当前通用的深度哈希方法(HashNet 和 DPSH)效果要好得多,说明针对特定任务的建模是非常有必要的。同时,还可以发现随着哈希特征比特位的增加,行人再识别的 Rank-1 指标和 mAP 指标会显著提升。现有方法中,较长的哈希特征性能表现较优,但是当哈希特征的比特位长度减少时,性能会出现显著的下降。

(4) 速度评测

MFF-HMS 方法提取的是哈希特征,具有较好的存储和计算速度。本小节对 MFF-HMS 进行测试,并与"词袋"(Bag-of-words)方法(BoW)[34]、身份嵌入基准方法(IDE)[35]、基于部件的哈希方法(PDH)[16]进行比较。测试主要以特征编码时间进行度量,包括:特征提取时间、特征距离计算时间和特征排序时间。实验在 Market-1501 数据集上进行,对比结果见表 11-5。

从表 11-5 可以发现,与浮点型数据相比,二值型数据在特征距离计算时间和排序时间上均具有短的时间耗费,这体现了哈希特征较实值特征的优势。在特征提取方面,MFF-HMS 所需时间比 IDE 长,这是因为骨干网络 HRNet 具有比 IDE 更复杂的结构,计算耗时更长,但是综合来说,在总编码时长上,MFF-HMS 的耗时要远低于 IDE。

表 11-5 在 Market-1501 数据集上不同方法识别速度评估 单位:ms/张

方法	数据类型	特征提取时间	距离计算时间	排序时间	总编码时间
BoW	浮点型	264.3	139.9	4.9	409.1
IDE	浮点型	8.3	97.9	3.5	109.7
PDH	二值型	32.8	0.98	0.83	34.61
MFF-HMS	二值型	14.1	0.87	0.79	15.76

11.5 消融实验分析

本节从三个方面详细验证和分析了MFF-HMS中各模块的有效性。为了公平比较，所有实验均在Market-1501数据集上完成，均采用64位哈希特征进行比较。

11.5.1 MFF模块分析

为了验证多尺度特征融合(MFF)模块的效果，将HRNet的4个分支分别连接HMS模块，然后测试各分支的效果，结果如图11-6所示。

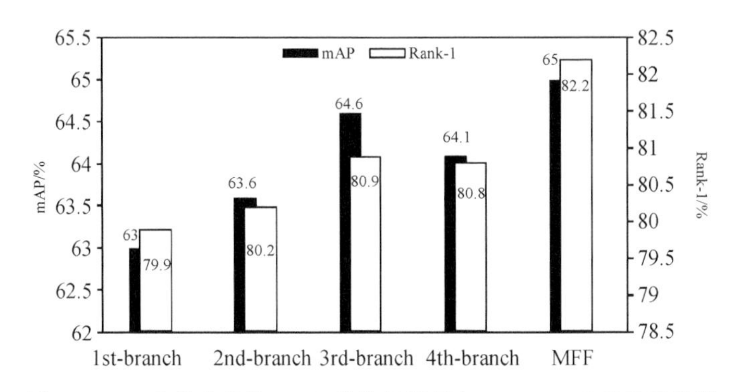

图11-6 4个分支连接HMS模块的性能与MFF-HMS的性能比较

由图11-6可以发现，4个分支中第3个分支(3rd-branch)性能最好(mAP=64.6%，Rank-1=80.9%)，第1个分支(1st-branch)性能最差(mAP=63%，Rank-1=79.9%)。该结果与图11-3的热力图分析一致。第3个分支性能最好，其生成热力图覆盖了行人整体且包含很少的背景噪声，更具有判别性，而第1个分支生成的热力图只覆盖了人体较少的部分，缺少判别力。与单分支的最好效果相比，MFF模块提升了0.4%的Rank-1和1.3%的mAP，验证了多尺度特征融合的有效性。

11.5.2 HMS模块分析

为了分析哈希互惠结构，设置了7个对照组(a)，(b)，(c)，(d)，(e)，(f)，(g)，见图11-7。其中，$\boldsymbol{F}(I_i)$和$\boldsymbol{h}(I_i)$分别代表高维实值特征和近似二值特征。降维层和降维之后的实值特征$\boldsymbol{F}_r(I_i)$在该图中省略。图11-8展示了7个对照组和HMS模块生成的特征性能比较结果。

根据图11-8并结合图11-7，可以发现：

(1) 方法(a)是经典级联哈希结构，采用softmax损失监督近似二值特征进行学习，由结果可以发现，方法(a)的性能较差。所提出的HMS较方法(a)在Rank-1上提升了38.3%，在mAP上提升了35.2%，说明HMS较传统级联哈希结构更有效。方法(b)采用softmax损失监督实值特征进行学习后直接对特征进行哈希，该方法中特征没有进行近似二值特征学习，故性能较方法(a)更差。方法(c)采用两个softmax损失分别监督实值特征和近似二值特征进行学习，与方法(a)和方法(b)相比，大幅提升了性能。该结构是最简单的哈希互惠结构，验证了所提结构的有效性。

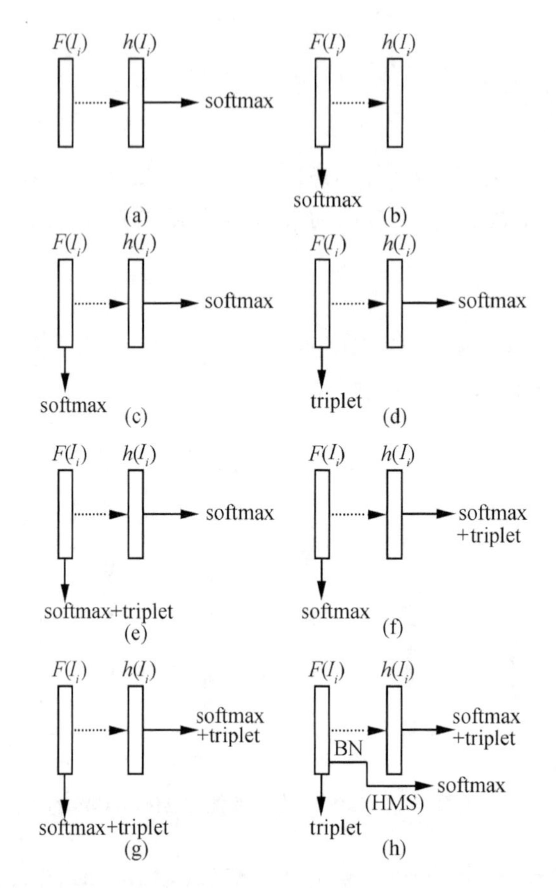

图 11-7 7 个对照组 a, b, c, d, e, f, g 结构及 HMS 结构

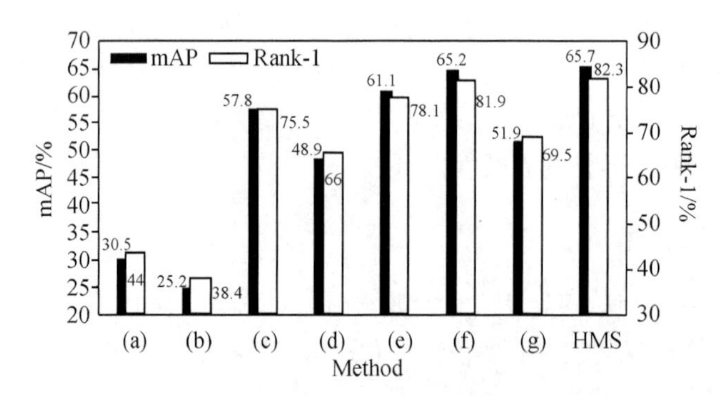

图 11-8 7 个对照组和 HMS 模块的性能比较

(2) 方法(d)分别采用 softmax 损失和三元组损失监督近似二值特征和实值特征进行学习,该结果较方法(c)略有降低,主要原因是三元组损失主要度量的是类内和类间的关系,无法进行有效分类,故加入 softmax 损失的方法(e)得到了更好的结果。与方法(e)类似,方法(f)对近似二值特征进行 softmax 损失和三元组损失的联合指导,是对所使用特征的直接优化,故性能较方法(e)更好。

(3) 值得注意的是,方法(g)对实值特征和近似二值特征均进行 softmax 损失和三元组损失的联合指导,但是性能反而降低了。这主要是因为两个对实值特征直接进行 softmax

损失和三元组损失的联合指导是存在冲突的，其中 softmax 损失优化特征在余弦空间，三元组损失优化特征在欧氏空间，两者梯度优化方向是不一致的。为此 HMS 在实值特征后增加 BN 层来避免该冲突，由于近似哈希特征的数值范围在 1 和 −1 之间，故不需要加入 BN 层。HMS 较方法(g)在 Rank-1 上提升了 12.8%，在 mAP 上提升了 13.8%。

11.5.3 超参数分析

MFF-HMS 方法中超参数 α 用于平衡不同损失的权重，一个合适的 α 值能够平衡特征的类内相似性和类间相似性。图 11-9 展示了不同超参数 α 条件下 MFF-HMS 的性能。

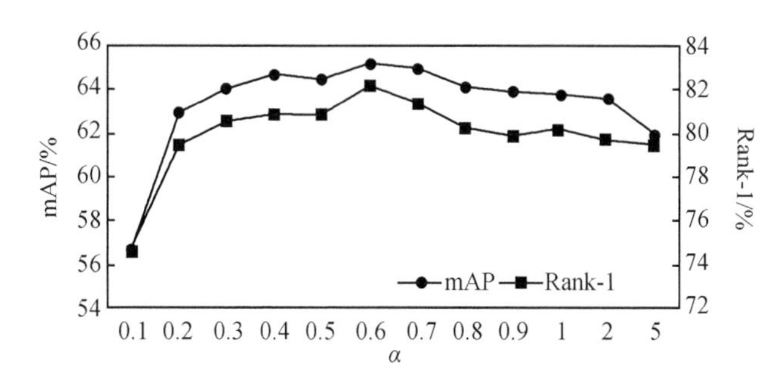

图 11-9 不同超参数 α 对 MFF-HMS 方法性能的影响

从图 11-9 可以发现：当 $\alpha=0.6$ 时，MFF-HMS 性能最好，两类损失函数在不同的优化空间内达到了最佳平衡。当 $0.2 \leqslant \alpha \leqslant 2$ 时，MFF-HMS 性能维持着较高的水平，这说明了 MFF-HMS 对 α 数值是鲁棒的。当 α 过大或过小时，MFF-HMS 的性能会出现较大幅度的降低，因此 MFF-HMS 的使用要注意超参数 α 的选择。

11.6 小结

本章提出一种哈希互惠结构（HMS），并与多尺度特征融合方法相结合，提出了一种行人再识别的哈希特征提取方法 MFF-HMS。MFF-HMS 采用 HRNet 提取多尺度特征，采用提出的多尺度特征融合模块，在哈希互惠结构的监督下，学习能够与高维实值特征保持分布一致性的近似二值特征，进而生成哈希特征。实验从精度和速度两方面进行了有效性验证，同时对 MFF 模块、HMS 模块和超参数进行了深入分析，有效验证了所提方法及模块的有效性。

参考文献

[1] CHAN A B, VASCONCELOS N. Bayesian Poisson regression for crowd counting[C]//IEEE 12th International Conference on Computer Vision, Kyoto, Japan, September 29 — October 2, 2009. IEEE Computer Society, 2009: 545-551.

[2] GE W N, COLLINS R T. Marked point processes for crowd counting[C]//IEEE Computer Society Conference on Computer Vision and Pattern Recognition, 20-25 June 2009, Miami, Florida, USA. IEEE Computer Society, 2009: 2913-2920.

[3] BERCLAZ J, FLEURET F, FUA P. Multi-camera Tracking and Atypical Motion Detection with Behavioral Maps[C]//FORSYTH D A, TORR P H S, ZISSERMAN A. Lecture Notes in Computer Science: Computer Vision — ECCV 2008, 10th European Conference on Computer Vision, Marseille, France, October 12-18, 2008, Proceedings, Part Ⅲ: vol. 5304. Springer, 2008: 112-125.

[4] MENSINK T, ZAJDEL W, KRÖSE B. Distributed EM Learning for Appearance Based Multi-Camera Tracking[C]//2007 First ACM/IEEE International Conference on Distributed Smart Cameras, Vienna, Austria, 25-28 September, 2007. IEEE, 2007: 178-185.

[5] WANG X G, MA K T, NG G W, et al. Trajectory analysis and semantic region modeling using a nonparametric Bayesian model[C]//IEEE Computer Society Conference on Computer Vision and Pattern Recognition,June, 23-28, 2008, Anchorage, Alaska, USA. IEEE Computer Society, 2008.

[6] WANG X G, TIEU K, GRIMSON E L. Correspondence-Free Activity Analysis and Scene Modeling in Multiple Camera Views[J]. IEEE Transactions on Pattern Analysis and Machine Intelligence, 2010, 32(1): 56-71.

[7] SUN Y F, ZHENG L, YANG Y, et al. Beyond Part Models: Person Retrieval with Refined Part Pooling(and A Strong Convolutional Baseline)[C]//FERRARI V, HEBERT M, SMINCHISESCU C, et al. Lecture Notes in Computer Science: Computer Vision — ECCV 2018 — 15th European Conference, Munich, Germany, September 8-14, 2018, Proceedings, Part Ⅳ: vol. 11208. Springer, 2018: 501-518.

[8] LIU Z, QIN J, LI A N, et al. Adversarial Binary Coding for Efficient Person Re-Identification[C]// IEEE International Conference on Multimedia and Expo, Shanghai, China, July 8-12, 2019. IEEE, 2019: 700-705.

[9] LI M W, JIANG Q Y, LI W J. Deep Multi-Index Hashing for Person Re-Identification[J/OL]. CoRR, 2019.

[10] LI D G, GONG Y H, CHENG D, et al. Consistency-Preserving deep hashing for fast person re-identification[J]. Pattern Recognition, 2019, 94: 207-217.

[11] WANG Y, WANG L Q, YOU Y R, et al. Resource Aware Person Re-Identification Across Multiple Resolutions[C]//IEEE Conference on Computer Vision and Pattern Recognition, Salt Lake City, UT, USA, June 18-22, 2018. IEEE Computer Society, 2018: 8042-8051.

[12] ZHAO L M, LI X, ZHUANG Y T, et al. Deeply-Learned Part-Aligned Representations for Person Re-identification[C]//IEEE International Conference on Computer Vision, Venice, Italy, October 22-29, 2017. IEEE Computer Society, 2017: 3239-3248.

[13] ZHANG R M, LIN L, ZHANG R, et al. Bit-Scalable Deep Hashing With Regularized Similarity Learning for Image Retrieval and Person Re-Identification[J]. IEEE Transactions on Image Processing, 2015, 24(12): 4766-4779.

[14] ZHENG F, SHAO L. Learning Cross-View Binary Identities for Fast Person Re-Identification[C]// KAMBHAMPATI S. Proceedings of the Twenty-Fifth International Joint Conference on Artificial Intelligence, New York, NY, USA, 9-15 July 2016. IJCAI/AAAI Press, 2016: 2399-2406.

[15] CHEN J X, WANG Y H, QIN J, et al. Fast Person Re-identification via Cross-Camera Semantic Binary Transformation[C]//IEEE Conference on Computer Vision and Pattern Recognition, Honolulu, HI, USA, July 21-26, 2017. IEEE Computer Society, 2017: 5330-5339.

[16] ZHU F Q, KONG X W, ZHENG L, et al. Part-Based Deep Hashing for Large-Scale Person Re-

Identification[J]. IEEE Transactions on Image Processing, 2017, 26(10): 4806-4817.
[17] HARIHARAN B, ARBELÁEZ P, GIRSHICK R, et al. Hypercolumns for object segmentation and fine-grained localization[C]//IEEE Conference on Computer Vision and Pattern Recognition, Boston, MA, USA, June 7-12, 2015. IEEE Computer Society, 2015: 447-456.
[18] ZHANG P P, WANG D, LU H C, et al. Amulet: Aggregating Multi-level Convolutional Features for Salient Object Detection[C]//IEEE International Conference on Computer Vision, Venice, Italy, October 22-29, 2017. IEEE Computer Society, 2017: 202-211.
[19] BARBOSA I B, CRISTANI M, BUE A D, et al. Re-identification with RGB-D Sensors[C]//FUSIELLO A, MURINO V, CUCCHIARA R. Lecture Notes in Computer Science: Computer Vision — ECCV 2012. Workshops and Demonstrations — Florence, Italy, October 7-13, 2012, Proceedings, Part I: vol. 7583. Springer, 2012: 433-442.
[20] WU A C, ZHENG W S, LAI J H. Robust Depth-Based Person Re-Identification[J]. IEEE Transactions on Image Processing, 2017, 26(6): 2588-2603.
[21] NGUYEN D T, HONG H G, KIM K W, et al. Person Recognition System Based on a Combination of Body Images from Visible Light and Thermal Cameras[J]. Sensors, 2017, 17(3): 605.
[22] LEE J, NAM J. Multi-Level and Multi-Scale Feature Aggregation Using Pretrained Convolutional Neural Networks for Music Auto-Tagging[J]. IEEE Signal Processing Letters, 2017, 24(8): 1208-1212.
[23] SOLEYMANI S, DABOUEI A, KAZEMI H, et al. Multi-Level Feature Abstraction from Convolutional Neural Networks for Multimodal Biometric Identification[C]//24th International Conference on Pattern Recognition, Beijing, China, August 20-24, 2018. IEEE Computer Society, 2018: 3469-3476.
[24] LI E Z, XIA J S, DU P J, et al. Integrating Multilayer Features of Convolutional Neural Networks for Remote Sensing Scene Classification[J]. IEEE Transactions on Geoscience and Remote Sensing, 2017, 55(10): 5653-5665.
[25] CHANG X B, HOSPEDALES T M, XIANG T. Multi-Level Factorization Net for Person Re-Identification[C]//IEEE Conference on Computer Vision and Pattern Recognition, Salt Lake City, UT, USA, June 18-23, 2018. IEEE Computer Society, 2018: 2109-2118.
[26] SUN K, XIAO B, LIU D, et al. Deep High-Resolution Representation Learning for Human Pose Estimation[C]//IEEE Conference on Computer Vision and Pattern Recognition, Long Beach, CA, USA, June 15-20, 2019. Computer Vision Foundation / IEEE, 2019: 5693-5703.
[27] HE K M, ZHANG X Y, REN S Q, et al. Deep Residual Learning for Image Recognition[C]//IEEE Conference on Computer Vision and Pattern Recognition, Las Vegas, NV, USA, June 27-30, 2016. IEEE Computer Society, 2016: 770-778.
[28] SIMONYAN K, ZISSERMAN A. Very Deep Convolutional Networks for Large-Scale Image Recognition[C]//BENGIO Y, LECUN Y. 3rd International Conference on Learning Representations, San Diego, CA, USA, May 7-9, 2015, Conference Track Proceedings. 2015.
[29] SZEGEDY C, LIU W, JIA Y Q, et al. Going deeper with convolutions[C]//IEEE Conference on Computer Vision and Pattern Recognition, Boston, MA, USA, June 7-12, 2015. IEEE Computer Society, 2015: 1-9.
[30] HUANG G, LIU Z, van der MAATEN L, et al. Densely Connected Convolutional Networks[C]//

IEEE Conference on Computer Vision and Pattern Recognition, Honolulu, HI, USA, July 21-26, 2017. IEEE Computer Society, 2017: 2261-2269.

[31] SELVARAJU R R, COGSWELL M, DAS A, et al. Grad-CAM: Visual Explanations from Deep Networks via Gradient-Based Localization[C]//IEEE International Conference on Computer Vision, Venice, Italy, October 22-29, 2017. IEEE Computer Society, 2017: 618-626.

[32] CAO Z J, LONG M S, WANG J M, et al. HashNet: Deep Learning to Hash by Continuation[C]//IEEE International Conference on Computer Vision, Venice, Italy, October 22-29, 2017. IEEE Computer Society, 2017: 5609-5618.

[33] LI W J, WANG S, KANG W C. Feature Learning Based Deep Supervised Hashing with Pairwise Labels[C]//KAMBHAMPATI S. Proceedings of the Twenty-Fifth International Joint Conference on Artificial Intelligence, New York, NY, USA, 9-15 July 2016. IJCAI/AAAI Press, 2016: 1711-1717.

[34] ZHENG L, SHEN L, TIAN L, et al. Scalable Person Re-identification: A Benchmark[C]//2015 IEEE International Conference on Computer Vision, Santiago, Chile, December 7-13, 2015. IEEE Computer Society, 2015: 1116-1124.

[35] ZHENG L, YANG Y, HAUPTMANN A G. Person Re-identification: Past, Present and Future[J/OL]. CoRR, 2016.

第 12 章　双阶段跨模态 ReID 方法

目前,基于可见光的行人再识别技术已经较为成熟可用。但是,现有摄像机在白天和黑夜分别采用可见光和红外两种不同成像技术,其生成的可见光和红外两种模态图像数据之间存在很大的差异,如何解决由红外图像查找对应可见光图像(或由可见光图像查找对应红外图像)的跨模态行人再识别已成为 24 h 不间断持续分析必须克服的重要问题。由于从可见光和红外摄像机采集而来的图像风格迥异,跨模态行人再识别面临着巨大挑战。现有深度学习方法大多利用度量学习来获取区分性特征。然而,现有的度量学习是基于批处理样本执行的,所获得的优化结果是局部最优的。为了实现全局最优,本章提出了一种双阶段度量学习方法,通过局部和全局的度量学习,实现更优的再识别效果。

12.1　研究动机

对于全天候的监控应用,基于可见光和红外图像的跨模态行人再识别有着重要的研究价值。从可见光图像库中,找到想要的红外图像,在当前的行人再识别系统中很难实现[1, 2]。由于成像的色彩光谱差异,从红外摄像机和可见光摄像机中采集的图像风格迥异。当前,关于跨模态行人再识别的研究[1-7]相对较少,且在性能上与可见光模态的行人再识别研究[8-10]相比,仍有较大差距。

当前,关于跨模态行人再识别的方法通常利用双流卷积神经网络[2, 4-7]提取可见光和红外图像的高层次语义特征,然后利用一个或多个参数共享的全连接网络,将图像特征映射到一个公共的特征空间中,进而实现度量学习。在上述方法中,广泛使用的三元组损失[11]被用于度量模态内和模态间的差异,其目的是增大类间特征的距离和缩小类内特征的距离。三元组损失有效提高了跨模态行人再识别[4-7]的性能。然而,三元组损失常常用于批量样本,并非基于所有样本,因而未能实现整体最优。由于深度网络模型的大规模参数和大规模训练样本,使得无法对所有样本进行全局的度量学习。

为了解决现有小批量三元组损失带来的局部最优问题,针对卷积神经网络(CNN)所提取的所有训练样本的特征,再进行一次全局度量学习是一个较为直接的想法。全局度量学习在一定程度上可以缓解局部最优解问题。CNN 提取的特征通常是一个向量,比原始图像小得多,而且对所有图像的特征进行训练是可行的。基于以上考虑,本章提出了一个双阶段度量学习(Two-stage Metric Learning,TML)方法。TML 的第一阶段是利用三元组损失学习局部最优特征,第二阶段通过跨模态判别分析学习全局最优特征。该双阶段方法可以在现有方法的基础上增加 1%～2%的 mAP 和 Rank-1。

此外,为了将两个阶段的度量学习结合起来,从第一阶段学到的特征应该提供最佳的效果,以有效满足第二阶段跨模态判别分析的假设。事实上,研究发现可用于第一阶段的现有方法,通常是基于模态内和模态间的三元组损失。然而,很多有效的三元组样本在小批量学习中会被漏掉。为此,本章还提出了一种新的混合模态三元组损失,以训练更多有效的三元组样本,进而提供更好的特征来满足第二阶段的假设。

12.2 双阶段度量学习(TML)

本节介绍的度量学习包括两个阶段,因此称之为双阶段度量学习(TML)。通过双阶段的度量学习,可得到更有效的跨模态特征表示。

12.2.1 网络架构

TML 包括两部分:一个基于批训练样本的批度量学习阶段和一个基于所有训练样本的整体度量学习阶段。在第一阶段中,一个基于三元组损失的深度卷积神经网络会被用来提取行人图像的特征。深度卷积神经网络常常会用随机梯度下降的方式进行优化,因为优化算法在批样本上是迭代执行的,所以结果得到的常常是一个次优解。由于第一阶段得到的并非全局最优解,因而第二个度量学习阶段将针对所有训练样本。在第二阶段中,利用深度卷积网络提取所有训练图像的特征,然后根据所有训练图像的特征及其标签标注,学习一个映射矩阵和一个核矩阵。

(1) 阶段一

由于可见光图像和红外图像的模态差异,研究人员通常建立两个独立的网络来分别提取图像的特征。根据前人的经验,本章采用了类似的深度卷积网络架构,如图 12-1 所示。

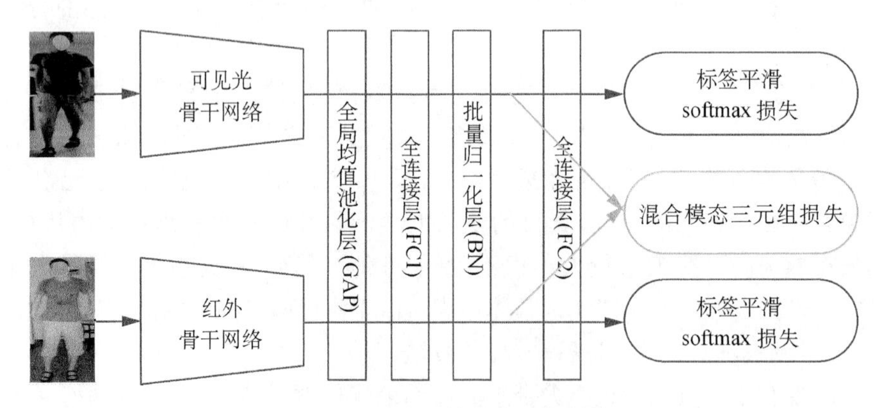

图 12-1 阶段一的骨干网络架构

使用 ResNet-50 网络[12]作为骨干网络,分别为可见光和红外图像搭建两个子网络。这两个子网络具有相同的结构以及各自独立的参数。为了提取特征,ResNet-50 的第 5 个阶段(stage-5)的第三个瓶颈(Bottleneck)的输出首先被传递到一个全局均值池化层(GAP)。这个 GAP 层的输出即为 2 048 维的特征。为了将可见光和红外图像的特征映射进同一度量空间,提取出来的特征随之将被送入一个参数共享的全连接层(FC1)和一个批量归一化层(BN)。全连接层 FC1 没有改变特征维度,因此 2 048 维的特征会被批量归一化层 BN 进行标准化处理,BN 层对特征进行的是 L2 范数标准化。

为了训练深度卷积网络,使用另一个具有共享参数的全连接层(FC2)将特征映射到行人的个数。FC2 层的输出由标签平滑的 softmax 损失[13]进行监督。BN 层的输出由提出的混合模态三元组损失(mix-modality triplet loss)来监督。上述两种损失结合起来共同监督整个网络的学习。注意,标签平滑的 softmax 损失可以获得更好的泛化性能。在跨模态行人再识别的研究中发现现有的三元组损失在批处理训练中会遗漏了许多有效的三元组样本。因此,本章提出了一个新的混合模态三元组损失,其细节可见 12.2.2 节。

为了利用深度卷积网络进行预测,可以通过不同的可见光和红外子网络提取特征。输入一个可见光图像,将会从可见光子网络的 BN 层提取输出一个 2 048 维的特征向量。同样的,输入一个红外图像,将会从红外子网络的 BN 层提取输出特征向量。

(2) 阶段二

第一阶段的度量学习是基于批处理样本进行的特征提取,其结果是次优的。为解决第一阶段的不足,第二阶段根据第一阶段提取的所有训练图像的特征进行整体度量学习。关于此学习阶段,其工作流程如图 12-2 所示。

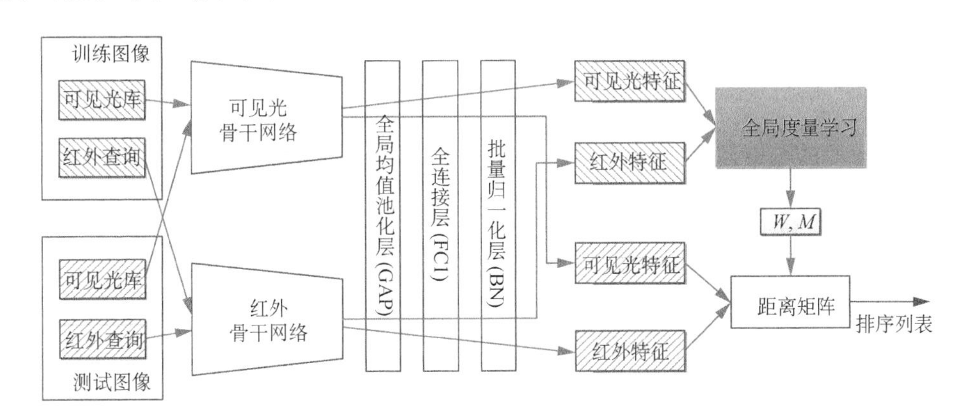

图 12-2 阶段二以及测试的流程图

首先,训练特征由红外图像(query)和可见光图像(gallery)的子网络分别提取所得。然后,通过全局度量学习得到映射矩阵 $\boldsymbol{W}$ 和核矩阵 $\boldsymbol{M}$,利用矩阵 $\boldsymbol{W}$ 对特征进行降维,矩阵 $\boldsymbol{M}$ 用于计算两个特征之间的距离。这个过程基于所有的训练特征,故可以实现全局度量的有效学习。其细节详见 12.2.3 小节。

(3) 预测

经过以上两个阶段,整个学习过程就完成了。在测试阶段,给定 *query*(红外图像)和 *gallery*(可见光图像),可见光和红外图像会被送进可见光和红外的子网络,从而在 *BN* 层输出要提取的 2 048 维特征向量。然后,提取出的特征向量会经过一个映射矩阵 $\boldsymbol{W}$ 被降维到低维空间,然后利用核矩阵 $\boldsymbol{M}$ 计算 *query* 特征与 *gallery* 特征之间的马氏距离。可以通过对每个查询的距离进行排序来实现评测。

注意,映射矩阵 $\boldsymbol{W}$ 可以被用来对特征进行降维。实际上,矩阵 $\boldsymbol{W}$ 会将 2 048 维的特征向量降低到 72 维。对于大型的图库,这种降维方法可以有效地降低特征存储和距离计算的成本。

12.2.2 批处理混合三元组损失

在当前的跨模态行人再识别方法中，研究人员常常采用度量学习的方法来指导特征提取。在这些方法中，三元组损失是使用最多的一个。模态间的三元组损失和模态内的三元组损失被广泛利用并且性能良好[4,6,7]。然而，在小批量度量学习中，模态间的三元组损失和模态内的三元组损失并非尽善尽美。如图 12-3(a)所示，P 和 N 是由模态内三元组构成的样本，它们与 A 具有相同的模态。图 12-3(b)中，P 和 N 是由跨模态三元组构成的例子，但它们与 A 的模态不同。在这两种情况下，P 和 N 的模态相同，忽略了 P 和 N 属于不同模态的情况。在图 12-3(c)中，A 与 N 的模态相同，与 P 的模态不同。相同模态的 A 和 N 之间的距离小于跨模态的 A 和 P 之间的距离，而这种情况更加普遍。

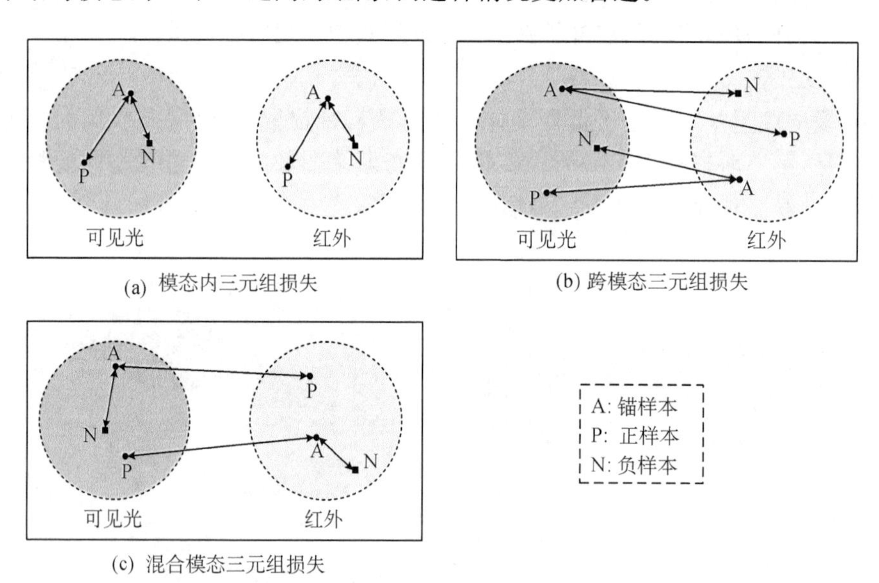

(a) 模态内三元组损失

(b) 跨模态三元组损失

(c) 混合模态三元组损失

图 12-3 不同的三元组损失

因此，本章提出了混合模态三元组损失，它将两种模态的特征混合在一起，从而找到一个三元组。为了构造三元组样本，在每次迭代中，随机选取 P 个行人，然后随机选取每个行人的 K 个可见光图像和 K 个红外图像，形成一个小批次。这样一来，每个小批次就会一共包含 $2PK$ 张图像。该损失函数如下：

$$L_{\mathrm{m\_tri}}(V)=\sum_{i=1}^{P}\sum_{a=1}^{K}\Bigg[\alpha+\max_{p=1,\cdots,K} d(\boldsymbol{f}_{vt}^{a}(i),\ \boldsymbol{f}_{vt}^{p}(i))-\min_{\substack{j=1,\cdots,P\\ n=1,\cdots,K\\ j\neq i}} d(\boldsymbol{f}_{vt}^{a}(i),\ \boldsymbol{f}_{vt}^{n}(j))\Bigg]_{+} \tag{12-1}$$

其中，$\boldsymbol{f}_{vt}^{a}(i)$、$\boldsymbol{f}_{vt}^{p}(i)$ 和 $\boldsymbol{f}_{vt}^{n}(j)$ 分别指从可见光和红外的混合样本批次里选出的锚点样本、正样本及负样本所提取的特征。

以上提出的混合模态三元组损失由困难样本三元组计算得出。困难样本由所有可能的样本构成。$\boldsymbol{f}_{vt}^{a}(i)$ 是小批次里的任意样本，正样本 $\boldsymbol{f}_{vt}^{p}(i)$ 选自具有相同行人 ID 的可见光和红外图像，而负样本 $f^{n}_{vt}(j)$ 选自具有不同行人 ID 的可见光和红外图像。因此，这个混合模态三元组损失提供了一个更有效的测量手段。混合模态三元组损失克服了现有跨模态三元组损失和模态内三元组损失组合度量学习的不足。

12.2.3 跨模态全局度量学习

在第一阶段，由于批量输入样本和随机梯度下降算法，混合模态三元组度量学习不能获取全局最优解。所以，针对第一阶段所有样本的特征，采用了 XQDA[14] 进行第二阶段的度量学习。由于第一阶段学习提取的特征呈现出相似样本相对集中、容易归类的特性，使得同一 ID 行人的特征服从高斯分布，且远离不同行人 ID 的特征。根据贝叶斯理论，假设类内样本的差值和类间样本的差值服从两个高斯分布，经过均值为 0 的标准化之后，类内样本之间的差值应该小于类间样本之间的差值。

对 BN 层特征提取后的特征进行 L2 归一化处理，上述度量学习方法用于度量矩阵 $\boldsymbol{M}$ 和 $\boldsymbol{W}$ 的学习。为了计算 query 和 gallery 图像之间的距离，首先从每一张测试图像中提取出 2 048 维的特征向量，然后利用映射矩阵 $\boldsymbol{W}$ 将特征维度降至 72。最后，利用核矩阵 $\boldsymbol{M}$ 计算 query 和 gallery 之间的马氏距离，如图 12-2 所示。

12.3 实验评测

本节介绍了双阶段度量学习跨模态行人再识别任务的数据集、评价指标、实验设置，实验结果与分析等。

12.3.1 数据集及评价指标

SYSU-MM01 是一个大规模的跨模态行人再识别数据集。该数据集中的图像采集自 4 个可见光摄像机和 2 个红外摄像机，包括 491 个行人的 29 003 幅可见光图像和 15 712 幅红外图像。其中，395 个行人的 22 258 幅可见光图像和 11 909 幅红外图像被用作训练，96 个行人的图像被用作测试。在测试过程中，query 集包括 3 803 幅红外图像，而 gallery 集是从来自不同相机的每个行人图像中随机采样的一个样本。以上设置是广泛使用的单镜头全搜索模型的评估标准，这种方式是文献[1]中所提及的最难情况。

对于给定的查询图像，通过计算来自查询图像和库图像的特征之间的距离来进行匹配。注意，匹配是在不同位置的摄像机之间进行的，这意味着来自摄像机 3 的查询图像将跳过摄像机 2 的库图像，因为摄像机 2 和摄像机 3 位于相同的位置。根据计算的距离升序得到一个排序列表，对排序列表计算累积匹配特征值(CMC)与平均精度均值(mAP)。由于 gallery 集是随机构建的，所以将上述评价重复 100 次，并报告平均性能。

12.3.2 实验设置

在训练阶段，同时使用标签平滑的 softmax 损失和混合模态的三元组损失实现优化过程。为了进行训练样本的增广，首先将训练样本的像素大小缩放至 320×176，然后将其随机裁剪为 288×144。与此同时，也采用了水平翻转和随机擦除策略。在优化过程中，采用了

Adam 优化器[15]。

在测试阶段,测试图像被直接缩放至 288×144 作为输入,然后在 BN 层提取出 2 048 维的特征向量;接着利用映射矩阵 $\boldsymbol{W}$ 将特征维度降至 72;最后利用核矩阵 $\boldsymbol{M}$ 计算 query 和 gallery 之间的马氏距离。

12.3.3 实验结果和分析

(1) 与当前最优方法结果比较

将 TML 和当前最优方法进行比较,这些方法包括特征学习方法和度量学习方法,具体包括:Deep Zero-Padding(深度零补齐法)[1],TONE(双流卷积神经网络)[2],DCTR(双重约束的最优排名法)[4],HSME(超球面流形嵌入法)[6],cmGAN(基于生成对抗训练的方法)[3],D2RL(双重差异减少学习法)[5],EDFL(增强判别特征学习法)[7],其中 DCTR,HSME 和 EDFL 使用模态内三元组损失和跨模态三元组损失,评价结果如表 12-1 所示。除了 TONE+XQDA 和 TONE+HCML,现有的大多数方法都是单阶段学习。为了公平地比较它们,表 12-1 还给出了从阶段 1 中提取的特征所得到的评测结果,该结果记为 OML。从表中可以发现,OML 超过了所有已发表论文的方法。对于预出版论文[7]的方法,OML 的 mAP 比它低,但是有更高的 Rank-1。经过第二阶段的度量学习之后,提高了 Rank-1 和 mAP,超越了所有对比的方法。

表 12-1 各方法在 SYSU-MM01 数据集上的表现

方法	Rank-1	Rank-10	Rank-20	mAP
One-stream(ICCV2017)[1]	12.04%	49.68%	66.74%	13.67%
Two-stream(ICCV2017)[1]	11.65%	47.99%	65.50%	12.85%
Deep Zero-Padding(ICCV2017)[1]	14.80%	54.12%	71.33%	15.95%
TONE(AAAI2018)[2]	12.52%	50.72%	68.69%	14.42%
TONE+XQDA(AAAI2018)[2]	14.01%	52.78%	69.06%	15.97%
TONE+HCML(AAAI2018)[2]	14.32%	53.16%	69.17%	16.16%
DCTR(BCTR)(IJCAI2018)[4]	16.12%	54.90%	71.47%	19.15%
DCTR(BDTR)(IJCAI2018)[4]	17.01%	55.43%	71.96%	19.66%
HSME(AAAI2019)[6]	18.03%	58.31%	74.43%	19.98%
D-HSME(AAAI2019)[6]	20.68%	62.74%	77.95%	23.12%
cmGAN(IJCAI2018)[3]	26.97%	67.51%	80.56%	27.80%
D2RL(CVPR2019)[5]	28.90%	70.60%	82.40%	29.20%
DMTL(ArXiv2019)[7]	31.45%	77.61%	88.74%	35.39%
MFL(ArXiv2019)[7]	32.91%	77.95%	88.97%	35.17%
EDFL(ArXiv2019)[7]	36.94%	84.52%	93.22%	40.77%
OML	37.69%	83.35%	93.03%	40.18%
TML	39.75%	84.64%	93.46%	42.73%

(2) 消融性分析

为了验证混合模态三元组损失的有效性，首先定义了六个方法：(a) 只有 softmax loss 的 Baseline，(b) Baseline with IM，(c) Baseline with CM，(d) Baseline with IM and CM，(e) Baseline with IM and MM，(f) Baseline with MM。在此，IM 表示模态内三元组损失，CM 表示跨模态三元组损失，MM 表示混合模态三元组损失，实验结果如表 12-2 所示。通过比较可以发现，IM、CM、MM 三者分别结合 Baseline 使用，皆可提高性能。其中，IM 的改善最小，MM 的改善最大。然而，IM+CM 和 IM+MM 的方法，却会降低 Rank-1 和 mAP，其主要原因可能是度量学习中这两种损失在融合时产生了冲突。值得注意的是，本章所提的 MM 取得了最好的结果。

表 12-2 消融性实验结果

方法	Rank-1	Rank-10	Rank-20	mAP
Baseline	35.01%	73.69%	83.55%	34.92%
Baseline+IM	35.34%	80.15%	90.51%	37.15%
Baseline+CM	37.04%	83.80%	92.84%	39.71%
Baseline+IM+CM	35.67%	82.82%	93.29%	38.99%
Baseline+IM+MM	36.90%	82.24%	92.09%	39.38%
Baseline+MM(OML)	37.69%	83.35%	93.03%	40.18%
Baseline+MM+XQDA(TML)	39.75%	84.64%	93.46%	42.73%

为了检验第二阶段的有效性，在第一阶段 OML 的基础上应用第二阶段 XQDA 度量学习过程，结果如表 12-2 所示。从表中可以发现，TML 得到了更好的结果，验证了两阶段度量学习的有效性。

12.4 小结

本章介绍了一种基于双阶段度量学习(TML)的跨模态行人再识别方法。TML 包含两个阶段，分别采用了局部和全局的度量学习。在第一阶段，提出了一个混合模态三元组损失，以训练更加有效的三元组样本。在第二阶段，利用跨模态判别分析方法实现全局度量学习。在公开数据集 SYSU-MM01 上，实验结果验证了所提方法的有效性。

参考文献

[1] WU A C, ZHENG W S, YU H X, et al. RGB-Infrared Cross-Modality Person Re-identification[C]// IEEE International Conference on Computer Vision, Venice, Italy, October 22 - 29, 2017. IEEE Computer Society, 2017: 5390-5399.

[2] YE M, LAN X, LI J, et al. Hierarchical Discriminative Learning for Visible Thermal Person Re-Identification[C]//MCILRAITH S A, WEINBERGER K Q. Proceedings of the Thirty-Second AAAI Conference on Artificial Intelligence, (AAAI-2018), New Orleans, Louisiana, USA, February 2-7,

2018. AAAI Press, 2018: 7501-7508.

[3] DAI P Y, JI R R, WANG H B, et al. Cross-Modality Person Re-Identification with Generative Adversarial Training[C]//LANG J. Proceedings of the Twenty-Seventh International Joint Conference on Artificial Intelligence, July 13-19, 2018, Stockholm, Sweden. IJCAI, 2018: 677-683.

[4] YE M, WANG Z, LAN X Y, et al. Visible Thermal Person Re-Identification via Dual-Constrained Top-Ranking[C]//LANG J. Proceedings of the Twenty-Seventh International Joint Conference on Artificial Intelligence, IJCAI 2018, July 13-19, 2018, Stockholm, Sweden. IJCAI, 2018: 1092-1099.

[5] WANG Z Y, WANG Z, ZHENG Y Q, et al. Learning to Reduce Dual-Level Discrepancy for Infrared-Visible Person Re-Identification[C]//IEEE Conference on Computer Vision and Pattern Recognition, Long Beach, CA, USA, June 15-20, 2019. Computer Vision Foundation / IEEE, 2019: 618-626.

[6] HAO Y, WANG N N, LI J, et al. HSME: Hypersphere Manifold Embedding for Visible Thermal Person Re-Identification[C]//The Thirty-Third AAAI Conference on Artificial Intelligence (AAAI 2019) Honolulu, Hawaii, USA, January 27 — February 1, 2019. AAAI Press, 2019: 8385-8392.

[7] LIU H J, CHENG J, WANG W, et al. Enhancing the discriminative feature learning for visible-thermal cross-modality person re-identification[J]. Neurocomputing, 2020, 398: 11-19.

[8] ZHAO C R, WANG X R, ZUO W M, et al. Similarity learning with joint transfer constraints for person re-identification[J]. Pattern Recognition, 2020, 97.

[9] TIAN H, ZHANG X, LAN L, et al. Person re-identification via adaptive verification loss[J]. Neurocomputing, 2019, 359: 93-101.

[10] ZHENG Z D, YANG X D, YU Z D, et al. Joint Discriminative and Generative Learning for Person Re-Identification[C]//IEEE Conference on Computer Vision and Pattern Recognition, Long Beach, CA, USA, June 15-20, 2019. Computer Vision Foundation / IEEE, 2019: 2138-2147.

[11] SCHROFF F, KALENICHENKO D, PHILBIN J. FaceNet: A unified embedding for face recognition and clustering[C]//IEEE Conference on Computer Vision and Pattern Recognition, Boston, MA, USA, June 7-12, 2015. IEEE Computer Society, 2015: 815-823.

[12] LIAO S C, HU Y, ZHU X Y, et al. Person re-identification by Local Maximal Occurrence representation and metric learning [C]//IEEE Conference on Computer Vision and Pattern Recognition, Boston, MA, USA, June 7-12, 2015. IEEE Computer Society, 2015: 2197-2206.

[13] HE K M, ZHANG X Y, REN S Q, et al. Deep Residual Learning for Image Recognition[C]//IEEE Conference on Computer Vision and Pattern Recognition, Las Vegas, NV, USA, June 27-30, 2016. IEEE Computer Society, 2016: 770-778.

[14] SZEGEDY C, VANHOUCKE V, IOFFE S, et al. Rethinking the Inception Architecture for Computer Vision[C]//IEEE Conference on Computer Vision and Pattern Recognition, Las Vegas, NV, USA, June 27-30, 2016. IEEE Computer Society, 2016: 2818-2826.

[15] KINGMA D P, BA J. Adam: A Method for Stochastic Optimization[C]//BENGIO Y, LECUN Y. 3rd International Conference on Learning Representations, San Diego, CA, USA, May 7-9, 2015. Conference Track Proceedings. 2015.

第 13 章　未来与展望

随着中国梦、和谐社会、平安城市等梦想、目标和任务的提出，人们对社会公共安全的需求越来越高，通过技术保障来提升人们的安全感、幸福感也越来越迫切。行人再识别技术作为跨摄像机定位追踪行人轨迹的重要技术，获得了研究人员和应用人员的广泛关注，特别是近年来南京、深圳等政府主办的人工智能领域竞赛都在推动和激发行人再识别技术向产业的应用和落地。

从 2006 年行人再识别作为一个独立的研究方向被提出以来，各种研究方法百花齐放，并在已开放数据集上取得了显著效果，其所具有的重要产业价值更进一步地推动了行人再识别技术的发展和应用。为了更全面地了解行人再识别的发展和应用前景，本章对行人再识别当前及未来一段时间可能的研究热点和主要方向，以及对该技术在产业和工业应用上的可能与价值进行展望。

13.1　技术发展方向

从技术实现上看，行人再识别这一任务，可分为特征提取和特征匹配两个过程。在深度学习方法兴起之前，行人再识别研究者们对特征的提取主要聚焦于从图片中获取具有稳定判别性的传统低级视觉特征，比如颜色、纹理和关键点等。由于现实环境下行人再识别所面临的复杂应用场景（光照、遮挡和姿态等），传统低级视觉特征的表达难以实现较高的性能。自 2012 年后，深度学习蓬勃发展并广泛应用于各项计算机视觉任务。行人再识别研究者利用深度学习方法，提取出更加稳健的行人特征，结合更加优秀的特征度量手段，通过探索逐步取得一系列优秀成果。

当前，深度学习这一利器为行人再识别技术注入了强劲动力。在开放的大型数据集上，最新的研究成果已达到较高的水平。随着行人再识别这一技术的逐渐发展，研究者们逐渐将目光转到实际场景下的问题研究。然而，与人脸识别等能够成熟应用至实际场景中的技术相比，行人再识别技术由于自身的独特性，若要更加切合实际需求，仍有许多值得思考且亟待解决的问题。以下将从几个方面展开，讨论一些技术发展的方向。

13.1.1　无监督 ReID 技术

在行人再识别技术的实际应用场景下，受限于环境复杂多变、拍摄距离远近不同、成像分辨率较低等因素，跨摄像机的目标行人标注数据极难获取，针对每一个应用环境（比如一个大型购物中心，一个迪士尼游乐场）都去标记大量的训练数据，需要极高的人力成本，且不太切合实际。近年来，无监督学习作为不需要标注信息的学习方法，弥补了监督学习无法学习标签缺失数据的不足，得到了研究者的广泛关注。无监督学习在图像识别、图像分类和图像检索[1]等任务上都备受青睐。因此，很多研究者也在尝试着利用无监督学习的方法来解决行人再识别问题。

早期基于无监督学习的行人再识别方法大致可分为三类：人工设计行人特征提取的方法[2]、探索局部特性统计量的方法[3]，以及基于字典学习的方法[4]。然而对于不同摄像机下拍摄的图片，由于不同的光照和视角，如何设计一个通用的、能够适用到所有场景的特征是一个非常具有挑战性的问题。上述方法的扩展性和判别力都较弱，性能上比监督学习弱很多。

基于深度学习的无监督行人再识别方法已经大幅超过了传统无监督学习方法，其中，跨摄像机标签估计方法[5-7]是一个目前较为流行的方法。Ye 等人[5]提出的动态图匹配将标签估计转化为一个双向图匹配问题。之后，又提出了一种稳健的锚点嵌入方法[6]，迭代地将标签分配给未标记的行人跟踪块(Tracklet)。Fan 等人[7]提出了一个相似的标签估计的方法，使用 K-means 聚类方法进行不断地迭代聚类，同时使用不同身份相关的信息，同时进行微调学习。Liu 等人[8]采用逐步度量提升的方式渐进挖掘标签。此外，语义属性也可被用于无监督行人再识别。Wang 等人[9]提出了一种可迁移的联合属性-实体的深度学习框架(Transferable Joint Attribute-Identity Deep Learning，TJ-AIDL)，将身份鉴别和语义属性特征学习统一在一个双分支网络进行端到端学习。类似的无监督方法还有软多标签学习[10]、PatchNet[11]、自相似分组(Self-Similarity Grouping，SSG)方法[12]等。

无监督域适应(Unsupervised Domain Adaptation，UDA)也是一种常用的无监督迁移学习[13]方法，即将有标签的源数据集中学习到的知识迁移到无标签的目标数据集[14]。LÜ 等人[15]提出了一种增量学习模型 TFusion，通过分析源数据集中两个摄像机间迁移时间的分布，得出数据集的时空分布规律并迁移至目标数据集，以此构建基于时空特征的模型，最后将训练好的时空模型结合图像分类器得到最终的特征表示。当前利用生成对抗网络(Generative Adversarial Network，GAN)生成图像的方式，将源数据集的图像转换为目标数据集图像的风格，也是行人再识别无监督域自适应的一个流行方法。使用生成的图像，使得在未标记的目标域中进行有监督模型学习成为可能。Wei 等人[16]提出了一种行人转换生成式对抗网络(PTGAN)，将有标签的源域图像，转换为无标签的目标域图像，解决了域鸿沟问题。

近年来，无监督行人再识别研究开始引起广泛关注，且性能也得到了极大提升。表 13-1 展示了 Market-1501 和 DukeMTMC-reID 两个数据集上无监督 ReID 方法的 SOTA 性能。其中，Source 表示在训练目标数据集的模型时是否利用了源数据集的标注数据，Gen 表示是否使用了图像生成手段。表中所列方法主要是 2018 年和 2019 年的研究工作，具体包括 PUL(渐进的无监督学习法)[7]、CAMEL(跨视角非对称的度量学习法)[18]、PTGAN(基于生成对抗网络的行人风格迁移法)[16]、TJ-AIDL(可迁移的联合属性和身份的深度学习方法)[9]、HHL(异质和同质学习方法)[19]、DAS(基于合成图像的无监督域适应方法)[20]、MAR(多标签参考学习法)[10]、ENC(基于属性不变性和范例存储器的域适应方法)[21]、ATNet(自适应迁移网络)[22]、PAUL(基于补丁的无监督学习方法)[11]、SBSGAN(基于生成对抗网络的背景偏移抑制方法)[23]、UCDA[24]、CASC(基于相机感知的相似度一致性学习法)[25]、PDA(无监督姿态解纠缠和自适应法)[26]、CR-GAN(基于生成对抗网络的上下文呈现方法)[27]、PAST(循序渐进的自训练法)[28]、SSG(自相似分组方法)[12]。

表 13-1 无监督行人再识别方法的 SOTA 性能[17]

方法	时间	Source	Gen	Market-1501		DukeMTMC-reID	
				Rank-1	mAP	Rank-1	mAP
PUL[7]	2018	Model	No	45.5%	20.5%	30.0%	16.4%
CAMEL[18]	2017	Model	No	54.5%	26.3%	—	—
PTGAN[16]	2018	Data	Yes	58.1%	26.9%	46.9%	26.4%
TJ-AIDL[9]	2018	Data	No	58.2%	26.5%	44.3%	23.0%
HHL[19]	2018	Data	Yes	62.2%	31.4%	46.9%	27.2%
DAS[20]	2018	Synthesis	Yes	65.7%	—	—	—
MAR[10]	2019	Data	No	67.7%	40.0%	67.1%	48.0%
ENC[21]	2019	Data	No	75.1%	43.0%	63.3%	40.4%
ATNet[22]	2019	Data	Yes	55.7%	25.6%	45.1%	24.9%
PAUL[11]	2019	Model	No	68.5%	40.1%	72.0%	53.2%
SBSGAN[23]	2019	Data	Yes	58.5%	27.3%	53.5%	30.8%
UCDA[24]	2019	Data	No	64.3%	34.5%	55.4%	36.7%
CASC[25]	2019	Model	No	65.4%	35.5%	59.3%	37.8%
PDA[26]	2019	Data	Yes	75.2%	47.6%	63.2%	45.1%
CR-GAN[27]	2019	Data	Yes	77.7%	54.0%	68.9%	48.6%
PAST[28]	2019	Model	No	78.4%	54.6%	72.4%	54.3%
SSG[12]	2019	Model	No	80.0%	58.3%	73.0%	53.4%

由表 13-1 可以发现，无监督行人再识别技术的性能在两年内得到了大幅提升。在 Market-1501 数据集上，Rank-1/mAP 由 54.5%/26.3%（CAMEL 方法）提升到 80.0%/58.3%（SSG 方法）；在 DukeMTMC 数据集上，Rank-1/mAP 由 30.0%/16.4%（PUL 方法）提升到73.0%/54.3%（SSG 方法）。然而，与本书前述章节的有监督学习方法相比，性能上仍有很大差距，有待继续探索研究。根据文献[17]，以下方向是值得进一步探索的：

（1）强大的注意力机制已经广泛应用于有监督学习行人再识别技术，然而在无监督学习中还很少使用，有待进一步深入探索；

（2）部分方法已经证明了目标域图像生成方法的有效性，但是在当前最好的两种方法（PAST、SSG）中都尚未使用，值得扩展研究；

（3）在目标域的训练过程中利用已标注的源数据被证明在跨数据集学习方面是有效的，但是也没有在 PAST、SSG 等方法中使用，有待探索论证；

（4）标签估计方法可以为无标签图像估计出一些标签，利用估计的标签则可以将无监督学习转化为有监督学习，但是标签估计往往无法避免伪标签噪声的存在，故在初始伪标签噪声较大的情况下，如何处理伪标签噪声对网络性能的影响，避免模型在学习过程中的崩溃风险，是非常值得研究的问题。

纵观无监督行人再识别的研究现状，虽然各种方法提供了众多良好的思路，但是在性能上与有监督方法相比，仍表现欠佳，是非常值得进一步深入研究的方向。

13.1.2 跨模态 ReID 技术

近年来，现有的行人再识别方法在 Market-1501 等可见光数据集上展现出了较为优秀的性能。但是，现有摄像机在白天和黑夜分别采用可见光和红外两种不同成像技术，其生成的可见光和红外两种模态图像数据之间存在很大的差异，如何解决由红外图像查找对应可见光图像(或由可见光图像查找对应红外图像)的跨模态行人再识别已成为 24 h 不间断持续分析必须克服的重要问题。同时，可见光与红外两种模态数据内存在着光照变化、拍摄视角、遮挡模糊、肢体形变等一系列问题，但更难的是两种模态图像数据之间的差异，使得跨模态的行人再识别成为一项极具挑战性的难题。

此外，在实际应用中，除了日夜全天候摄像产生的红外与可见光跨模态数据，在具体应用时，还存在着不同摄像机分辨率差异导致的低分辨率行人图像与高分辨率行人图像之间的匹配，以及由描述性表示(文本信息或素描图)产生的查询需求。例如：当一个犯罪案件发生时，刑侦人员会调取多个监控视频，很多时候会面临高、低分辨率的视频，白天可见光、晚上红外视频等情况。此外，刑侦人员还可能掌握着目击者对罪犯的口头描述或者专业人员所画的罪犯素描图。此时，仅使用可见光图像数据集上的行人再识别方法显然是不够的，这就需要构建在不同模态的行人图像之间实现异质数据的跨模态行人再识别。图 13-1 展示

图 13-1 异质跨模态行人再识别问题[29]

了对低分辨率(Low-resolution)、红外图像(Infrared)、素描图像(Sketch)和文本描述(Text)四种跨模态数据在行人再识别领域的需求[29]。

低分辨率图像:由于摄像机对行人的拍摄距离远近不同和光照的明暗各异,以及摄像机自身成像质量的不同,造成行人图像分辨率差异。在低分辨率图像的影响下,传统的基于高分辨率的行人再识别方法的辨别能力会显著降低。故对于行人再识别而言,将低分辨率行人图像与高分辨率行人图像进行匹配是一个不可避免的挑战。针对低分辨率行人再识别问题,Li 等人[30]提出了一种联合多尺度判别框架(Joint Multi-scale Discriminant Component Analysis, JUDEA),该框架利用一种低维子空间跨尺度图像对齐特征分布差异准则(HCMD),把同一行人在不同分辨率的相似性判别信息统一起来,进而实现低分辨率图像信息和正常分辨率图像的共享。Jing 等人[31]使用一种半耦合低秩判别字典学习方法(Semi-coupled Low-rank Discriminant Dictionary Learning, SLD^2L)从成对高-低分辨率图像特征中学习成对字典和一个映射函数,将低分辨率图像特征转换为高分辨率特征。Jiao 等人[32]提出了一种超分辨率和行人身份识别联合学习的新方法(Superresolution and Identity joint learning, SING),利用超分技术提升低分辨率图像质量,设计了一个混合深层卷积神经网络连接超分辨率网络和身份识别模型,通过增强低分辨率图像中有利于身份识别的高频外观信息,从而解决分辨率不匹配导致的信息量差异问题。

红外图像:在安防场景应用中,犯罪行为多发生于可视条件不好的时间,故针对夜晚的行人再识别研究更加重要。现有摄像机通常具有可见光与红外感光片,根据日照光强自动切换可见光摄像和红外摄像,因此可见光和红外图像之间的跨模态行人再识别得到了研究者的广泛关注。2017 年,Wu 等人[33]提出了可见光-红外跨模态行人再识别任务研究,并发布第一个可见光-红外跨模态行人再识别的数据集 SYSU-MM01。由于跨模态行人再识别的难点在于模态数据间的差异,故关于 RGB-IR 图像的跨模态行人再识别方法主要从两个思路来解决该问题:①学习共享特征。基于双流卷积神经网络架构,采用参数共享的网络层学习两种模态数据间的共享特征,借助表征学习和度量学习来减小模态差异。Zhu 等人[34]提出的一个基于局部特征的双分支网络和异质中心损失。基于局部特征的双分支网络借鉴了单模态行人再识别方法中部件卷积基础(Part-based Convolutional Baseline, PCB)[35]的思路,将行人图像水平分割为 6 个部分,有效提升了性能。②图像模态转换。利用生成对抗网络(Generative Adversarial Network, GAN)技术,通过训练生成器和判别器去学习模态之间的关联。Choi 等人[36]以减少模态内和模态间的差异为出发点,将身份判别(ID-discriminative)特征和身份排外(ID-excluded)特征分离出来,分别进行学习。具体地,采用生成器生成跨模态伪图像,再通过对原始图和生成的伪图像进行判别,不断地更新编码器,使其对特征学习的区分度更准确。

素描图像:在刑侦案件中,刑侦专家会根据目击者描述的信息绘制素描图像,用以查找目标人员。利用素描图像找人的技术,早期在人脸识别上取得了一些成果[37,38]。但与人脸识别仅局限面部信息不同的是,行人再识别的素描图像还需考虑行人姿态、相机视角等因素的影响,所以利用素描进行行人再识别具有很大的挑战性。针对素描图像的行人再识别,Pang 等人[39]提出利用深度对抗学习框架,通过过滤低级特征和保留高级语义特征来共同学习素描和照片中的跨模态不变特征,实现了素描人物图像和一般行人图像的匹配,并给出了第一个素描-照片跨模态数据集。由于该数据集规模较小，且素描与照片相似性较大，因此并没有有效反映实际情况，还有待深入探索。

文本描述：和素描图像的ReID类似，自然语言描述的行人信息也可以被用于行人搜索。早期研究者主要利用基于属性的查询信息，开展行人再识别工作[40-42]。由于文本描述往往是一个句子而并不是离散的属性，故基于属性匹配的方法并不能完全适用。因此，Ye等人[43]提出一种基于对偶的度量学习方法，通过将不完整的文本描述转换为属性向量，采用基于线性稀疏重构的方式补全属性向量，实现了首个真正意义上基于文本信息的行人再识别。

综上所述，近年来跨模态行人再识别开始吸引了大量研究者的注意力。但是，模态数据间的差异使得跨模态行人再识别面临的较单模态行人再识别困难得多的问题，目前跨模态ReID技术尚处于初步探索阶段，以下方面值得进一步深入的研究：

（1）当前跨模态行人再识别的数据集规模还比较小，主要在于数据的收集和标注难度更大，故有待构建更大规模、更贴合实际的数据集；

（2）针对跨模态数据的模态间差异，有待更有效的方法研究，同时利用相关领域研究成果辅助跨模态行人再识别性能的提升也是值得探索的。

13.1.3 轻量化ReID技术

当前，监控设备的普及使得数据规模急剧增长，面对大规模的行人数据集，如何提高行人再识别的效率成为研究者关注的新热点。行人再识别提升计算速度、降低存储大小要求模型必须轻量化，且轻量化的模型可以有效面向终端设备进行应用。轻量化行人再识别模型主要从模型计算轻量化、特征存储轻量化两个方面进行研究。其中，前者以轻量型分类网络为基础，改进适配行人再识别任务；后者以低维特征、哈希特征为代表，提升特征匹配的存储和计算效率。

（1）模型轻量化。行人再识别主要是利用深度网络提取行人图像特征，因此深度网络直接影响特征提取的速度和计算代价，同时模型本身的大小也影响着存储的空间。为了降低网络的计算代价，研究者提出了各种轻量级网络，如：Google公司于2016年提出的MobileNetV1[44]就是针对移动终端的轻量级卷积网络，该网络通过分解卷积核来减少参数；2018年，在MobileNetV1的基础上，进一步优化改进提出了MobileNetV2[45]，该网络保持速度的同时进一步提升了精度。2018年，Zhang等人[46]提出了ShuffleNet，该网络通过将通道间的特征先打乱再进行重新整合，在保持高效计算速度的同时进一步提升精度。除了设计轻量化的网络，对于网络模型参数，还可以通过网络剪枝等方式，对已经训练好的模型进行压缩，如Chen等人[47]提出了一种自适应网络剪枝方法（SANP）来降低CNNs的计算量。在尽可能保证精度的前提下，网络剪枝可以大幅减小网络的计算量，提升模型计算速度。剪枝的网络参数更小，既可以减少计算速度，且可以大幅减少模型所占用的存储空间。此外，Li等人[48]提出了调合注意力卷积神经网络（Harmonious Attention Convolution Neural Network，HACNN），通过Inception模型有效地构建了轻量化的网络模型；Zhou等人[49]提出了一个轻量级全尺度网络OSNet，通过设计一个由多个卷积特征流组成的残差块来实现全尺度特征学习，同时，采用点卷积和深度卷积构建块避免过度拟合。OSNet 网络实现了极小的模型大小和计算代价，且性能上较 ResNet-50 等模型更好。表 13-2 给出了 ResNet-50、HACNN、MobileNetV2、OSNet 网络模型的参数量（#Param）、模型浮点计算量（FLOPs），以及在 Market-1501、DukeMTMC-ReID 和 MSMT17 数据集上的结果。

表 13-2 轻量级行人再识别网络性能

模型	#Param	FLOPs	Market-1501 (Rank-1/mAP)	DukeMTMC-ReID (Rank-1/mAP)	MSMT17 (Rank-1/mAP)
ResNet-50	23.5 M	2.7 G	87.9%/70.4%	78.3%/58.9%	63.2%/33.9%
HACNN	4.5 M	0.5 G	90.9%/75.6%	80.1%/63.2%	64.7%/37.2%
MobileNetV2	2.2 M	0.2 G	85.6%/67.3%	74.2%/54.7%	57.4%/29.3%
OSNet	0.6 M	0.27 G	92.5%/79.8%	85.1%/67.4%	69.7%/37.5%

(2) 特征哈希表示。行人再识别作为一个实例级的识别问题，极大地依赖于具有识别能力的特征。若要充分表达图像内容，则需要较高维度的特征，这就会导致计算量的增大。为了提高特征的计算和存储效率，哈希技术被研究者广泛研究，并开始向行人再识别领域迁移应用。图像检索作为计算机视觉的经典任务，其哈希技术的研究成果丰硕[50,51]。例如经典的局部敏感哈希[52]在不同的应用场景依旧具有重要的价值。本书第 9、10、11 章针对行人再识别任务，介绍了深度哈希的相关研究成果，这些研究都是相对简单的应用和改进。针对行人再识别的无监督学习、跨模态应用等，深度哈希技术仍值得深度的研究和探索。

13.2 工业应用方向

在信息化快速发展的现代生活中，视频监控为公共和社会安全、商业应用等提供了新的手段。对于非结构化的视频数据，利用信息技术对视频数据进行结构化语义理解可以大幅提升视频监控的智能化，为各类商业和社会应用提供帮助。当前，人脸识别技术在安防领域已经较为成熟，但在很多实际场景中，由于摄像机无法抓拍到行人清晰的人脸，导致难以进行人的身份判定和关联。行人再识别作为人脸识别的拓展，可以有效解决无法拍摄到人脸条件下的行人再识别问题。为了更好地将行人再识别技术推广应用，下面围绕超市、车站/机场、小区和边境等不同应用需求进行阐述。

13.2.1 超市客户 ReID

中国社会随着改革开放几十年的快速发展，人们物质生活水平日益提高，超市已成为千家万户日常必须出入的场所。同时，伴随着新零售等概念的提出，智能化的无人超市也开始走进了人们的生活中，图 13-2 展示了 Amazon Go 等利用行人再识别技术对超市内的用户进行跟踪与行为分析。

在满足市民基本生活需求的超市中，视频监控是收银等钱物敏感位置的必备设备，可以有效实现防盗或事后追盗。随着监控应用的普及，特别是视频分析技术的发展，利用视频分析技术对客户的购物行为、轨迹和倾向分析，深入了解客户需求及客户关注点，可以更好地

图 13-2　Amazon Go 等利用 ReID 技术实现在超市内用户的跟踪与行为分析

布置货物，进行商品推荐，引导客户的购物。行人再识别可以有效实现跨摄像机的行人轨迹关联，是实现超市用户行人分析和货物推荐的核心技术。无人超市也有着类似的需求，无人超市不只是优化货物的布置、商品的推荐，还需要与客户进行人机交互，因此行人再识别技术在超市中的应用是很强的。

在超市中，由于客户流量通常较多，存在着人与人之间的遮挡，且客户会购买携带、推拉提商品，这些因素会严重影响行人再识别技术的效果，在 ReID 技术落地至超市场景中时，应充分考虑这些因素。

13.2.2　车站/机场 ReID

在车站/机场，儿童或老人因场所陌生、人员密集极易发生走失等情况，遇到这种情况，警察及相关工作人员一般会去查找监控录像或广播公告等。如果仅依靠工作人员按视频播放顺序查找监控的话，则会耗费大量的时间。除人员走失外，针对犯罪分子的搜索而言，则时间要求更高，且不可进行广播公告。对于这些需求，行人再识别可以提供强有力的技术支持。图 13-3 展示了车站/机场客流人员监控和分析。

图 13-3　车站/机场客流人员监控和分析

除以上所述的乘客搜索以外，利用 ReID 技术也可描述出行人轨迹。在车站/机场等出行场所，乘客购票、进站和出站等轨迹是有规律的，利用 ReID 技术可以分析出乘客的一般性活动轨迹，有利于对站内乘客行动轨迹进行预测分析。此外，利用轨迹预测，还可以对异常轨迹进行预警告警，避免安全事故的发生，也可以把危险可疑分子的行动预谋扼杀在萌芽状态。

由于车站/机场人流密集，且路线固定，在应用 ReID 技术时，可以对设备布置等进行有效设置，研究基于头部或上肢的部分区域行人再识别。

13.2.3 小区安防 ReID

区别于其他场所，居民小区的典型特点是日常出现的人员多为常驻人员，将 ReID 技术融入小区安防的视频监控之中，再结合人脸识别，可有效实现对常驻人员的辨识。小区是人们居家生活场所，也是私人财物聚集之地，盗窃等犯罪活动时有发生，安防监控可有效追踪犯罪人员，挽回财产损失、惩戒犯罪行人。图 13-4 展示了通过视频追踪偷盗婴儿的犯罪嫌疑人的主要过程。

图 13-4 跨摄像机追踪行为轨迹

图 13-4 为 2015 年广州市番禺区发生的一起入室偷小孩事件。通过调阅监控视频，发现了图中身穿黄色上衣蓝色牛仔裤男子，根据监控追查到该罪犯。该过程中，由于监控视频数据量大，且数量多，人工追逃难度大且耗时长，此种情景是 ReID 在小区安防的典型应用之一。

小区的监控多为室外环境，易受到光照、遮挡等因素的影响，拍摄范围大、行人目标小，相关研究会涉及高-低分辨率、可见光-红外等跨模态 ReID 技术。

13.2.4 边境安防 ReID

在边境卡口，对跨镜人员的身份核实、轨迹追踪，特别是对罪犯、疑犯等追踪任务繁重且责任巨大。在我国新疆、西藏等边境地域，疆独分子、恐怖分子等犯罪活动频繁，且与境外人员勾连，对社会安全稳定产生巨大威胁。为了守护好国门，确保边境地域安全稳定，对重要嫌犯、犯罪分子的追踪至关重要。图 13-5 为边境地区发生的恐怖主义活动。

图 13-5 边境暴恐活动

同小区安防类似，边境管理人员利用监控视频和行人再识别技术，根据嫌犯或罪犯照片，可以快速查找监控视频库中的犯罪嫌疑人出现视频段，并将嫌犯或罪犯在各个摄像机的轨迹串联起来，即可服务于追逃和抓捕行动。通过 ReID 技术搜索监控视频中的行人可以极大地提高效率，辅助分析人员快速高效地完成工作。

边境安防 ReID 的应用还存在着较大的挑战，因为犯罪分子是存在伪装的，且混迹在人群中，存在着严重遮挡等问题，因此相关技术还有待深入研究。

13.3 小结

本章从技术发展和工业应用两个角度阐述了行人再识别技术的未来发展的可能。在技术发展方面，立足于现有 ReID 研究丰硕成果，讨论并介绍了具有挑战性和实用性的无监督、跨模态和轻量化的 ReID 技术。在工业应用方面，针对 ReID 技术产品化落地的实际需求，介绍了多种应用场景(超市、车站/机场、小区和边境卡口)，并对应用需求和技术难点等进行了概述。

当前 ReID 技术虽初具羽翼，但仍有很多值得研究的地方，特别是从理论走向实践，从实验室走向市场，还存在着很多问题待解决。行人再识别作为一个年轻的新技术，虽然发展快速，但是还有着诸多问题亟待解决，仍需时间来进行积淀和储能，对于从事该方向的研究者而言，既是挑战，也是机遇。

参考文献

[1] TANG H, LIU H. A Novel Feature Matching Strategy for Large Scale Image Retrieval[C]//KAMBHAMPATI S. Proceedings of the Twenty-Fifth International Joint Conference on Artificial Intelligence, New York, NY, USA, 9-15 July 2016. IJCAI/AAAI Press, 2016: 2053-2059.

[2] FARENZENA M, BAZZANI L, PERINA A, et al. Person re-identification by symmetry-driven accumulation of local features[C]//The Twenty-Third IEEE Conference on Computer Vision and Pattern Recognition, San Francisco, CA, USA, 13-18 June 2010. IEEE Computer Society, 2010:

2360-2367.

[3] ZHAO R, OUYANG W L, WANG X G. Unsupervised Salience Learning for Person Re-identification [C]//IEEE Conference on Computer Vision and Pattern Recognition, Portland, OR, USA, June 23-28, 2013. IEEE Computer Society, 2013: 3586-3593.

[4] KODIROV E, XIANG T, GONG S G. Dictionary Learning with Iterative Laplacian Regularisation for Unsupervised Person Re-identification[C]//XIE X, JONES M W, TAM G K L. Proceedings of the British Machine Vision Conference 2015, Swansea, UK, September 7-10, 2015. BMVA Press, 2015: 44.1-44.12.

[5] YE M, MA A J, ZHENG L, et al. Dynamic Label Graph Matching for Unsupervised Video Re-identification[C]//IEEE International Conference on Computer Vision, Venice, Italy, October 22-29, 2017. IEEE Computer Society, 2017: 5152-5160.

[6] YE M, LAN X Y, YUEN P C. Robust Anchor Embedding for Unsupervised Video Person re-IDentification in the Wild[C]//FERRARI V, HEBERT M, SMINCHISESCU C, et al. Lecture Notes in Computer Science: Computer Vision — ECCV 2018 — 15th European Conference, Munich, Germany, September 8-14, 2018, Proceedings, Part Ⅶ: vol. 11211. Springer, 2018: 176-193.

[7] FAN H H, ZHENG L, YAN C G, et al. Unsupervised Person Re-identification: Clustering and Fine-tuning[J]. ACM Transactions on Multimedia Computing, Communications, and Applications, 2018, 14(4): 83:1-83:18.

[8] LIU Z M, WANG D, LU H C. Stepwise Metric Promotion for Unsupervised Video Person Re-identification[C]//IEEE International Conference on Computer Vision, Venice, Italy, October 22-29, 2017. IEEE Computer Society, 2017: 2448-2457.

[9] WANG J Y, ZHU X T, GONG S G, et al. Transferable Joint Attribute-Identity Deep Learning for Unsupervised Person Re-Identification [C]//IEEE Conference on Computer Vision and Pattern Recognition, Salt Lake City, UT, USA, June 18-22, 2018. IEEE Computer Society, 2018: 2275-2284.

[10] YU H X, ZHENG W S, WU A C, et al. Unsupervised Person Re-Identification by Soft Multilabel Learning[C]//IEEE Conference on Computer Vision and Pattern Recognition, Long Beach, CA, USA, June 15-20, 2019. Computer Vision Foundation / IEEE, 2019: 2143-2152.

[11] YANG Q Z, YU H X, WU A C, et al. Patch-Based Discriminative Feature Learning for Unsupervised Person Re-Identification[C]//IEEE Conference on Computer Vision and Pattern Recognition, Long Beach, CA, USA, June 15-20, 2019. Computer Vision Foundation / IEEE, 2019: 3628-3637.

[12] FU Y, WEI Y C, WANG G S, et al. Self-Similarity Grouping: A Simple Unsupervised Cross Domain Adaptation Approach for Person Re-Identification [C]//IEEE/CVF International Conference on Computer Vision, Seoul, Korea(South), October 27 — November 2, 2019. IEEE, 2019: 6111-6120.

[13] PAN S J, YANG Q. A Survey on Transfer Learning[J]. IEEE Transactions on Knowledge and Data Engineering, 2010, 22(10): 1345-1359.

[14] MA A J, YUEN P C, LI J W. Domain Transfer Support Vector Ranking for Person Re-identification without Target Camera Label Information[C]//IEEE International Conference on Computer Vision, Sydney, Australia, December 1-8, 2013. IEEE Computer Society, 2013: 3567-3574.

[15] LV J M, CHEN W H, LI Q, et al. Unsupervised Cross-Dataset Person Re-Identification by Transfer Learning of Spatial-Temporal Patterns [C]//IEEE Conference on Computer Vision and Pattern

Recognition, Salt Lake City, UT, USA, June 18-22, 2018. IEEE Computer Society, 2018: 7948-7956.

[16] WEI L H, ZHANG S L, GAO W, et al. Person Transfer GAN to Bridge Domain Gap for Person Re-Identification[C]//2018 IEEE/CVF Conference on Computer Vision and Pattern Recognition, Salt Lake City, UT, USA, June 18-23, 2018. IEEE Computer Society, 2018: 79-88.

[17] YE M, SHEN J B, LIN G J, et al. Deep Learning for Person Re-identification: A Survey and Outlook [J/OL]. CoRR, 2020.

[18] YU H X, WU A C, ZHENG W S. Cross-View Asymmetric Metric Learning for Unsupervised Person Re-Identification[C]//IEEE International Conference on Computer Vision, Venice, Italy, October 22-29, 2017. IEEE Computer Society, 2017: 994-1002.

[19] ZHONG Z, ZHENG L, LI S Z, et al. Generalizing a Person Retrieval Model Hetero-and Homogeneously[C]//FERRARI V, HEBERT M, SMINCHISESCU C, et al. Lecture Notes in Computer Science: Computer Vision — ECCV 2018 — 15th European Conference, Munich, Germany, September 8-14, 2018, Proceedings, Part XIII: vol. 11217. Springer, 2018: 176-192.

[20] BAK S, CARR P, LALONDE J F. Domain Adaptation Through Synthesis for Unsupervised Person Re-identification[C]//FERRARI V, HEBERT M, SMINCHISESCU C, et al. Lecture Notes in Computer Science: Computer Vision — ECCV 2018 — 15th European Conference, Munich, Germany, September 8-14, 2018, Proceedings, Part XIII: vol. 11217. Springer, 2018: 193-209.

[21] ZHONG Z, ZHENG L, LUO Z M, et al. Invariance Matters: Exemplar Memory for Domain Adaptive Person Re-Identification[C]//IEEE Conference on Computer Vision and Pattern Recognition, Long Beach, CA, USA, June 15-20, 2019. Computer Vision Foundation / IEEE, 2019: 598-607.

[22] LIU J W, ZHA Z J, CHEN D, et al. Adaptive Transfer Network for Cross-Domain Person Re-Identification[C]//IEEE Conference on Computer Vision and Pattern Recognition, Long Beach, CA, USA, June 15-20, 2019. Computer Vision Foundation / IEEE, 2019: 7195-7204.

[23] HUANG Y, WU Q, XU J S, et al. SBSGAN: Suppression of Inter-Domain Background Shift for Person Re-Identification[C]//2019 IEEE/CVF International Conference on Computer Vision, Seoul, Korea(South), October 27-November 2, 2019. IEEE, 2019: 9526-9535.

[24] QI L, WANG L, HUO J, et al. A Novel Unsupervised Camera-Aware Domain Adaptation Framework for Person Re-Identification[C]//2019 IEEE/CVF International Conference on Computer Vision, Seoul, Korea(South), October 27-November 2, 2019. IEEE, 2019: 8079-8088.

[25] WU A C, ZHENG W S, LAI J H. Unsupervised Person Re-Identification by Camera-Aware Similarity Consistency Learning[C]//2019 IEEE/CVF International Conference on Computer Vision, Seoul, Korea(South), October 27-November 2, 2019. IEEE, 2019: 6921-6930.

[26] LI Y J, LIN C S, LIN Y B, et al. Cross-Dataset Person Re-Identification via Unsupervised Pose Disentanglement and Adaptation[C]//2019 IEEE/CVF International Conference on Computer Vision, Seoul, Korea(South), October 27-November 2, 2019. IEEE, 2019: 7918-7928.

[27] CHEN Y B, ZHU X T, GONG S G. Instance-Guided Context Rendering for Cross-Domain Person Re-Identification[C]// 2019 IEEE/CVF International Conference on Computer Vision, Seoul, Korea (South), October 27-November 2, 2019. IEEE, 2019: 232-242.

[28] ZHANG X Y, CAO J W, SHEN C H, et al. Self-Training With Progressive Augmentation for Unsupervised Cross-Domain Person Re-Identification[C]//2019 IEEE/CVF International Conference

on Computer Vision, Seoul, Korea(South), October 27 - November 2, 2019. IEEE, 2019: 8221-8230.

[29] WANG Z, WANG Z, WU Y, et al. Beyond Intra-modality Discrepancy: A Comprehensive Survey of Heterogeneous Person Re-identification[J/OL]. CoRR, 2019.

[30] LI X, ZHENG W S, WANG X J, et al. Multi-Scale Learning for Low-Resolution Person Re-Identification[C]//2015 IEEE International Conference on Computer Vision, Santiago, Chile, December 7-13, 2015. IEEE Computer Society, 2015: 3765-3773.

[31] JING X Y, ZHU X K, WU F, et al. Super-Resolution Person Re-Identification With Semi-Coupled Low-Rank Discriminant Dictionary Learning[J]. IEEE Transactions on Image Processing, 2017, 26 (3): 1363-1378.

[32] JIAO J, ZHENG W S, WU A, et al. Deep Low-Resolution Person Re-Identification[C]// MCILRAITH S A, WEINBERGER K Q. Proceedings of the Thirty-Second AAAI Conference on Artificial Intelligence, (AAAI - 18), New Orleans, Louisiana, USA, February 2 - 7, 2018. AAAI Press, 2018: 6967-6974.

[33] WU AC, ZHENG W S, YU H X, et al. RGB-Infrared Cross-Modality Person Re-identification[C]// IEEE International Conference on Computer Vision, Venice, Italy, October 22 - 29, 2017. IEEE Computer Society, 2017: 5390-5399.

[34] ZHU Y X, YANG Z, WANG L, et al. Hetero-Center loss for cross-modality person Re-identification [J]. Neurocomputing, 2020, 386: 97-109.

[35] SUN Y F, ZHENG L, YANG Y, et al. Beyond Part Models: Person Retrieval with Refined Part Pooling(and A Strong Convolutional Baseline)[C]//FERRARI V, HEBERT M, SMINCHISESCU C, et al. Lecture Notes in Computer Science: Computer Vision — ECCV 2018 — 15th European Conference, Munich, Germany, September 8-14, 2018, Proceedings, Part Ⅳ: vol. 11208. Springer, 2018: 501-518.

[36] CHOI S, LEE S, KIM Y, et al. Hi-CMD: Hierarchical Cross-Modality Disentanglement for Visible-Infrared Person Re-Identification[J/OL]. CoRR, 2019.

[37] GALOOGAHI H K, SIM T. Face photo retrieval by sketch example[C]//BABAGUCHI N, AIZAWA K, SMITH J R, et al. Proceedings of the 20th ACM Multimedia Conference, Nara, Japan, October 29 — November 02, 2012. ACM, 2012: 949-952.

[38] ZHANG W, WANG X G, TANG X O. Coupled information-theoretic encoding for face photo-sketch recognition[C]//The 24th IEEE Conference on Computer Vision and Pattern Recognition, Colorado Springs, CO, USA, 20-25 June 2011. IEEE Computer Society, 2011: 513-520.

[39] PANG L, WANG Y W, SONG Y Z, et al. Cross-Domain Adversarial Feature Learning for Sketch Re-identification[C]//BOLL S, LEE K M, LUO J, et al. 2018 ACM Multimedia Conference on Multimedia Conference, Seoul, Republic of Korea, October 22-26, 2018. ACM, 2018: 609-617.

[40] FERIS R S, BOBBITT R, BROWN L M, et al. Attribute-based People Search: Lessons Learnt from a Practical Surveillance System[C]//KANKANHALLI M S, RUEGER S, MANMATHA R, et al. International Conference on Multimedia Retrieval, Glasgow, United Kingdom — April 01-04, 2014. ACM, 2014: 153.

[41] WANG Z, HU R, YU Y, et al. Multi-Level Fusion for Person Re-identification with Incomplete Marks[C]//ZHOU X, SMEATON A F, TIAN Q, et al. Proceedings of the 23rd Annual ACM

Conference on Multimedia Conference, Brisbane, Australia, October 26 - 30, 2015. ACM, 2015: 1267-1270.

[42] YIN Z, ZHENG W S, WU A C, et al. Adversarial Attribute-Image Person Re-identification[C]// LANG J. Proceedings of the Twenty-Seventh International Joint Conference on Artificial Intelligence, July 13-19, 2018, Stockholm, Sweden. IJCAI, 2018: 1100-1106.

[43] YE M, CHAO L, ZHENG W, et al. Specific Person Retrieval via Incomplete Text Description[C]// HAUPTMANN A G, NGO C W, XUE X, et al. Proceedings of the 5th ACM on International Conference on Multimedia Retrieval, Shanghai, China, June 23-26, 2015. ACM, 2015: 547-550.

[44] HOWARD A G, ZHU M L, CHEN B, et al. MobileNets: Efficient Convolutional Neural Networks for Mobile Vision Applications[J/OL]. CoRR, 2017.

[45] SANDLER M, HOWARD A G, ZHU M L, et al. MobileNetV2: Inverted Residuals and Linear Bottlenecks[C]//2018 IEEE Conference on Computer Vision and Pattern Recognition, Salt Lake City, UT, USA, June 18-23, 2018. IEEE Computer Society, 2018: 4510-4520.

[46] ZHANG X Y, ZHOU X Y, LIN M X, et al. ShuffleNet: An Extremely Efficient Convolutional Neural Network for Mobile Devices [C]//2018 IEEE Conference on Computer Vision and Pattern Recognition, Salt Lake City, UT, USA, June 18-23, 2018. IEEE Computer Society, 2018: 6848-6856.

[47] CHEN J T, ZHU Z C, LI C, et al. Self-Adaptive Network Pruning[C]//GEDEON T, WONG K W, LEE M. Lecture Notes in Computer Science: Neural Information Processing — 26th International Conference, Sydney, NSW, Australia, December 12-15, 2019, Proceedings, Part Ⅰ: vol. 11953. Springer, 2019: 175-186.

[48] LI W, ZHU X T, GONG S G. Harmonious Attention Network for Person Re-Identification[C]//2018 IEEE/CVF Conference on Computer Vision and Pattern Recognition, Salt Lake City, UT, USA, June 18-23, 2018. IEEE Computer Society, 2018: 2285-2294.

[49] ZHOU K Y, YANG Y X, CAVALLARO A, et al. Omni-Scale Feature Learning for Person Re-Identification[C]//2019 IEEE/CVF International Conference on Computer Vision, Seoul, Korea (South), October 27 — November 2, 2019. IEEE, 2019: 3701-3711.

[50] LI Y, XU Y L, WANG J B, et al. MS-RMAC: Multiscale Regional Maximum Activation of Convolutions for Image Retrieval[J]. IEEE Signal Process. Lett., 2017, 24(5): 609-613.

[51] LI Y, MIAO Z, WANG J B, et al. Nonlinear embedding neural codes for visual instance retrieval[J]. Neurocomputing, 2018, 275: 1275-1281.

[52] QI L Y, ZHANG X Y, DOU W C, et al. A Distributed Locality-Sensitive Hashing-Based Approach for Cloud Service Recommendation From Multi-Source Data[J]. IEEE Journal on Selected Areas Communications, 2017, 35(11): 2616-2624.